2014—2015

实验动物学

学科发展报告

REPORT ON ADVANCES IN
LABORATORY ANIMAL SCIENCE

中国科学技术协会　主编
中国实验动物学会　编著

中国科学技术出版社
·北　京·

图书在版编目（CIP）数据

2014—2015 实验动物学学科发展报告 / 中国科学技术协会主编；中国实验动物学会编著 . —北京：中国科学技术出版社，2016.4

（中国科协学科发展研究系列报告）

ISBN 978-7-5046-7091-5

Ⅰ. ① 2… Ⅱ. ①中… ②中… Ⅲ. ①实验动物学—学科发展—研究报告—中国— 2014—2015 Ⅳ. ① Q95-33

中国版本图书馆 CIP 数据核字（2016）第 025823 号

策划编辑	吕建华　许　慧
责任编辑	余　君
装帧设计	中文天地
责任校对	杨京华
责任印制	张建农

出　　版	中国科学技术出版社
发　　行	科学普及出版社发行部
地　　址	北京市海淀区中关村南大街16号
邮　　编	100081
发行电话	010-62103130
传　　真	010-62179148
网　　址	http：//www.cspbooks.com.cn

开　　本	787mm × 1092mm　1/16
字　　数	390千字
印　　张	17.75
版　　次	2016年4月第1版
印　　次	2016年4月第1次印刷
印　　刷	北京盛通印刷股份有限公司
书　　号	ISBN 978-7-5046-7091-5 / Q · 193
定　　价	72.00元

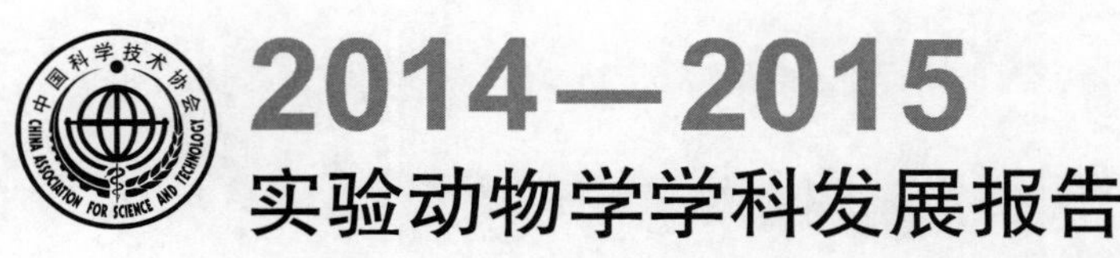

首席科学家 秦　川

顾　　　问 夏咸柱　贾敬敦　何　维

专　家　组（按姓氏笔画排序）

王　萧　王　键　王　漪　王省良　王思成
孔　琪　左从林　代解杰　巩　薇　师长宏
曲连东　朱德生　向志光　刘云波　刘江宁
刘起勇　刘恩岐　刘新民　汤家铭　孙岩松
孙荣泽　孙德明　李凯彬　李贵昌　李根平
杨志伟　肖　杭　邱　岳　宋铭晶　张连峰
陈　航　陈小野　陈民利　陈振文　苗明三
季维智　岳秉飞　郑志红　赵德明　胡建华
秦　川　顾为望　高　飞　高　诚　高彩霞
唐小江　常　在　崔淑芳　雍伟东　谭　毅
薛整风　魏　强

学 术 秘 书 赵宏旭　宋　晶　吕月蒙

>>>> 序

党的十八届五中全会提出要发挥科技创新在全面创新中的引领作用，推动战略前沿领域创新突破，为经济社会发展提供持久动力。国家“十三五”规划也对科技创新进行了战略部署。

要在科技创新中赢得先机，明确科技发展的重点领域和方向，培育具有竞争新优势的战略支点和突破口十分重要。从2006年开始，中国科协所属全国学会发挥自身优势，聚集全国高质量学术资源和优秀人才队伍，持续开展学科发展研究，通过对相关学科在发展态势、学术影响、代表性成果、国际合作、人才队伍建设等方面的最新进展的梳理和分析以及与国外相关学科的比较，总结学科研究热点与重要进展，提出各学科领域的发展趋势和发展策略，引导学科结构优化调整，推动完善学科布局，促进学科交叉融合和均衡发展。至2013年，共有104个全国学会开展了186项学科发展研究，编辑出版系列学科发展报告186卷，先后有1.8万名专家学者参与了学科发展研讨，有7000余位专家执笔撰写学科发展报告。学科发展研究逐步得到国内外科学界的广泛关注，得到国家有关决策部门的高度重视，为国家超前规划科技创新战略布局、抢占科技发展制高点提供了重要参考。

2014年，中国科协组织33个全国学会，分别就其相关学科或领域的发展状况进行系统研究，编写了33卷学科发展报告（2014—2015）以及1卷学科发展报告综合卷。从本次出版的学科发展报告可以看出，近几年来，我国在基础研究、应用研究和交叉学科研究方面取得了突出性的科研成果，国家科研投入不断增加，科研队伍不断优化和成长，学科结构正在逐步改善，学科的国际合作与交流加强，科技实力和水平不断提升。同时本次学科发展报告也揭示出我国学科发展存在一些问题，包括基础研究薄弱，缺乏重大原创性科研成果；公众理解科学程度不够，给科学决策和学科建设带来负面影响；科研成果转化存在体制机制障碍，创新资源配置碎片化和效率不高；学科制度的设计不能很好地满足学科多样性发展的需求；等等。急切需要从人才、经费、制度、平台、机制等多方面采取措施加以改善，以推动学科建设和科学研究的持续发展。

中国科协所属全国学会是我国科技团体的中坚力量，学科类别齐全，学术资源丰富，汇聚了跨学科、跨行业、跨地域的高层次科技人才。近年来，中国科协通过组织全国学会开展学科发展研究，逐步形成了相对稳定的研究、编撰和服务管理团队，具有开展学科发展研究的组织和人才优势。2014—2015 学科发展研究报告凝聚着 1200 多位专家学者的心血。在这里我衷心感谢各有关学会的大力支持，衷心感谢各学科专家的积极参与，衷心感谢付出辛勤劳动的全体人员！同时希望中国科协及其所属全国学会紧紧围绕科技创新要求和国家经济社会发展需要，坚持不懈地开展学科研究，继续提高学科发展报告的质量，建立起我国学科发展研究的支撑体系，出成果、出思想、出人才，为我国科技创新夯实基础。

2016 年 3 月

>>>> 前言

《2014—2015 实验动物学学科发展报告》立足于实验动物科学和技术发展趋势，分析了近五年来国内外发展现状，力求全面客观地阐述中国实验动物学发展水平、未来发展趋势、目标和对策等，引导实验动物科技工作者有选择地开展科学研究和科技创新，提高不同学科领域与实验动物学合作交流和相互融合，加快中国实验动物学的发展，拓展应用领域，更好地发挥对生命科学、医药、农业和食品卫生等的支撑作用。

实验动物学是多个学科和领域交叉形成的一个学科，包括实验动物资源开发、研制、质保以及实验动物供应、分析技术、法律法规和管理体系建设等。实验动物学是生命科学、医学创新研究的重要组成部分和可持续发展的重要支撑，是“创新型国家”的战略资源之一，对保障人类健康、食品安全、生物安全等也都具有重要的战略意义。

近五年来，中国实验动物工作在资源建设、标准化管理、人才教育与培训、比较医学、中医药和产业化等诸多方面取得一些突破性进展，也是本书研究的主要范围。①实验动物资源：中国在实验动物资源研究、开发以及保存与利用方面取得了很大成绩，资源不断丰富、质量不断提高。中国实验动物标准、检测技术和质量保障体系日趋完善，实验动物质量监测网络稳步发展。②标准化管理工作：中国对实验动物管理实行统一的法制化、标准化管理，实行实验动物许可制度和实验动物质量监督及质量合格证认证制度。③社团组织建设：中国实验动物学会在实验动物行业发展中发挥了重要作用，主要体现在行业管理、法规和技术规范制定、学术交流、等级培训、技能鉴定、机构能力认可、科技奖励、科学普及等方面。④实验动物福利：中国实验动物行业管理中充分体现了动物福利思想，实验动物福利受到重视，并写入法律法规中。成立了中国实验动物学会实验动物福利伦理专业委员会，召开了两届中英实验动物福利伦理国际论坛，编写了实验动物福利伦理审查指南国家标准。⑤平台建设：国家资助建立了实验动物种质资源的保存与共享平台、比较医学技术共享平台、标准化动物模型分析平台、实验动物信息平台（E 平台）、实验动物公共服务平台、实验动物遗传资源共享平台，并成为科技可持续发展的重要前提和根本保障。⑥人才教育：中国实验动物人才教育和培养依然存在三种方式，一是从业人员岗前培训，二是专业技术培训，三是实验动物学历教育。其中专业技术培训已经初步形成实验动物从业人员等级分类和培训体系。实验动物从业人员已经达到 30 万人以上。⑦比较医学：

以动物模型分析技术、基因工程技术和分子影像学技术为代表的许多先进生物技术在实验动物学研究中得到应用和发展。实验动物在甲流、H7N9、EV71、MERS和埃博拉等重大人类传染病防治研究中发挥了重要作用。⑧产业化：近五年来，实验动物和相关产品生产，以及技术服务实现规模化、产业化、社会化、商品化发展。国内已经出现了五家年产百万只以上的大型企业。规模化生产带动了实验动物质量提高。实验动物技术服务产业化发展迅速，带动了一批实验动物技术服务专业化公司的发展。欧美等发达国家医药企业和实验动物专业机构不断进入中国，带动了中国实验动物整体水平的提高，繁荣了市场。

尽管中国的实验动物学迅猛发展，但同欧美发达国家相比还存在一定差距，发展空间还很广阔，学科地位也有待提高。

展望未来，实验动物学的发展在服务于医学、药学和生命科学等诸学科发展同时，这些学科的发展又会促进实验动物学发展。实验动物资源和动物实验技术资源已经成为许多高新生物技术产业的原材料和技术服务平台，提高其质量将在很大程度上推动中国高新生物技术产业发展。比较医学是实验动物学与医药研究的结合点，比较医学技术将为医药和转化医学研究提供重要的疾病模型资源和技术手段。实验动物学的发展对人类认识自身疾病的病变机理、治疗和预防，食品、药品、生物制品和化妆品的安全有效性评价，对于人畜共患病和新发传染病的防治，以及推动国民经济、人民健康、社会安全和社会和谐均有重要意义。

为解决生物医药科技创新等影响国计民生的重大战略问题，保障实现中国全面建成小康社会，应将实验动物科学技术作为重大战略资源进行系统部署，优先纳入国民经济和科学技术发展规划和国家重点学科建设。力争经过 10 ~ 20 年的努力，全面达到欧美发达国家总体水平。在实验动物资源建设、学科建设、标准化、规模化等方面达到美国当前水平，在基因修饰动物等领域达到国际领先水平，占领未来战争、经济发展、科技强国的“制高点”，提供国际水平的支撑条件。

《2014—2015 实验动物学学科发展报告》的撰写受到了中国工程院夏咸柱院士等实验动物学及相关领域的专家的指导和建议。本报告编写组成员参考引用了许多期刊文献和图书专著的资料，并接受了实验动物学学科发展研究研讨会数十位专家学者的建议和审查。在此，中国实验动物学会对所有为本科学发展报告做出贡献的所有部门领导、专家学者、工作人员和专业机构，以及所有关心支持本报告编写的领导和专家表示衷心的感谢。

由于本报告内容牵涉广泛，限于时间和编写人员学识有限，难免存在一些不足之处，恳请有关专家学者提出宝贵意见，以便在今后的学科发展报告撰写中修订和补充。

中国实验动物学会
2015 年 10 月

目录

综合报告

专题报告

ABSTRACTS IN ENGLISH

综合报告

实验动物学学科发展现状及前景展望

实验动物学是多个学科和领域交叉形成的一个学科，包括实验动物品种、模式动物、疾病模型等实验动物资源的开发、研制、质保，实验动物供应、分析技术、法律法规和管理体系建设等。实验动物学是生命科学、医学创新研究的重要组成部分和可持续发展的重要支撑，是“创新型国家”的战略资源之一，对保障人类健康、食品安全、生物安全等也都具有重要的战略意义。

中国实验动物学经过三十年的发展，建立了包括实验动物法律法规、标准等在内的管理体系；初步形成了科学研究、生产供应、质量保障和人才培养体系；建成了十余个国际水平的实验动物技术平台。年产超百万只实验动物的机构有五家，一些药物安全评价机构和实验动物研究机构的实验动物分析专业化和集成化初具规模，实验动物相关产品和动物实验与临床前评价已经实现了产业化。从业人员已达30万人，拥有实验动物品种30多种，品系2000多个，成为生产和使用大国。

美、日等发达国家和相关组织分别制定出台了相应的实验动物标准、准则和法规，并设立了相应机构以规范实验动物的生产和应用，促进了实验动物产业化的发展，实现了实验动物生产供应商品化、质量管理标准化、检测试剂成品化。实验动物分析已经实现专业化、集成化和商业化，形成了技术齐全的分析中心。服务范围拓展到模型制作、饲养管理、动物寄养、检测技术、基因服务、诊断试剂等各种相关的服务。欧美等发达国家的实验动物品种达200多种，品系3万多个，产业已经完成规模化进程并且正在占领发展中国家的市场，少数几个企业占据全球近80%的实验动物市场份额。实验动物从业人员实行分类分级管理，职业培训以管理人员、兽医、技术人员为重点，一般由高等院校和社会团体承担。

中国实验动物学发展水平与欧美等发达国家有较大的差距，主要体现在实验动物管理、资源、质量和供应、人才等方面。中国以政府管理为主，而发达国家更注重行业自律。中国实验动物资源的贫乏主要表现在物种资源、基因工程实验动物资源和疾病动物模型资源等方面。中国在实验动物质量控制方面相对落后，虽建立了全国性的检测网络，但检测试剂不统一，行业和实验动物饲养者自律性不高。中国实验动物生产量仅次于美国，但是在资源种类、动物质量和技术服务水平等方面差距很大。在实验动物产业方面，基因工程动物资源的限制，已成为中国创新研究的瓶颈；缺乏长远的发展规划、稳定的经费资助和资源维持体系。从业人员在职业培训方面专业教育水平低、规模小，继续教育机会少，技能培训不完善，高水平人才教育缺乏，资质认证体系不完善。中国实验动物学的发展已经远远落后于发达国家，制约了中国在生命科学、医药和农业等领域成为创新型国家和世界科技强国，必须加快发展的步伐。

加强人才队伍、管理和质量保证体系、国际资源共享体系、自主资源研制和创新能力、种子基地、高质量实验动物供应链等六个方面的建设，保障未来 10 ~ 20 年实验动物资源翻两番、大鼠和猪等基因工程研究国际领先、形成国际水平龙头企业，理顺现有的管理体系，建立基层自律为基础的管理体制等战略目标的实现。为中国未来 20 年生命科学、医学、药学、农业等领域的“自主创新、重点跨越、支撑发展、引领未来”提供相应的条件支撑。

一、引言

实验动物学是以多学科和领域的交叉为基础、逐渐形成专门的理论和技术体系，从而产生的一个学科，包括实验动物品种、模式动物、疾病模型等实验动物资源的开发、研制、质保以及实验动物供应、分析技术、法律法规和管理体系建设等。实验动物是建设“创新型国家”的重要科技资源，是保障人类健康和国家生物安全、公共卫生安全、食品安全和环境安全的战略资源。

（一）实验动物学的基本内涵

实验动物学（laboratory animal sciences，LAS）是实验动物资源研究、质量控制和利用实验动物进行科学实验的一门综合性交叉学科。实验动物学不仅研究实验动物的遗传育种、保种、生物学特性、繁殖生产、饲养管理以及疾病的诊断、治疗和预防；而且研究以实验动物为材料，采用各种方法在实验动物身上进行实验，研究动物实验过程中实验动物的反应、表现及其发生发展规律等问题，着重解决实验动物如何应用到各个科学领域中去，为生命科学和国民经济服务。实验动物（laboratory animal）是经过人工培育或人工改造、遗传背景明确、来源清楚、对其携带的病原体实行控制，专门用于科学实验的人工限定动物。

实验动物学是生命科学、医学创新研究的重要组成部分和可持续发展的重要支撑，对保障人类健康、食品安全、生物安全等也都具有重要的战略意义。实验动物资源是国家战略性、新兴基础性产业，是促进生物医药长期稳定发展、保障人民健康和社会稳定的支撑条件。

实验动物学是生命科学、医学等一系列学科的基本支撑条件，既是其他学科可持续发展的保障，又是重要推动力。其根本目的是要为医学、生物学和医药产品安全性有效性评价提供标准的实验动物，从而保证研究结果的科学性、精确性、重复性、可靠性。近年的医药研究更强调体内研究成果，更需要实验动物学的支持。

（二）实验动物学的研究范畴

以实验动物本身为对象，研究它的育种、保种、生物学特性及信息、繁殖生产、新品种培育及相应技术、饲养管理以及疾病的诊断、治疗和预防，以期达到如何提供标准的实验动物；以实验动物为材料，以实验动物学为手段，采用各种方法在实验动物体内进行实验，研究实验过程中实验动物的反应、表现及其发生发展规律等问题，着重解决实验动物在各个科学领域中的应用问题，为相关研究服务。

实验动物学一方面在不断地吸取其他相关学科的理论和技术，学科本身在快速的发展；另一方面，随着实验动物的广泛应用，不断地与其他学科融合形成新的应用领域和边缘学科。比如，随着基因组计划的完成而兴起的比较基因组学，随着基因修饰大鼠资源的积累，可能促进生理学与遗传学融合而产生“遗传生理学”等。实验动物学包括以下几个方面的内涵。

1. 来源于多个学科的基础理论体系

实验动物的品系培育，生理、解剖结构基础数据分析和系统化，品系的饲育和行为特征的分析，实验动物微生物背景控制等借鉴了动物学、遗传学、解剖学、病理学、生理学、营养学、行为学、微生物学、医学等学科的基础理论，通过交叉融合构成了实验动物学的理论体系。

2. 多样性的实验动物物种和品系资源

实验动物学的物质基础是实验动物，经过近百年来世界各国培育的包括大鼠、小鼠、兔、猪、斑马鱼、果蝇、线虫等一百多个物种、几千个动物品系、和接近两万种以上的基因修饰动物品系，构成了实验动物的重要部分，也是实验动物对生物医学提供支撑的基础。

3. 涉及分子、细胞、组织到活体多层次的分析技术

实验动物本身的各种饲养管理技术和质量监测技术、疾病模型的制作技术、进行动物实验的各种操作技术和实验方法等一系列活体、组织、细胞、分子等不同层次的技术集成，构成了实验动物学的技术元素。

4. 系统的管理体系

实验动物是生物医学研究的对象，世界各地的实验动物的一致性是保证科学研究的重复性、严谨性的前提，实验动物培育、饲养、生产、使用等环节的统一性是保证实验动物的一致性的前提，所以保证这一过程的管理体系，包括法律、法规、指导原则、实施管理的构架等也是实验动物学的重要部分。

5. 与其他学科形成的多个分支学科

实验动物学与其他学科交叉，形成了一些新型的边缘学科，比如，医学的交叉，以实验动物研究医学问题为导向的比较医学，以挖掘不同动物与人类基因组信息内涵为研究主体的比较基因组学，以动物实验研究中的动物病理变化为主要研究内容的实验病理学等，都可纳入到实验动物学的体系中。

（三）实验动物学的支撑作用

1. 实验动物学是多个学科发展的支撑条件和重要推动力

实验动物作为探索生命本质的活体系统、或作为医药研究的疾病模型，或作为物种改造的模式动物，或作为医药、农业、食品、生物产业等技术或产品评价的“人类替难者”，已经成为生命科学、医学、药学、农业、环境等领域的不可或缺的基础条件。现今，工程科学、物质科学、信息科学与生命科学正在发生融合，而实验动物科学与技术正是这一融合过程的载体和成果转化的中间环节，是生命科学、医学、药学、农业、环境及生命科学相关新兴产业的创新前沿和巨大推动力。比如，动物克隆技术、纳米技术、干细胞技术、药物、组织器官工程等的成果转化与应用。

2. 实验动物学是科学体系的重要组成部分

实验动物学是生命科学、医学创新研究的重要组成部分，由实验动物学衍生出来的比较医学和比较基因组学等都成为生命科学和医学创新研究最活跃的领域。尤其是 2007 年度诺贝尔生理学或医学奖的成果“基因敲除小鼠和基因敲除技术”是实验动物学本身的飞跃，由此，人类对生命本质的探索进入新的高度。

3. 实验动物产业是实现实验动物学支撑使命的途径

通过实验动物、疾病模型、动物实验和分析相关产品为生命科学、医学、药学、中医药学、兽医药学等相关学科和生物技术产业、医药产业、农业等提供支撑，通过产业化发挥学科的支撑能力。比如，农业疫苗产业无特殊病原鸡和鸡蛋的供应，用于抗体药物生产的抗体人源化动物供应等。实验动物学是生命科学、医学创新研究的重要组成部分，由实验动物学衍生出来的比较医学、比较基因组学等都成为生命科学和医学创新研究最活跃的领域。2007 年度诺贝尔生理学或医学奖的成果“基因敲除小鼠和基因敲除技术”是实验动物学本身的飞跃，也同时推动人类对生命本质的探索进入新的高度。

二、实验动物学学科近年的最新研究进展

（一）实验动物品种不断丰富、资源逐渐集成

实验动物资源包括常规实验动物、基因突变动物、基因工程动物、动物模型、实验动物化的野生动物等。丰富的实验动物资源对生命科学、医药、农业和食品卫生的支撑作用

直接或间接地影响人类健康、社会安全和生命科学的创新研究。实验动物资源是实验动物学赖以发展的基础，也是实验动物行业发展的重点内容。实验动物物种资源十分丰富，从线虫、果蝇到黑猩猩，国际已经具备的实验动物有 200 多个物种 3 万多个品系，其中基因工程品系占大多数（90% 以上），常规品系只有 2600 多种。

1. 美国实验动物资源发展情况

美国是生命科学技术最发达的国家，实验动物资源在其中发挥了重要的支撑作用。近 50 年来，美国国立卫生研究院（NIH）通过其下属的美国国家研究资源中心（NCRR）对实验动物资源、设施等进行了大规模的建设，形成了齐全的从昆虫、水生生物、啮齿类到非人灵长类等实验动物资源体系。在美国有 1300 个有关实验动物工作的生产与研究单位。实验动物工作已形成为一个专业化、规格化、商品化和社会化的科研和经济体系。

2011 年，由于美国经济不景气，NCRR 光荣地完成历史使命，被国家转化科学促进中心（NCATS）替代。美国《动物福利法》和《实验动物福利法》要求美国农业部定期检查实验用猫、狗和非人类灵长类动物的使用情况（不包括啮齿类动物、鱼类和鸟类）。美国动物福利组织（PETA）在 2014 年的调查发现 NIH 资助的 25 个主要机构，实验动物用量在过去 15 年间增加了 73%，这主要是小鼠、大鼠的使用量。

（1）啮齿类实验动物资源

啮齿类实验动物包括小鼠、大鼠、地鼠、豚鼠、仓鼠等，是最常用的实验动物，占总数的 90% 以上。啮齿类实验动物在生命科学和医药研究中发挥核心作用，可以转化为人类疾病的治疗方法。特别是小鼠，与人类遗传基因上许多共同之处，常用于开发、生理、行为、疾病和基因工程技术等方面研究。基于啮齿类动物模型，科学家们发现了许多重要的生物医学成果，推动了人类健康发展。表 1 列举了美国啮齿类实验动物资源中心。

表 1　美国啮齿类实验动物资源中心一览表

资源单位	承担机构	资源种类
基因敲除项目（Knockout Mouse Project Repository，2 期）	包括杰克逊实验室、密苏里大学、加州大学戴维斯分校、北卡罗来纳大学、贝勒医学院等	13581 个小鼠品系，包括活体小鼠 957 个，ES 细胞系 13466 个
突变小鼠资源中心（Mutant Mouse Regional Resource Centers）	包括杰克逊实验室、密苏里大学、加利福尼亚大学、北卡罗来纳大学等。是一个信息库，多个不同国家的中心的整合信息	32776 个小鼠品系，包括活体小鼠 3856 个，ES 细胞系 28920 个
诱发突变小鼠资源（Induced Mutant Resource）	杰克逊实验室	304 种化学诱变小鼠品系
国家无菌啮齿类动物资源中心（National Gnotobiotic Rodent Resource Center）	北卡罗来纳大学	无菌、悉生、SPF 小鼠、大鼠、斑马鱼等 20 多种。小鼠品系包括 129S6/SvEv、BALB/C、C57BL/6J、Swiss、CD 和部分转基因动物

续表

资源单位	承担机构	资源种类
鹿鼠遗传资源中心（Peromyscus Genetic Stock Center）	南卡罗莱纳大学	10 种野生型鹿鼠和 20 种突变型鹿鼠。用于生态学、遗传学、生物进化、疾病和行为学研究
特殊小鼠品系资源（Special Mouse Strains Resource）	杰克逊实验室	249 个特殊品系，包括重组近交系（199）和染色体置换系（50）
大鼠资源研究中心（Rat Resource and Research Center）	包括密苏里大学、密歇根大学和德克萨斯大学等	300 多种大鼠品系
Cre 条件敲除品系资源	杰克逊实验室	Cre 品系，Cre reporter 品系，loxP-flanked（floxed）品系

（2）非人灵长类实验动物资源

非人灵长类动物是生物医学研究中常用实验动物。美国 NIH 资助开发非人灵长类动物（NHP）人类疾病模型，提供基础设施和专业知识，并促进 NHP 在生物医学研究各个领域应用以及提高动物福利等。美国有 8 个国家级非人灵长类实验动物中心，还有若干实验基地（表 2），其 NHP 资源最丰富。

表 2　美国非人灵长类实验动物资源中心一览表

资源单位	承担机构	资源种类	研究领域
加利福尼亚国家灵长类研究中心（California National Primate Research Center）	加利福尼亚大学	5300 只恒河猴和 56 只南美伶猴	传染病、生殖和发育、神经疾病、肺疾病、器官移植、认知行为等
新英格兰国家灵长类研究中心（New England National Primate Research Center，注：已关闭）	哈佛大学医学院	9 种 1700 多只猴，包括 1000 多只恒河猴，其他旧大陆猴，及新大陆猴，包括狨猴、松鼠猴、绢毛猴	艾滋病、癌症、药物成瘾、精神疾病、神经退行性疾病等
俄勒冈国家灵长类研究中心（Oregon National Primate Research Center）	俄勒冈州大学	3800 只恒河猴，335 只日本雪猴，10 只长尾黑颚猴，9 只狒狒和 85 只食蟹猴	生殖和发育学、神经科学、病理学和免疫学、代谢性疾病、干细胞治疗、衰老等研究
西南国家灵长类研究中心（Southwest National Primate Research Center）	西南大学	3200 只猴，包括 1600 只狒狒，其他为 SPF 恒河猴、狨猴和绢毛猴。还有 160 只黑猩猩	慢性疾病、传染病和生物防御、发育和老化等

续表

资源单位	承担机构	资源种类	研究领域
图兰国家灵长类研究中心（Tulane National Primate Research Center）	图灵大学	5000只猴，包括恒河猴、食蟹猴、狒狒（5种）、绿猴、松鼠猴、白眉猴（5种）、赤猴、豚尾猴	传染病和再生医学研究，包括艾滋病、莱姆病、结核病和生物防御相关产品
华盛顿国家灵长类研究中心（Washington National Primate Research Center）	华盛顿大学	3000只猴，包括食蟹猴、恒河猴、松鼠猴、豚尾猴	艾滋病相关疾病、系统生物学、神经科学、生殖和发育学、新发传染病等
威斯康辛国家灵长类研究中心（Wisconsin National Primate Research Center）	威斯康辛大学	3000只猴，包括恒河猴、食蟹猴和狨猴	全球传染病（GID）、再生和生殖医学（RRM）、能量代谢和慢性疾病（EMCD）、神经科学
耶基斯国家灵长类研究中心（Yerkes National Primate Research Center）	耶基斯大学	3400只猴，包括恒河猴、白眉猴、松鼠猴、食蟹猴，还有黑猩猩	微生物和免疫学、神经行为学和精神疾病、发育和认知神经科学、神经药理学和神经疾病
加勒比灵长类动物研究中心（CPRC）	波多黎各大学医学院	SPF猴	社会和性行为，群体遗传学、生殖生物学、药理学、功能形态和自发疾病和恒河猴寄生虫
狒狒研究资源（Baboon Research Resources）	俄克拉荷马大学健康科学中心	不同年龄段的狒狒及SPF狒狒	狒狒相关生物医学、行为学研究，疾病动物模型
松鼠猴繁殖和研究资源（Squirrel Monkey Breeding and Research Resource）	安德森癌症中心热带灵长类中心	450个不同年龄段的松鼠猴	行为研究、生殖内分泌学、医学灵长类动物学、遗传学
长尾黑颚猴研究中心（Vervet Research Colony）	维克森林大学医学院	每年提供100只长尾黑颚猴，包括SPF猴	代谢性疾病、神经病理学、生殖生物学研究

（3）其他脊椎和无脊椎动物资源

美国其他脊椎和无脊椎动物资源主要包括酵母、果蝇、线虫、四膜虫、海兔、猪、蝾螈等资源（表3），以及使用这些动物开发的动物模型、基因工程动物、干细胞、细胞系或遗传资源、计算机建模等。

（4）水生实验动物资源

美国水生实验动物资源主要包括斑马鱼、其他鱼类、海洋鼻涕虫等水生动物、疾病模型和相关生物材料。水生实验动物生殖周期短，卵透明，常用于发育生物学、行为学、人类疾病和功能基因组学研究。俄勒冈州大学斑马鱼国际资源中心拥有斑马鱼13161个品系。德克萨斯州大学的剑尾鱼遗传资源中心拥有剑尾鱼23种，65个品系。

表 3　美国无脊椎实验动物资源中心一览表

资源单位	承担机构	资源种类	研究领域
果蝇资源中心（Bloomington Drosophila Stock Center）	印第安纳大学	果蝇 41000 个品系	果蝇是一种常用的模式生物。主要应用于发育生物学、遗传学、基因调控、神经疾病、药物成瘾和酒精中毒、衰老与长寿、学习记忆与某些认知行为的研究
果蝇基因组学资源中心（DGRC）	印第安纳大学	100 万以上的细胞克隆	
线虫遗传资源中心（Caenorhabditis Genetics Center）	明尼苏达大学、爱因斯坦医学院	线虫 11273 株	线虫是一种常用的模式生物。主要应用于生命科学的各个领域，如信号传导、细胞程序性死亡、信号传递途径、RNA 干扰（RNAi）；微 RNA（mRNA）、衰老及脂肪代谢等
国家海兔资源中心（National Resource for Aplysia）	迈阿密大学	海兔 10000 多个	海兔主要用于抗肿瘤研究、神经系统疾病研究等
国家嗜热四膜虫资源中心（National Resource for Cephalopods）	康奈尔大学	多种嗜热四膜虫	四膜虫是模式生物之一，主要用于营养学和药物学研究，是真核细胞基因工程研究的理想材料
国家猪资源研究中心（National Swine Resource & Research Center）	密苏里大学	杜洛克、长白猪等 10 个品系和 16 个转基因品系	猪主要用于毒理学研究、口腔医学研究、异种器官移植、人类疾病模型及小型猪实验操作等方面
国家蟾蜍资源中心（National Xenopus Resource Center）	海洋生物研究所	25 个非洲爪蟾品系，提供近交系、突变系和转基因爪蟾	蟾蜍主要用于生物学、解剖学和药理学等方面的研究

（5）其他资源

美国其他生物材料资源中心，包括基因分析资源、信息资源、兽医资源与试剂、生物材料资源等。德州农工大学医药学院健康科学中心再生医学研究所拥有数千种成人间充质干细胞资源。美国疾病研究交换所（NDRI）拥有人体组织和器官资源，每年提供 4000 多份样本给癌症、传染病、心脏病、毒理和器官移植等研究机构。德州农工大学 Kingsville 自然毒素研究中心构建了毒蛇资源中心，拥有 29 种 450 多条毒蛇，提供蛇的毒液、腺体、皮肤、血液和器官用于毒物研究。

2. 欧洲实验动物资源发展情况

实验动物资源研究一直是发达国家的关注的重点之一，不仅有研制、培育途径，还有购买、引进或掠夺等多种途径；不仅作为实验动物资源，也作为物种资源加以保存、培育和利用。美国的实验动物资源在美国国内实现了很高程度的共享也辐射到了欧洲。对生命科学、医药等起到了极大的支持作用。而欧洲采用多国合作、集中研制的形式，也在基因工程动物资源方面占领了一席之地。

以英国剑桥大学 Sanger 研究所牵头，德国和美国参与，总投入 2 亿英镑左右，建立了新一代的基因工程修饰小鼠胚胎干细胞资源库。采用集中大规模研制模式，目前剑桥大学 Sanger 研究所已经有近 20000 种新一代基因敲除小鼠胚胎干细胞库。其大规模、高效率的研究模式，最具中国效仿价值。

在西方发达国家，实验动物行业已经是一个比较成熟的行业，已经实现了规模化、标准化生产供应，建立了较为成熟的生产繁育技术体系和产业化营销网络。欧美等国的 Charles River Laboratories，Inc.、Harlan、Janvier、Jackson Laboratory、Taconic 等少数企业占据全球近 80% 的实验动物市场份额。欧洲和日本的实验动物生产供应也是集中在几个大的公司经营，其大小鼠年销售额分别为 12 亿和 10 亿美元。Charles River 公司已经开始全面进军中国市场，在 2011 年以 16 亿美元合并了药明康德，2013 年以 0.27 亿美元收购了北京维通利华实验动物技术有限公司 75% 的股权，拓展了在中国的动物实验技术服务（CRO）和实验动物资源业务。

国外实验动物质量控制级别越来越高，规模化生产便于实现实验动物的质量控制。近交系、SPF 级、基因工程动物等数量逐渐增加，普通动物越来越少。由于实验动物生产和供应方面产业化程度较高，为了保证实验动物的质量，在竞争激烈的市场上处于有利位置，各个企业都制订有自己的企业标准，具有一定的领先性和权威性。比如世界上最大的实验大鼠、小鼠商品化生产、销售公司——Charles River 制定的标准在全球实验动物领域内得到基本认同，具有一定的代表性。以英国剑桥大学桑格研究所牵头，德国和美国参与，总投入两亿英镑左右，建立了新一代的基因工程修饰小鼠胚胎干细胞资源库，在未来几年内将完成两万以上基因敲除。

3. 中国实验动物资源发展

中国常用实验动物（包括实验用动物）有 30 余个品种 100 多个品系，主要从国外引进，如 BALB/c 小鼠、C57BL/6 小鼠、ICR 小鼠、SD 大鼠、Wistar 大鼠、Hartley 豚鼠、Beagle 犬等。据不完全统计，中国生产量最大的是小鼠（54%）、地鼠（24%）、大鼠（13%）、兔（5%）等。常用小鼠 11 个品系，大鼠 7 个品系，地鼠、豚鼠、实验犬各 2 个品系，家兔以大耳白、新西兰兔为主，其他动物还有猴、猫、鸡、小型猪等。全国实验动物生产量约 2000 万只以上。非人灵长类实验动物的养殖规模已居世界前列，47 家养殖企业存栏规模达 29 万多只，其中食蟹猴约 25 万只，猕猴约 4 万只。

我国特有实验动物资源包括：①小鼠：KM、615、TA1、TA2、T739、IRM1、IRM2、NJS、AMMSP1，豫医无毛鼠、BALB/c 突变无毛小鼠。②大鼠：TR1、白内障大鼠；③地鼠：中国地鼠、白化仓鼠、长爪沙鼠、东方田鼠、灰仓鼠。④豚鼠：Emn21、DHP 豚鼠、FMMU 白化豚鼠。⑤兔：大耳白兔、哈白兔、南昌兔、青紫兰兔。⑥犬：比格犬、华北犬、西北犬、山东细犬。⑦猴：猕猴，恒河猴、青面猴。⑧小型猪：巴马香猪、贵州香猪、五指山小型猪、版纳微型猪、藏猪。⑨水生动物：剑尾鱼、红鲫、稀有鮈鲫、银鲫、诸氏鲻鰕虎。⑩家禽，京白系列。其他动物，如：高原鼠兔、树鼩、旱獭、兔尾鼠、裸鼹鼠等。

在基因工程小鼠研究方面，随着近几年我国生命科学研究的迅猛发展，特别是 Talen 和 CRISPR/CAS9 等新技术的出现，基因工程小鼠的制备和应用方面也得到了快速的发展。中国已有许多专门从事基因工程小鼠制备的生物技术公司，一些大型的研究机构也具备了小鼠模型的制备技术和相应的设施，每年有大量新的基因工程模型小鼠模型出现。

大鼠基因修饰的研究相对于小鼠要落后许多，直到 2008 年才建立起具有生殖细胞分化能力的大鼠胚胎干细胞。随着近年来新技术的出现，如 Talen 和 CRISPR/CAS9 技术，使基因修饰大鼠研究突飞猛进。2010 年，中国医学科学院医学实验动物研究所的张连峰研究员成功制备了 70 多种基因敲除大鼠，并在国际上建立了首个基因工程大鼠资源库（http://www.ratresource.com）。2013 年中科院动物所周琪研究组利用 CRISPR/CAS9 技术制备了基因敲除的大鼠模型，随后多个研究组都利用该技术获得了基因敲除的大鼠模型。我国在武汉建立了大鼠基因修饰研究平台，制备了数十个大鼠模型。

（二）动物模型制作技术和分析方法不断创新

动物模型制作和分析技术已经十分成熟，并实现了产业化。除了常规动物模型制作技术之外，中国已经建立多种动物模型制备技术，特别是基因工程技术包括转基因技术、基因打靶技术，大片断转基因技术、ZFN 技术、TALEN 技术、转座子技术等，可以对小鼠、大鼠、斑马鱼、鸡、猪、马、牛、羊等进行基因修饰；还有传染病动物模型制备技术，人源异种移植技术和自然模型筛选等。

1. 基因工程技术

传统 ES 打靶基因敲除技术成熟、修饰准确、效果稳定，仍然是主流的基因修饰技术，缺点是制作周期长达一年。TALEN 基因敲除周期短，但存在马赛克现象和脱靶现象。CRISPR/Cas9 是一种高效，低毒且准确靶向的新型转基因系统，基因敲除周期短，存在马赛克现象和脱靶现象。TetraOneTM 基因敲除技术成熟、修饰准确、效果稳定，制作周期只需 6 个月。

2014 年 2 月，中科院广州生物医药与健康院研究员赖良学与美国密西根大学教授王忠合作，获得了世界首例 ROSA26 定点基因敲入猪模型。该研究成功地实现了猪重组酶介导的基因交换，从而解决了一直困扰转基因猪研究领域效率低下、表型不确定的问题。相关研究成果日前在线发表于 *Cell Research*（《细胞研究》）。

2014 年 2 月，*Cell*（《细胞》）杂志网站报道，全球首对靶向基因编辑猴在中国出生，完成这一工作的科学家来自南京医科大学生殖医学国家重点实验室、云南省灵长类生物医药研究重点实验室和南京大学。猴子属灵长类动物，猴基因编辑的成功将有助于建立猴疾病模型，更好地模拟人类疾病，大大降低药物研究的风险。未来有望定向改造人类基因，治疗基因疾病。

2. 传染病动物模型制备技术

传染病动物模型的建立方法也是近几年的研究热点。全世界每年死于传染性疾病的患者多达2400万，近30年来，出现了40多种新发传染病。艾滋病、结核、肝炎三大传染病以及突发SARS、高致病性禽流感和甲型流感等重大传染病对我国人民健康威胁最大。动物模型技术是传染病机制、药物、疫苗等评价和转化的核心环节之一。

中国医学科学院医学实验动研究所的秦川教授建立了我国最大的传染病敏感动物资源库和技术平台。小剂量多次感染不同途径模型、药物耐药、靶向疫苗等艾滋病模型22种；小鼠、豚鼠和灵长类结核动物模型16种。恒河猴和食蟹猴，KM和BALB/c小鼠、Lewis大鼠和布氏田鼠流感模型12种；土拨鼠和基因工程肝炎模型5种。介素、干扰素、细胞因子、趋化因子、淋巴细胞发育分化、炎症等转基因和基因敲除小鼠104种。2种中东呼吸道冠状病毒（MERS–CoV）感染猴动物模型。评价了200余种药物、疫苗，有力地支持了我国重大传染病的研究。2014年9月，中科院武汉病毒研究所和生物物理研究所唐宏、陈新文研究组经过多年合作，利用免疫系统完整的小鼠，成功研制出首个丙型肝炎病毒持续感染的动物模型。

3. 人源异种移植技术

人源异种移植模型（patient derived xenograft model，PDX）在癌症、器官移植等领域研究越来越多。2015年11月，美国西奈山医学院的研究人员成功地应用循环肿瘤细胞构建出乳腺癌和前列腺癌PDX动物模型。方法是将循环肿瘤细胞注射到免疫功能低下的小鼠体内构建PDX模型，供肿瘤研究。文章发表在《可视化实验杂志》（*Journal of visualized experiments*）上。

4. 自然模型筛选

从自然状态下的动物中发现动物模型也是一种研究方法。2013年3月，中科院昆明动物研究所梁斌课题组发文揭示树鼩可作为人类代谢性疾病动物模型。2014年5月，中科院昆明动物研究所的郑永唐研究员发现中国猕猴是比较理想的用于人类免疫衰老相关研究的动物模型，也是研究性别相关因子对免疫系统调节作用的重要模型。2015年12月，北京大学生命科学学院博士后邢昕博士认为达乌尔黄鼠是研究低体温和肥胖的天然生物医学模型。

5. 动物模型分析技术

动物模型的分析也进入高科技阶段，数字化病理分析技术、分子影像技术、生物信息学技术、组学技术、胚胎技术、芯片技术、行为学技术、芯片遥感技术、芯片条码技术在模型分析方面得到广泛应用；使动物模型分析进入活体、即时、无创阶段，结合经典的分析技术，在研究生命现象、疾病发展过程等方面有了更科学、快速的方法；极大地促进了生命科学和医药、农业、环境等领域的创新研究。在欧美等国，实验动物分析已经出现专业化、集成化和商业化的趋势，形成了技术齐全的分析中心（mouse clinic）或实验医学中心，极大地提高了研究效率。中国一些药物安全评价机构和实验动物研究机构已经出现实验动物分析专业化、集成化雏形。为动物模型提供规范化、标准化的动物模型分析技术服务已经成为实验动物行业发展的一个亮点领域。

（三）基因工程技术广泛应用于实验动物领域

基因工程技术已经在中国全面应用于实验动物领域，并取得丰硕的成果。2013 年中科院动物所周琪研究组首先利用 CRISPR/CAS9 技术成功制备了基因敲除的大鼠模型，随后多个研究组都利用该技术获得了基因敲除的大鼠模型，为大鼠作为实验动物的应用带来了非常大的促进作用。

但是目前存在的问题是，这种技术有一个主要的问题是脱靶现象比较严重。另外这种方法得到的都是全身敲除的动物，虽然有报道称可以获得定点整合的条件性敲除模型，但是效率非常低。这些问题会影响基因工程大鼠的制备和应用。在同时靶向多个目的序列的实验中，CRISPR/Cas9 技术更是有着巨大的优势。但是由于在制备基因敲入大鼠的时候，是采用 RNA 分子进行受精卵的原核显微注射，外源基因的长度受到很大限制。

中国在灵长类动物基因组靶向修饰和疾病动物模型研究方面处于世界领先水平。2010 年中国已生产出了绿色荧光转基因猕猴。随着基因工程技术的发展（CRISPR 、Talen），由云南中科灵长类生物医学重点实验室、南京医科大学、南京大学、生物医学动物模型国家地方联合工程研究中心以及中科院动物研究所等多单位的合作，运用 CRISPR / CAS9 成功实现了食蟹猴的靶向基因修饰，诞生了世界首只经过基因靶向修饰的小猴。研究成果发表在《细胞》上，并很快引起科学界和全球媒体的关注，《自然》杂志将这一研究成果称为人类疾病模型研究向前发展的里程碑，《卫报》报道称这将使得人类对于诸如帕金森和老年痴呆症的治疗获得新的突破。

云南中科灵长类生物医学重点实验室，同济大学以及生物医学动物模型国家地方联合工程研究中心等单位还联合运用 TALENs 技术同时实现猕猴和食蟹猴两个物种的基因靶向修饰，并在 *Cell Stem Cell* 发表。研究结果证明：在灵长类动物不仅可以实现基因的定点突变，还可以同时进行多基因突变；在证明基因靶向突变成功的同时，并未发现非特异的脱靶效应。这是这两项技术被首次证明在灵长类动物中的有效应用，标志着中国非人灵长类动物基因工程学研究走入世界领先地位。

中国在鱼类繁育、饲料、疾病、养殖设施等方面研究基础扎实，建立了较好的研究技术平台。中国是首例转基因鱼的诞生地，中国学者首次在斑马鱼中建立了可以遗传的 TALEN 和 CRISPR/Cas9 基因敲除技术平台。人类疾病相关基因中有 84% 可以在斑马鱼中找到对应基因，利用成熟的基因敲除技术，规模化地建立各类人类疾病模型将成为中国在人类疾病模型研究领域可以取得突破的重要方向。

（四）模式动物推动各种组学研究快速进展

组学研究主要包括基因组学（Genomics）、蛋白组学（Proteinomics）、代谢组学（Metabolomics）、转录组学（Transcriptomics）、脂类组学（Lipidomics）、免疫组学（Immunomics）、糖组学（Glycomics ）和 RNA 组学（RNomics）学等。组学共同的特点是

用高通量的方法产生大数据。

基因组学产生于人类基因组和模式动物基因组计划的实施。随后进入后基因组时代，主要研究功能基因组学，包括结构基因组研究和蛋白质组研究等。代谢组学是效仿基因组学和蛋白质组学的研究思想，对生物体内所有代谢物进行定量分析，并寻找代谢物与生理病理变化的相对关系的研究方式，是系统生物学的组成部分。转录组学是功能基因组学一个重要组成部分，是从 RNA 水平研究基因表达的情况。模式生物（从大肠杆菌、酿酒酵母到线虫）基因组全序列的测定工作完成之后发展而成。脂质组学是对整体脂质进行系统分析的一门新兴学科，通过比较不同生理状态下脂代谢网络的变化，进而识别代谢调控中关键的脂生物标志物，最终揭示脂质在各种生命活动中的作用机制。脂质组学在疾病脂生物标志物的识别、疾病诊断、药物靶点及先导化合物的发现和药物作用机制的研究等方面已展现出广泛的应用前景。

（五）疾病动物模型在传染病防治中发挥重要作用

SARS、禽流感、甲流、手足口病、MERS、埃博拉等新发再发传染病影响国家安全和社会稳定，给中国造成数以万亿的经济损失。SARS 期间，由于实验动物资源短缺，疾病动物模型一度成为“瓶颈”问题。

美国政府《2015 年国家安全战略》报告中指出，“尽管取得了重要科学、技术成就，多数国家还是没有实现保证生物安全的国际核心能力，许多国家缺乏足够能力来预防、发现或应对疾病暴发”。中国同样面临这些问题，实验动物资源建设已经影响到国家安全战略。疾病动物模型在传染病中的作用已经得到重视，体现在动物生物安全三级或四级实验室建设。传染病重大专项中也设立了多项传染病动物模型研制和技术平台建设方面的课题。

疾病动物模型是进行传染病致病机制研究、药物疫苗评价不可缺少的资源。2003 年 SARS 爆发之初，由于缺乏动物模型，严重限制了 SARS 防控体系的建立，给人民健康带来重大损失。为解决重大传染病的动物模型资源匮乏的问题，中国科学家们通过自行创制、引进和共享，建立了重大传染病研究的动物模型资源以及应对新发再发传染病的储备性动物资源。在国际上率先进行了传染病动物模型资源集成，实现了动物模型从 SARS 时期的滞后，到 H7N9 时期的快速应急，再到 MERS 时期的前瞻性储备，并首次完成了传染病动物模型信息库的建立，根本上扭转了中国传染病动物模型资源匮乏的被动局面。

首次实现了动物模型的标准化，建立了传染病疫苗和药物的临床前规范化评价体系，是中国医药产品的国际通行证，支撑了国家传染病防控体系建立。首次提出拓展成药新功能的设想，建立了动物模型快速筛选药物的方法，并在 SARS、H1N1、H7N9、MERS 等疫情爆发时发挥应急作用，解决了无药可用的局面，支撑了国家传染病药物储备库的建立，缩短了临床救治时间。曾获北京市科技进步奖二等奖和中国实验动物学会科学技术奖一等奖。

（六）新药研发与新药临床前评价对实验动物倚重增加

新药创制不仅是人类健康的重要方面，具有自主知识产权的药物也是解决中国“吃药贵”问题的主要途径。创新药物研究通常是发现或人工合成新的分子或化合物，并筛选出有生物活性的前药；其次，要经过不同的动物模型和实验方法，研究其药理作用、作用机制、代谢过程、毒性反应及质控方法，以预测药物在临床应用中的药效及可能出现的不良反应；再经过各期临床人体试验，验证其安全性和有效性，才能进入临床应用。新药研发和临床前评价对实验动物重要性认识不断增加。

动物实验阶段是药物临床前研究新药研发的重要阶段，是评价的基础工作。临床前研究结果的准确性和可靠性，是保证药物研发成功和降低临床风险的重要措施。所以，动物模型和分析技术是药物研究、成果转化的中间环节，没有这一环节，药物研究就不能实现实验室与临床的衔接。疾病模型和高质量安全评价动物资源、比较医学技术资源等是药物研发、药理、毒性、药效、安全等评价和成果转化的必备条件。尤其是多靶点疾病模型和复杂病因疾病模型是药物创新的热点工具。

（七）多能干细胞培育出活体实验动物

英国《自然》杂志和美国《细胞 - 干细胞》杂志分别报道了中国科学家首次利用 iPS 细胞培育出活体小鼠的消息。《自然》杂志称这一成果“为克隆成年哺乳动物开辟了一条全新道路”。克隆小鼠本身并不稀奇，而中国科学家的研究成果如此备受关注，关键在于克隆实验所用的新型全能细胞——人类诱导多功能干细胞（iPS 细胞）。

1. 日在动物实验中首次用成体干细胞培养出肾脏组织

2014 年 11 月，日本冈山大学和杏林大学的研究人员在美国《干细胞》杂志网络版上报道说，他们在动物实验中，首次在试管内利用成体干细胞成功培养出了类似肾单位的立体管状组织。日本研究人员从成年实验鼠肾脏内采集了成体干细胞，在培养皿内制作出细胞团块，然后将细胞团块放入凝胶状物质中，再加入促其生长的特殊蛋白质。3 ~ 4 周后，他们培养出了 50 ~ 100 个类似肾单位的立体管状组织。这些组织中含有肾小管和肾小球等结构，并具有部分肾脏的功能。

这是世界上首次利用动物的成体干细胞制作出立体的肾脏结构，研究人员今后准备利用人类干细胞继续展开研究。成体干细胞是指存在于一种已经分化组织中的未分化细胞，能够发育成特定的组织。这一成果已接近完整的肾单位形态，是人工制作肾脏的第一步。该成果有助于弄清肾脏再生的机制，并有望对肾病患者开展再生医疗。此前，日本熊本大学的研究人员曾利用人类诱导多功能干细胞（iPS 细胞）培养出肾脏组织。

2. 小鼠体内长出活人肝脏，诱导性多功能干细胞（iPSCs）实验又获突破

2013 年 7 月，日本横滨市立大学的研究小组利用人类诱导多功能干细胞在体外培育了简单的人类肝脏，移植到小鼠体内后，这些肝脏成功血管化并正常行使功能，研究结果发表在《自然》上。

此前，全球有不少实验室一直致力于在三维塑料支架的帮助下，利用病人自身的细胞培育器官。该成果让细胞自己构建支架。研究者将人体皮肤细胞诱导成多能干细胞，使其分化为早期肝细胞，并与其他两种对肝脏发育极其重要的细胞混合。5 天后，细胞团组装成了一个微小的三维结构，像一个缩小版的肝脏一样运作。随后，研究者把肝芽异位移植到免疫缺陷的小鼠身上。在 48 小时之内，肝芽就快速地与小鼠的血管连接。大约 10 天之后，肝芽开始正常运作。利用基因芯片，研究者分析了 83 种已知在肝脏发育过程中连续上调的基因，发现在利用诱导性多功能干细胞培育的肝芽中，这些基因的表达谱与在人类胎儿肝细胞发育成的早期肝组织中相近。

通过代谢组学实验表明，移植到小鼠体内的肝芽与成人肝脏具有代谢上的相似性。后续实验发现，对使用更昔洛韦诱导的肝衰竭小鼠进行肝芽移植后，肝衰竭小鼠的存活率相对于对照组有明显提高。

2012 年，英国科学家在实验室使用干细胞成功培育出活体骨骼，这项最新技术未来可用于替换骨折肢体、治疗骨质疏松症和关节炎，以及腭裂修复。在这项最新研究中，研究人员将一根大约 2.5 厘米长的实验室培育人体骨骼插入老鼠的腿部骨骼，能够成功地实现该实验骨骼与残留动物骨骼的结合。

3. 科学家发现多能干细胞（rsPSCs），有望在动物体内培育人体器官

2015 年 5 月，发表在《自然》杂志上的一项研究中，来自 Salk 研究所的发育生物学家 Juan Carlos Izpisua Belmonte 和他的同事偶然发现了一种先前未知的多能干细胞，当将这种干细胞移植到小鼠胚胎中时，它可以发育成任何类型的组织。研究人员将这种新发现的多能干细胞命名为 region-selective pluripotent stem cells（rsPSCs）。

科学家们已经认识了其他两种类型的多能干细胞，但是让它们增殖到很大的数量或发育成特定类型的成体细胞有一定的困难。相比而言，rsPSCs 更容易在体外生长，且活性稳定，有望帮助建立早期人类发展的模型，让人类器官在大型动物（猪、牛等）体内生长，最终达到研究或治疗的作用。随后，研究人员在 7.5 天的小鼠胚胎的三个不同的区域注射了这些新发现的细胞。36 小时后，只有通过尾巴或胚胎较后部位移植的细胞分化成了正确的细胞层（cell layers），形成了一个 chimaeric 胚胎，即一种包含不同起源 DNA 的生物体。因为这些细胞似乎更喜欢胚胎中的特定区域，因此，研究人员将它称为 region-selective 多能干细胞。

（八）分子影像学技术使得可透视实验动物成为可能

分子影像学是指应用影像学方法，对活体状态下的生物过程进行细胞和分子水平的定性和定量研究。可以对同一个研究个体进行长时间反复跟踪成像，既可以提高数据的可比性，避免个体差异对试验结果的影响，又无需杀死实验动物；既节省费用，又符合实验动物道德伦理原则，因而近几年来得到快速发展。

小动物活体光学成像技术已在生命科学基础研究、临床前医学研究及药物研发等领域得到广泛应用。首先，影像学技术能够反映细胞或基因表达的空间和时间分布，从而了解活体动物体内的相关生物学过程、特异性基因功能和相互作用。第二，由于可以对同一个研究个体进行长时间反复跟踪成像，既可以提高数据的可比性，避免个体差异对试验结果的影响，又无需杀死模式动物，节省费用，符合实验动物道德伦理原则。第三，在药物开发方面，影像学技术可提供即时，定量和动态的药效学研究工具。

1. 活体动物体内光学成像

荧光和生物发光影像作为近年来新兴的活体动物体内光学成像技术，以其高敏感成像效果，操作简便及直观性成为研究小动物模型最重要的工具之一，在肿瘤生长及转移、疾病发病机制、新药研究和疗效评估等方面的应用中显示了优势。

活体成像对肿瘤微小转移灶的检测具有极高的灵敏度，却不涉及放射性物质和方法，非常安全。其操作极其简单、所得结果直观和灵敏度高等特点，使得它在短短几年中就被广泛应用于生命科学、医学研究及药物开发等方面。

活体动物体内光学成像分为生物发光与荧光发光两种技术。生物发光是用荧光素酶基因进行标记。荧光技术则采用荧光报告基团（GFP、RFP、Cyt 等）进行标记。通过活体动物体内成像系统，可以观测到疾病或癌症的发展进程以及药物治疗所产生的反应，并可用于病毒学研究、构建转基因动物模型、siRNA 研究、干细胞研究、蛋白质相互作用研究以及细胞体外检测等领域。

2. PET 成像

PET 技术已经成为动物模型研究的强有力工具，可提供生物分布、药代动力学等多方面的丰富信息，准确反映药物在动物体内摄取、结合、代谢、排泄等动态过程。小动物 PET 技术能实现绝对定量，不受组织深浅的影响。深部组织成像结果可以与浅部组织成像结果进行比较。可用于观测动物体内示踪分子的空间分布、数量及其时间变化。

小动物 PET 技术是能够无创伤地、动态地、定量地从分子水平观察生命活动变化特点的一种定量显像技术。常用于肿瘤学、神经系统疾病、心脏系统疾病和标记靶向探针等方面的研究。可准确观察和监测转移性肿瘤的侵袭和蔓延。还用于进行原位肿瘤和转移性肿瘤显像的新的肿瘤特异性标记探针的研究。能够清晰辨识动物脑内结构，通过对神经系统动物模型进行活体显像，用于脑血管疾病、帕金森病、脑肿瘤、癫痛等神经系统疾病的研究。

3. 核磁共振成像

小动物磁共振成像（MRI）已成为研究小动物在体生物学过程最好的成像方法之一。相对于 CT，小动物 MRI 具有无电离辐射性损害、高度的软组织分辨能力，以及无需使用对比剂即可显示血管结构等的独特优点。对于核素和可见光成像，小动物 MRI 具有微米级的高分辨率及低毒性的优势；在某些应用中，MRI 能同时获得生理、分子和解剖学的信息。

MRI广泛应用于急性脑血管病变脑损伤、阿茨海默病、帕金森病、癫痫、颅脑肿瘤、脑白质损伤模型、精神分裂症和抑郁症模型等神经系统疾病动物模型的发病机制与疾病进程研究。MRI靶向探针成像技术在实验动物模型中也得到了广泛应用。

4. 小动物超声成像

超声影像是在现代电子学发展的基础上，将雷达技术与超声原理相结合，并应用于医学的诊断方法，广泛应用于临床各领域，包括肝、胆、脾胰、肾、膀胱、前列腺、颅脑、眼、甲状腺、乳腺、肾上腺、卵巢、子宫及产科领域、心脏等脏器及软组织的部分疾病诊断。

小动物超声影像技术是为利用疾病动物模型进行医药研究而开发的专用设备，其特点是分辨率高，可以分析大鼠、小鼠、兔等心血管、肝脏、肾脏等多种器官相关的疾病和药物研究，超声影像技术在心血管病诊断、研究方面应用最为广泛，常用于心肌病、高血压、动脉粥样硬化、心肌梗死这些疾病的大、小鼠疾病模型研究中。

利用分子影像学技术的结构成像技术可用于活体结构的研究。利用分子影像学技术的功能成像技术可研究活体的多种生物功能。光学成像、核素成像、磁共振成像和超声成像、CT成像等技术相辅相成，成为现代医学的重要研究工具。

（九）生物样本库疾病动物模型取得进展

生物样本作为转化医学研究的重要资源，正在日益受到各国高度的重视。随着动物福利的发展，科研使用动物数量的压力日益增大，生物样本库成为一个吸引人的方法，它们可以让研究团队研究同一只动物的不同器官以及疾病的不同方面。生物样本库意味着，这只动物的任何一个部分都没有浪费。

国家《“十二五”生物技术发展规划》中，明确要求要建设国家生物信息科技基础设施——国家生物信息中心，包括国家生物技术管理信息库，基因组、蛋白质组、代谢组等生物信息库，大型生物样本、标本、病例资源和人类遗传资源库以及共享服务体系；建设若干实验动物和模式生物基础设施和生物医学资源基础设施。生物样本库必将是实验动物学未来一个重要的发展领域。

1. 美国生物样品库

国际生物和环境样本库协会（International Society for Biological and Environmental Repositories，ISBER）成立于1999年，隶属于美国实验病理学会。下设动物样本库、环境样本库、人体样本库、微生物样本库、博物馆样本库、植物/种子样本库等6个不同类型的生物样本库，并成立了若干工作组。建立了生物样本库规范和标准，并开展技术培训。

美国国家癌症中心生物样本库和生物样本研究实验室（Office of Biorepository and biospecimen Research，OBBR）成立于2005年，隶属于美国癌症研究所（NCI）。提供制定生物样本库标准，指导、协调和发展各机构搜集生物样本资源的能力和保障生物样本的质量。

2. 欧洲生物样本库

英国样本库由英国卫生部、医学研究理事会、苏格兰行政院以及惠康信托医疗慈善基金共同出资成立，1999 年设立，2006 年运营。搜集了 50 万来自英国各地 40 ~ 69 岁人口捐赠的样本。样本包括血样、尿样、遗传数据和生活方式等个人的医疗详细信息。研究英国人的健康状况受生活方式、环境和基因影响的情况，寻求对癌症、心脏病、糖尿病、关节炎和老年痴呆等疾病的预防、诊断和治疗的更好途径。

泛欧洲生物体样本库与生物分子资源研究设施（Biobanking and Biomolecular Resources Research Infrastructure，BBMRI）在 2008 年提出筹建计划，是欧盟研究基础战略路线图重要组成内容。旨在整合和升级欧洲现有生物样品收集、技术和专家资源平台。

3. 中国生物样本库

深圳国家基因库样本库于 2011 年成立，隶属于华大基因研究院。主要储存和管理本国特有的遗传资源、生物信息和基因数据。致力于建立生物样本库建库的标准规范，提升国内样本库的整体水平，为科研、医药、临床等工作者提供实验技术服务。国家基因库 2015 年底可存储 3000 万份生物样本。

北京重大疾病临床数据和样本资源库建设项目于 2009 年 7 月启动，搭建“一个平台、十个样本库”，即“一个重大疾病防治研究信息平台”，“十个重大疾病研究样本库”。预计搜集 5 万例数据信息、40 万份样本资源。

中山大学肿瘤资源库 2001 年启动建设，是华南肿瘤学国家重点实验室平台建设、国家重点学科以及教育部、广东省重点实验室立项和建设项目。依托于中山大学肿瘤医院和华南重点实验室。拥有肝癌、肺癌、食管癌、乳癌、肠癌、胃癌等常见肿瘤的血标本 30000 多份、组织标本 6000 多份和正常人血标本 6400 多份，成为国内最大的肿瘤资源平台之一。

4. 实验动物生物样本库

世界上建立的实验动物生物样本库寥寥无几，其中多数为小鼠样本库。例如，英国剑桥圣格研究院的小鼠生物样本库到目前为止已经收集了来自 940 只小鼠的 42 种组织，但仅收到 50 人左右的材料研究申请。

2015 年 4 月，德国慕尼黑路德维希马克西米利安大学（LMU）建成全球首个猪生物样本库疾病动物模型——MIDY-PIG 生物样本库，用于存放取自不同年龄段猪的全身器官组织，可供研究人员免费获取。来自这头体重达 226 千克的种猪的数千件微小的组织和液体样本现存放在德国慕尼黑 MIDY-PIG 生物样本库——全球首个储藏着来自于大型、经基因工程处理非人类动物的系统贮藏室。

为了建立这个猪生物样本库，科学家利用基因工程技术和克隆技术制造了 MIDY 基因损坏的猪。这些猪与健康猪放在一起饲养，二代猪幼崽中平均一半患有糖尿病，而其余的一半则是健康猪，可以用于对照实验。其设计目的是为了帮助研究人员发现糖尿病长期并发症中涉及的分子与机制，包括小血管和神经异变、心脏与肾脏疾病以及失明等。猪的养殖虽然成本高，但是价值也更大，因为它们体形较大，并且在生理机能与新陈代谢方面与人类更相似。人类与猪的相似程度比想象的更大，因此这些资源的价值将极为珍贵。这是日益增多的使研究用的每个动物科学利益最大化的案例之一。

（十）中国实验动物学会科技奖获奖成果

1. 树鼩实验动物化种群建立及应用

树鼩全基因组测序及比较基因组分析表明，其亲缘关系与灵长类最接近。树鼩具有体型小、繁殖周期短、易于实验操作、饲养成本低等特点，尤其是在HBV、HCV、肿瘤和抑郁症等动物模型及机理研究方面独具特色。自20世纪70年代以来，国内外学者就开展野生树鼩的驯化繁殖，但繁殖技术未得到突破，用于生物医学研究的树鼩多为野生，其实验结果重复性和科学性差。因此，树鼩饲养繁殖种群、动物质量控制和技术标准的建立，以及病毒感染动物模型等关键技术亟待解决。

该项目创建丙型肝炎和手足口病毒感染树鼩体内、体外动物模型，及相关的病毒检测技术体系，为病毒感染的致病机理和药物研发提供技术平台。攻克树鼩繁殖关键技术，繁殖成活率达90.76%，规模化饲养繁殖树鼩2000只以上，基本实现了树鼩资源保存、供应与共享。创建树鼩质量控制、生物学特性数据测定、实验操作等多项技术体系。研制人工饲养繁殖及实验和感染性实验树鼩笼具，为树鼩实验动物标准化与广泛应用奠定基础。

该项目创制《实验树鼩》5个云南省地方标准和3个技术规范供全社会共享。对完善中国实验动物的法制化、标准化管理体系，提升中国实验动物科技进步水平，增强自主研发实验动物新品种及疾病动物模型的科技能力具有重要的科学意义和应用价值。

创建的树鼩饲养繁殖技术与种群、实验动物化研究的技术体系、生物学特性数据库、云南省地方标准和技术规范等，为中国重要野生动物的研发、保存和应用提供成功经验和技术保障，推进了原创性技术标准制订的进步，为提升中国实验动物科技水平与产业发展起到重要作用。首次创建HCV和EV71病毒感染树鼩体内、外动物模型，为推动树鼩作为人类重大疾病的特色动物模型，促进药物筛选、疫苗研发和生物医药产业发展具有重要科学意义和应用价值。已获得的树鼩种群、专利、标准、技术规范和发表论文等知识产权，产生了重大社会效益，同时产生近900万元的经济效益。

2. 长爪沙鼠微卫星DNA和生化位点遗传标记的筛选及遗传控制体系建立

该项目的研究内容主要分为五个部分：①参照国内外大、小鼠生化标记分析方法，筛选出了适合于长爪沙鼠的27个富含多态性的生化基因位点和9种靶器官；优化出了最佳电泳条件，初步建立了长爪沙鼠生化标记分析方法。②应用所选生化位点对国内较大的长爪沙鼠群体进行了遗传分析。③用种间转移扩增法筛选长爪沙鼠新的微卫星位点130个。将筛选出的微卫星位点在GenBank中注册，注册号从GU562694到GU562823。④采用分层次优化的方法，建立了长爪沙鼠封闭群微卫星DNA标记遗传检测体系；起草长爪沙鼠遗传标准讨论稿，经征集专家意见修改后形成了研究稿。⑤用建立的长爪沙鼠DNA标记遗传检测体系对国内现有的4个长爪沙鼠群体和野生群进行了群体遗传结构分析和群体间比较。

长爪沙鼠是一种源自中国的实验动物，在科学研究中的应用越来越广泛。在 Pubmed 数据库中，近 10 年约有 3321 篇文章和科研报道是用长爪沙鼠进行的。但非常遗憾的是，无论国内国外，对长爪沙鼠的遗传背景的研究数量很少，对其微卫星标记的筛选只有一篇论文，在 GenBank 中只有 9 个长爪沙鼠微卫星位点，也没有对长爪沙鼠遗传检测方法方面的研究，这极大地制约了长爪沙鼠在科学研究中的广泛应用。

该项目是国内外首次报道对长爪沙鼠的生化标记和微卫星 DNA 标记最大规模的一次筛选，并在 GenBank 中完成了注册工作，这一成果为长爪沙鼠的研究奠定了良好基础。该项目所筛选的微卫星位点无论是对长爪沙鼠遗传图谱的绘制、疾病相关位点的筛选、生物性状的定位，以及长爪沙鼠的遗传检测都起到了极大的推动作用。由于在国内外均未检索到长爪沙鼠遗传检测方法的研究，该项目利用国内长爪沙鼠群体数量多的特点和优势，分别筛选了长爪沙鼠遗传检测的生化位点和微卫星位点，权衡科学的严谨性、准确性和遗传检测的经济性两方面，创造性使用了分层次筛选和位点递减的方法，建立了长爪沙鼠封闭群遗传检测体系，这一工作对长爪沙鼠实验动物化和标准化都具有积极的推动作用。

3. SV40PolyA 增强子作用机理及应用策略研究

猴空泡病毒早期蛋白 PolyA（SV40PolyA）作为终止信号和增强子，广泛用于构建表达载体，转染细胞及制备转基因动物，但是其作为增强子的作用机理不清。本研究从 SV40PolyA 的正反方向、不同片段、核心序列及其结构特点以及与报告基因的相对位置等角度，研究其调控基因机理。发现：① SV40PolyA 反序活化基因作用高于正序；② SV40PolyA 反序的第 2、3 个 60bp 片段可以活化报告基因且与其拷贝数相关；③ SV40PolyA 在表达载体中的插入位置影响其增强子活性；④ SV40PolyA 增强子活性被 Alu 重复序列抑制与增加染色质包装有关；⑤ SV40PolyA 增强子核心序列具有不完整回文序列，增加或减少回文序列的互补性均破坏增强子活性，显示增强子活性涉及不稳定茎环结构。上述研究揭示了 SV40PolyA 调控报告基因表达机理。应用该机理成功构建 BAFF 基因与 SV40PolyA 方向和相对位置不同的表达载体，获得转基因斑马鱼，为进一步探讨其作为人类疾病模型的意义及 BAFF 拮抗药物的高通量筛选提供动物模型。

该项目的后续研究发现，RNA 作为反式调节因子呈长度、序列和位置依赖性影响基因表达，借此提出了有关衰老、分化、肿瘤发生的理论模型—RNA 群模型。依据相同的思路，对 IFN γ 基因进行了全序列分析，发现 5 个可以上调或下调 IFN γ 基因表达水平的靶点序列，本发现为细胞因子上调动脉硬化基因修饰动物模型的建立，发病机理及基因治疗提供新思路。应用发现的 SV40PolyA 活化基因机理构建了 IL14 表达载体，获得了 IL14 过表达的转基因斑马鱼。

4. SPF 鸭培育与应用

该项目以中国优质地方品种绍兴麻鸭白壳 I 号为基础实验鸭群，经过屏障环境下的笼架和隔离饲养，在阻断再感染的条件下，采用实验动物封闭群的交配方式进行繁育，制定了 SPF 鸭群的屏障环境、隔离环境饲养标准程序；通过免疫灭活疫苗、服用抗生素、淘汰微生物学监测抗体或（和）抗原阳性个体等措施，净化了鸡白痢等主要鸭疫病；完善了鸭病监测技术，制定了 SPF 鸭微生物学监测标准（草案），微生物学监测结果表明，HBK-SPF 鸭群已无鸡白痢、禽霍乱、鸭疫里氏杆菌病、衣原体感染、禽网状内皮组织增生症、禽腺病毒Ⅲ群、鸭病毒性肝炎、鸭病毒性肠炎、呼肠孤病毒感染、禽流感和新城疫等 11 种疫病；建立了 SPF 鸭遗传学质量控制技术，在 18 个微卫星 DNA 标记位点上共检测到 80 个等位基因，各位点平均多态信息含量在 0.49 以上，总群体遗传杂合度在 0.321 ~ 0.760 之间，F2 与 F3 世代间的 HBK-SPF 鸭 B 和 Q 品系鸭群体的等位基因频率分别在 6 个和 11 个位点上存在显著差异（$P < 0.05$）；动物敏感性实验表明，对禽流感病毒等多种疫病敏感；制订并采集了鸭生物学特性数据 77 项，其中血液生理参数 19 项、生殖生理参数 15 项、生长发育生理参数 1 项、呼吸生理参数 2 项、心血管生理参数 3 项、血液生化参数 19 项、解剖学参数和 7 项遗传学数据 11 项，提交国家科技资源 E－平台，实现了生物学数据的共享。

该项目成功选育了 HBK-SPF 鸭 B 和 Q 两个品系，对病原体敏感、微生物学质量高、遗传学稳定、生物学数据明确的实验动物 HBK-SPF 鸭群。目前已繁育 HBK-SPF 鸭群至第 7 代，保种 1500 余羽，年产种蛋 3 万余枚。以此实验动物种子资源为基础，获得国家科技部批复成立了国家实验禽类种子中心。HBK-SPF 鸭获得了实验动物生产许可证，许可证号 SCXK（黑）2011-007；实验动物使用许可证，许可证号 SYXK（黑）2011-022。发表核心期刊 15 篇，被引用合计 66 次。先后向武汉、山东、北京等全国的生物制品生产单位、高等院校、科研单位供应 SPF 鸭种卵 10 万枚，取得了良好的经济效益和社会效益。查新结果表明，培育的 HBK-SPF 鸭群拥有完全自主知识产权，达到了国际同类研究的领先水平。

5. 家兔模型在心血管疾病研究中的应用

心脑血管疾病已经成为威胁人类健康最严重的疾病之一。动脉粥样硬化是心脑血管疾病最常见的病因。在该项目中，课题组在国家自然科学基金和陕西省基金的支持下，利用家兔模型，主要是转基因家兔模型，对动脉粥样硬化的发生和发展的分子机制展开了研究，同时，该项目组也对动脉粥样硬化相关疾病的防治进行了探讨。共发表相关论文 22 篇，其中 *SCI* 收录论文 19 篇，合计被引用 298 次。

该项目主要内容包括：①利用转基因家兔模型研究发现巨噬细胞高表达基质金属蛋白酶 12（MMP-12）对动脉粥样硬化形成有促进作用；②在家兔肾脏高表达血管内皮生长因子（VEGF），可影响对肾小球动脉硬化进程和肾小球的功能；③高表达脂蛋白脂酶（LPL）可提高家兔的胰岛素敏感性，LPL 可能是治疗糖尿病等糖代谢疾病的潜在靶位；④参与研制成功心肌梗死家兔模型，在 C 反应蛋白（CRP）研究方面有重要进展，证明 CRP 是动脉粥样硬化发生过程中的伴随现象，而非致病因素；⑤利用家兔模型证明过氧化物酶体增殖物激活受体（PPAR）可参与动脉粥样硬化的过程，其中 PPAR-γ 激动剂可减轻动脉粥样硬化病变的产生；⑥利用家兔模型研究了他汀、西洛他唑和普罗布考等药物联合用药对动脉粥样硬化治疗效果，发现联合用药可以提高药物疗效，其作用机制与药物影响蛋白亚硝基化有关。⑦课题组对家兔作为动脉粥样硬化动物模型，其病变发生发展趋势，发病特点及与人类动脉粥样硬化的异同点进行了对比研究，为利用家兔研究动脉粥样硬化提供了实践和理论依据。

6. miR-31 转基因小鼠的构建及其在脊髓损伤研究中的应用

脊髓损伤是脊柱损伤的严重并发症，其治疗一直是临床工作中困扰人们的难题。越来越多的证据表明，神经干细胞的替代治疗可以修复脊髓损伤。目前研究主要是通过体外培养扩增获得神经干细胞然后移植入受损伤的脊髓或诱导受损脊髓内神经干细胞增殖分化，而如何诱导更多的神经干细胞向运动神经元分化是其中的关键。miRNA 是生物体内非编码小 RNA，通过调控蛋白质的表达谱来决定细胞分化、胚胎发育等一系列重要生命活动的进程，主要通过与相关蛋白形成 RNA 诱导沉默复合体来介导转录后基因表达的调控。

脊髓损伤后，脊髓微环境中不支持诱发增殖的内源性神经干细胞替代修复受损伤脊髓的分子可能是由一些关键 miRNA 所调控的，修饰改变这些关键 miRNA，可以有效调节正性分子或负性分子的表达，从而促进神经干细胞的增殖分化，修复受损伤的脊髓。

通过比较神经干细胞和运动神经元的差异蛋白谱和差异 miRNA，从中筛选出差异表达大的 miR-31，认为其是神经干细胞分化的关键基因。以此为基础，构建了 miR-31 转基因小鼠，完善转基因动物平台建设，并制作了脊髓损伤模型，在体研究了 miR-31 在脊髓损伤修复中的保护及促再生作用，并进一步对 miR-31 的靶基因进行了分析，这些研究均将有助于为改善脊髓损伤后的微环境、为脊髓损伤的修复提供新的策略，最终达到重建脊髓受损神经功能的目的，为临床有效治疗脊髓损伤提供理论和实验依据。此项目创新在于通过对神经干细胞与运动神经元差异 miRNA 表达谱和差异蛋白谱的综合分析，获得了可调控差异蛋白的 miRNA，有效地缩小了诱导分化关键 miRNA 的筛选范围。

该项目在国内外首先创新性的构建了 miR-31 转基因小鼠，并繁殖建系，从在体角度研究了在 miR-31 过表达情况下发挥的作用。主要贡献在于利用生物信息学分析，方便了关键调控基因的筛选。筛选出神经干细胞向运动神经元分化的关键基因 miR-31，为以后的研究打下了基础。构建了 miR-31 转基因小鼠，为 miR-31 的研究提供了在体样本，方便了日后针对 miR-31 的研究。

7. 豫医无毛小鼠脱发的机理及分子遗传学基础

无毛基因是与皮肤和被毛结构有重要关联的核受体基因，编码一个锌指结构转录因子，是甲状腺激素受体的转录辅阻遏物，并参与毛发生长周期的调控，在维持毛囊及毛囊间上皮的增殖、分化、凋亡的精致平衡中扮演重要角色。

无毛小鼠是无毛基因突变而引起的一种皮肤和被毛结构发生异常变化的小鼠，表型类似于人的丘疹性无毛症（Papular atrichia），是皮肤病及毛发生长研究的良好实验动物模型。豫医无毛小鼠是 1990 年在昆明小鼠封闭群中首次发现的，国内最早报道的犀牛状无毛小鼠，经遗传测交实验证实为常染色体上的单一隐性基因突变所致，属常染色体隐性遗传。

从表型看和国内外报道的无毛小鼠不尽相同，已经在突变体的基础上育成国内唯一的豫医无毛小鼠分离近交系（Yuyi hairless mice，YYHL）。该项目以正常有毛的昆明小鼠作对照，从表型、组织学、超微结构、无毛基因的第六内含子及cDNA的克隆、基因序列分析和功能分析等方面对豫医无毛小鼠、无毛同类系小鼠进行了系统研究，发现并命名了一个新的无毛突变基因，犀牛状短命基因（Rhinocerotic and short-lived），基因符号为hrrhsl。

该命名已被国际上的小鼠基因组数据库收录（MGI登记号:2678250）；同时，在克隆的无毛基因上发现了5个多态性位点。并通过对携带无毛突变基因的无毛小鼠的表型、皮肤组织学、超微结构等生物学特征研究，探讨了无毛基因的“一因多效性”及脱发的机理。

该项目发现并命名了一个新的无毛突变基因，完成了突变无毛基因的定位和克隆，不仅可申请基因专利，还为遗传图谱增加了新的路标，并为基因功能的识别提供了候选基因，有助于发现和分离新的突变位点、研究人类和鼠同源的相应遗传病，并可作为新的自发性动物模型应用于相关的生物医学研究。而且，豫医无毛小鼠是国内开发成功的唯一分离近交系，是一种具有独特的遗传背景和生物学特性的小鼠突变系，可作为国家的无毛小鼠种子库向全社会供应，这将为中国生物医学科学的发展，提供一个新的实验材料和研究手段，尤其对皮肤病学、抗衰老方面的研究具有重要意义，并可应用于化妆品、医药化工等行业，具有极大的社会效益和经济效益。

8. 负压屏障环境生物安全二级动物实验平台项目的设计、建设及应用

《负压屏障环境生物安全二级动物实验平台项目的设计、建设及应用》（以下称“ABSL-2动物平台”），是由国家投资建设的社会公益类项目，用以满足中国疾病预防控制中心（以下简称中国CDC）的直属单位传染病预防控制所、病毒病预防控制所及性病艾滋病预防控制中心的感染性动物实验需求。

ABSL-2动物平台项目建设之初，国内尚没有如此大型规模的感染性动物实验平台，没有现成的经验可供参考，国家生物安全相关的法规标准亦刚刚出台，某些条款面临着理论与实践有一定冲突的矛盾。ABSL-2动物平台首先是一个动物实验室，必须满足《实验动物——环境与设施》（GB 14925）的要求，同时，它也是一个生物安全实验室，也要满足《实验室生物安全通用要求》（GB 9489）。该项目从立项、平面图设计、工艺布局设置、气流控制、设施设备的配置及生物安全关键操作程序的制定等方面，遇见了很多新问题、新矛盾，比如为达到生物安全而采取负压措施，而采取了负压措施后，又难以保证实验动物的洁净度等。中国CDC作为一个国家级的公共卫生机构，需要在国际舞台上扮演一定的角色，因此ABSL-2平台还必须跟上国际形势，兼顾实验动物福利与伦理要求。

为解决诸如此类的问题，以及为达到保护实验动物、保护环境、保护操作人员的三保护原则，建设团队在项目执行过程中采用了很多新方法、新理念、新工艺。比如：高低态的节能手段、屏障环境内配置负压饲养设备及设置“后室”以有效防止交叉污染、开发符合感染动物实验设施管理需求的实验动物信息管理系统、建立生物风险评估体系等，这些理念及方法在实验动物行业中有重要的借鉴意义，也为医疗卫生行业的企事业及科研院所在新建、改扩建感染性动物实验设施时，提供了一个观摩、学习、参考的基地。

成功启用的 ABSL-2 动物平台设计理念先进、系统管理完善，既符合生物安全又保障动物福利，同时兼顾节能环保。ABSL-2 动物平台项目为促进医学研究及卫生健康事业的发展提供了有利的支撑条件，项目设施投入使用一年半以来取得了良好的社会效益。

9. 中国恒河猴犬瘟热病毒感染综合征研究

人类许多疾病，尤其是传染病，都可以用恒河猴作模型进行研究。2006—2009 年期间，中国多地养猴场、动物园和实验动物中心暴发多起无明显季节性的恒河猴、食蟹猴感染类似麻疹样疾病。幼龄猴易感，发病率约 60%，死亡率高达 30%，成年猴发病率约 25%，死亡率约 5%，发病猴总数超过 10000 只，采用抗生素、抗病毒药物治疗效果都不理想，无法确定其发病原因，更重要的是没有较好的防治方法，使得猴场经济损失严重、动物实验中心有关猴的动物实验不能进行。

该项目采用流行病学、分子生物学、病理学、免疫学等方法，对实验动物恒河猴不明原因的发病死亡进行了流行病学调查、病原检测、免疫治疗等系统研究，研究结果创新点如下：

（1）首次详细报道了发生在 2006—2009 年间中国多地恒河猴养殖场发生的类麻疹样疾病的病原为副粘病毒科、麻疹病毒属中变异的犬瘟热病毒（CDV）。

（2）该猴株犬瘟热病毒与中国猴株、狐狸株，日本犬株以及中国台湾犬株遗传关系较近，而与疫苗株 Onderstepoort 以及 Recombinant Snyder Hill、00-2601、98-2645 等来自欧美的分离株遗传关系相对较远。

（3）对发病猴进行了解剖学和病理学检验，补充了猴类似疾病的诊断依据。

（4）制备了猴特异性的干扰素及抗体对发病的恒河猴进行了治疗，高免血清具有非常显著的疗效，干扰素作为免疫增强剂辅助治疗，能够有效提高治愈率。

（5）用脏器灭活苗、培养灭活苗和细胞培养弱毒苗对恒河猴进行了免疫，均能产生较高的中和抗体，使发病率明显降低。自 2009 年开始使用犬瘟热弱毒疫苗对恒河猴进行免疫，至今已累计免疫 10 万头份以上，未发生人工饲养恒河猴犬瘟热的暴发和流行。

（6）在后期的现场流行病学调查中发现，在猴场猴群大规模发病期间，密切接触病猴的饲养人员出现一过性感冒，背部、胸部及手部均出现红疹症状，血清学检测为 CDV 抗体阳性，提示 CDV 有可能在人类直接接触 CDV 感染动物时，跨过种间障碍而感染人，成为一种对人的潜在威胁。

（7）对分离的犬瘟热病毒小熊猫株进行了全基因组测序和进化分析、驯化致弱及免疫研究、动物感染试验等较为系统的研究，为野生动物新发犬瘟热感染的疫苗研究奠定了基础。

使用猴特异性高免血清及干扰素进行治疗和犬瘟热灭活疫苗及弱毒疫苗进行免疫后，

幼猴发病率降至5%，死亡率降至约0.1%；成年猴发病率降至约0.5%，无死亡。自2009年开始使用犬瘟热弱毒疫苗对恒河猴进行免疫，至今已累计免疫10万头份以上，未发生人工饲养恒河猴犬瘟热的暴发和流行。

CDV自然感染的动物范围还有不断扩大的趋势，其危害也越来越大，该项目阻止了恒河猴犬瘟热的暴发和流行，使灵长类动物感染猴变异犬瘟热病毒有了快速检测方法和良好的预防及治疗措施。对CDV可能跨过种间障碍而感染人，成为一种对人的潜在威胁也提出了具有非常重要的警示作用。

10. 应用环介导等温扩增技术快速诊断犬主要病毒性疾病

犬瘟热、犬细小病毒病等传染病是危害犬科动物生命健康的主要病毒性病原，每年均造成大量的实验犬、警犬、伴侣犬死亡，造成很大的经济损失，在实验动物质量检测中被列为必检项目。研究快速、便捷、灵敏的诊断方法是有效预防和控制这些疾病的一个重要手段。2006年课题组通过"警犬主要传染病的PCR诊断技术的研究"建立了PCR诊断技术，具有快速、灵敏的诊断效果，但因DNA扩增、结果判定等环节需要扩增仪、凝胶成像系统等设备，其推广应用受到限制。基于上述背景，课题组申请了"应用环介导等温扩增技术快速诊断犬主要病毒性疾病"，旨在建立更加灵敏、快速、简便的诊断技术，解决该疾病的诊断难题。

研究方法：采用环介导等温扩增技术（LAMP），利用在线软件设计了犬瘟热病毒、犬细小病毒的特异性引物，对LAMP扩增条件进行探索和优化，以预加染色剂的方法实现了结果的可视化判断，最终建立了简便、快速、敏感的检测犬瘟热病毒和犬细小病毒检测方法，并制定了检测标准。

创新点：①国内首次设计并合成了犬瘟热和犬细小病毒LAMP特异性引物，建立并优化了反应体系，使其敏感性达到现行国标PCR方法的100倍。②采用在反应体系中预加染色剂的方法，使反应结果实现了可视化，方便了检测结果的判定。③试制了反应试剂盒并在临床实践中取得了良好效果。

应用推广情况：以警犬技术公安部重点实验室、公安部犬病研究中心为技术平台，项目成果通过建立标准操作规程，目前已经成为中国警犬技术领域中检测细小病毒和犬瘟热病毒最先进的诊断技术，自2009年以来，共对全国范围内258多起疑似疫情进行了实验室鉴定，其中确诊疫情112起，排除疫情146起。与现行国标PCR诊断方法比较，符合率达93%，但检出率更高、操作更加快捷、简便。另外，项目的技术成果先后在昆明、南京、沈阳等多家警犬技术单位推广，做到了早期诊断、及时预防，使用单位的警犬死亡率降低15%，疫情得到有效控制。

经济和社会效益：本研究成果应用范围为实验动物、警犬、经济动物等犬瘟热、犬细小病毒的快速诊断。除在养犬生产过程中用于疾病监测外，还可用于出入境动物相关病毒的检验检疫。另外，犬病毒性疾病是影响警犬事业发展的主要因素之一，尽管疫苗已被广泛使用，但由于多种原因导致的免疫失败使得犬细小病毒病和犬瘟热时有发生，项目成果在警犬技术行业内作为一种健康保障技术，通过提高病毒检出灵敏性，做到早期诊断、及时预防，极大提高了中国警犬的育成数量，促进了警犬行业的发展进步，保障了警犬技术在打击犯罪、维护稳定中的有效应用，为公安业务的现代化建设和维护社会公共安全做出了贡献。

11. 小动物肝移植平台的建立及应用

肝移植已成为治疗各类终末期肝病的有效手段，但肝移植的基础和临床仍有许多亟待解决的问题，如移植中冷热缺血问题、排斥问题、移植后移植物失功问题及移植药物疗效问题等。限于伦理学等问题，许多研究无法在临床人体器官移植上进行研究，器官移植动物模型的建立，稳定性是关键，建设研究平台是为了解决技术瓶颈问题，为国家重点基础研究发展规划（973 计划）等研究项目打好研究基础。

该项目成功建立了稳定的大、小鼠全肝及部分肝移植模型，通过各种技术改进，解决肝移植出血、栓塞、胆漏等技术难题，交流传授先进的实验动物科学技术。通过不同体积肝移植的比较，成功建立大鼠肝移植后小肝综合征模型。国际上首次成功建立了大鼠双肝移植模型，达到国际领先水平。成功建立了小鼠肝移植模型，一周存活率达到 90%，利用供体腹腔注射 Flt3L 成功诱发了小鼠肝移植失功模型。

小动物肝脏移植平台先后应用于 2 项“973 计划”及“十一五”科技重大专项、国家自然科学基金群体项目等重大项目，成为重要科技支撑和研究的组成部分。培养博士生 11 名，硕士生 8 名，发表 *SCI* 论文 26 篇。制作了大鼠肝脏移植的教学视频及教材，提供推广示范手术技术。先后接受加拿大多伦多大学，香港大学、中山大学、上海复旦大学等研究人员的进修学习。负责编写《肝移植》（人民卫生出版社，2012 年）“肝脏移植的动物实验”章节；出版大鼠肝脏移植教学视频 DVD（中文和英文版）；发表肝移植技术和环境类中文论著 5 篇；多次在国际会议上作大会报告。动物平台已将小动物肝移植技术辐射至国内外，应用成效卓著，产生了巨大的社会效益和经济效益。

12. 动物替代试验技术平台建设和系列方法标准研制与应用

该项目属于 3R 和替代技术领域。近 30 年来，以替代动物试验为核心的“3R”原则已成为实验动物学科乃至生命科学研究的重要内容，特别是在化学品、化妆品、卫生用品、药品、医疗器械等商品的安全性检测领域，“动物替代技术壁垒”已成为影响国际贸易的重要因素。因此，建立中国动物替代实验技术体系、方法标准和检测能力十分必要。该项目自 2005 年以来，围绕国际替代动物实验快速发展的形势，结合中国实际情况，系统开展替代方法的开发研究、标准制订、信息平台和验证认可规范研究，并通过对实验平台的应用，为相关商品的检验监管提供技术支撑和提供第三方检测服务。①国内首次系统建立了动物替代试验技术平台，研制了与国际同步的替代方法和标准体系，建立了包括细胞毒性、局部毒性、遗传毒性、生殖发育毒性、胚胎毒性、靶器官毒性等在内的 30 多项替代试验方法和标准，覆盖了化妆品毒理学评价的主要项目；②建立了体外实验室系列质量控制规范，为试验方法的标准化，实验数据的可靠性比对和公正检测技术服务奠定了基础；③建立了符合国际准则的替代方法验证认可规范，并首次实现多个替代方法的实验室间验证；④建立了替代方法检测技术服务平台，涵盖替代方法的教育培训、技术咨询和外包测试服务；⑤建立首个替代试验方法信息共享平台和数据库，实现了信息交流的专业化和网络化；⑥基于体外替代技术平台，建立了多个替代方法的创新应用研究，包括食品内分泌干扰物体外检测方法、化妆品功效测试替代方法的整合评估策略、化妆品常用纳米原料安全性检测和评估模式等。

2006年以来，该项目已陆续在质检、疾控、部分检测机构和化妆品企业得到推广应用，约对600万美元货值的商品进行了检测，产生的检测费达到500多万元。在项目研究单位和检验检疫系统，有21个替代检测项目被CNAS认可，从2007年开始替代方法成为常规检测项目，形成了检测能力。在与欧美等政府和监管机构的工作会议中，该项目所建立的替代标准体系，以及与之相符的实验室实际检测工作为中国政府应对来自国际社会的压力起到了重要的技术支撑，为相关企业节省费用近500万元。项目实施推动了中国3R和替代实验技术的发展。

13. 三带喙库蚊媒介实验动物的建立及应用

流行性乙型脑炎（简称乙脑）是威胁儿童健康的主要传染病之一。2006年山西、陕西等地乙脑爆发，山西省运城市1个月死亡19例。三带喙库蚊是乙脑的主要传播媒介，快速高效的控制蚊虫密度是乙脑防控的关键环节，而合理使用卫生杀虫剂又是保护生态环境的主要内容。由于没有三带喙库蚊媒介实验室动物，开展乙脑传播机制研究、蚊虫抗药性机理研究、抗药性现状研究均受到严重制约。

该项目采用诱蚊灯法在5个场所进行调查，发现农村居民区三带喙库蚊分布最多，占捕获总数的52.37%。采用人工小时法在乙脑高发区养猪场进行调查，发现三带喙库蚊占80.68%，说明养猪场是蚊虫吸血繁殖的主要场所，农村居民区是乙脑防控的重点区域。在现场调查的基础上，采集饱血三带喙库蚊成蚊，模拟现场环境条件进行驯化和繁育，历经多次失败，建成三带喙库蚊实验室种群。采用WHO推荐的毒效生物测定法测定三带喙库蚊等3种蚊虫对9种常用杀虫剂的抗药性或敏感性，制定针对性防治策略，指导防治实践。

该项目建成三带喙库蚊实验室种群，已稳定繁殖6年，作为一个新的媒介实验动物，为国内同行开展相关研究提供支撑，查新结果显示达到国际领先水平。把蚊虫调查与传染病防控紧密结合起来，发现农村居民区是三带喙库蚊分布的重点地区，养殖场所是三带喙库蚊栖息的主要场所，指导制定乙脑防控针对性措施，有效降低乙脑发病率。针对三带喙库蚊等主要病媒蚊虫开展抗药性研究，指导灭蚊实践，促进合理使用杀虫剂，提高效率、保护生态环境。

2010年以来，军事医学科学院微生物流行病研究所、中国疾病预防控制中心传染病预防控制所等5家科研单位多次引种开展科研工作。抗药性检测数据已被国内同行作为参比基数。汉中、安康等地将研究结果应用于灭蚊防病，实际有效控制乙脑流行。安康、宝鸡、咸阳 3 市以及宝鸡市陇县根据抗药性研究结果及时调整杀虫剂使用方案，提高了杀灭效率，顺利通过国家卫生城市及卫生县城的考核验收。

14.《实验动物环境及设施》国家标准

该项目接受国家标准委的委托，由国家实验动物标准化技术委员会组织专家成立《实验动物环境及设施》国家标准修订小组，历经两年多的调研、起草、写作、征求意见、定稿、申报等工作，针对《实验动物环境及设施》GB 14925—2001 进行了全面修订，共修订正文 10 章及 7 个附录，于 2010 年发布《实验动物环境及设施》GB 14925—2010，2011年1月1日正式在全国范围内广泛实施，并被某些国外机构采用。经过三年多的实施，该标准普遍得到行业内外人士的高度赞扬，得到非常好的使用效果。普遍反映本标准国际接轨既符合国情，也注重理论性和注重实用性，不仅作为政府发放许可证的主标准，也作为各机构建设实验动物设施、研发制作实验动物笼具以及实验动物日常管理用的重要技术依据。本标准的发布实施不仅对于规范实验动物行业的发展具有无可替代的重要意义，也对于相关行业（如医药行业）的规范化发展具有极其重要的意义。

三、国内外实验动物学研究进展

（一）国内实验动物学研究进展

1. 实验动物法制化管理逐步完善

中国实验动物管理系统是分为国家层面（科技部，类似英国的 home office）、地区层面（各省市，类似某些欧洲国家地方立法）和单位自管（类似美国和加拿大的 IACUC），并将他们有效地结合起来。

在中国 31 个省市中，有 29 个建立了省级实验动物管理委员会（或办公室，简称动管办）管理各自省市的实验动物工作。科技部已经颁布了 10 条实验动物部门规章。有 23 个省市颁布了各省市实验动物管理规章，北京、湖北、广西、广东、黑龙江等省市还实现了对实验动物管理条例的立法工作。

目前实施实验动物管理行政法规、地方法规和部门规章等，以及涉及有关实验动物管理的法律法规，质量标准等，从管理的不同层次、不同角度，不同力度共同构成了具有中国特色和优势的实验动物行业及科技管理体系。

2. 实验动物资源研制快速发展

（1）实验动物品种资源逐渐丰富

中国有经常使用的小鼠、大鼠、豚鼠、兔、犬等 30 种左右的物种（表 4）。中国已有的实验动物品系主要保存在北京啮齿类实验动物种子中心和上海啮齿类实验动物种子中心、南京模式动物资源库、中国医学科学院医学实验动物研究所，其他医学院校和研究所，如北京医科大学、北京大学、清华大学、中科院生物物理研究所、北京生命科学院各有少量大小鼠品系。共计 2000 个品系左右。

表 4　常用实验动物品种

品种	中国	品种	中国
物种	30 种动物	猴	5 个品系
小鼠	1900 个品系	小型猪	6 个品系
大鼠	50 个品系	犬	5 个品系
地鼠	3 个品系	其他	24 个品系
豚鼠	2 个品系	总量	2000 品系
兔	5 个品系		

（2）疾病动物模型资源已成规模

疾病动物模型资源是疾病机制研究、新药研发、治疗方法研究和转化医学的工具，根据不完全统计可用于糖尿病、肥胖症、心脑血管病、肿瘤、痴呆等对中国人类健康影响最大的 20 个大病种的疾病机制研究、新药研发、治疗方法研究和转化医学的基因工程模型和疾病动物模型资源约 700 个品系（表 5）。

表 5　中国的常用重大疾病机制研究动物模型资源

病　　种	疾病动物模型品系（种）
心脑血管病	60
痴呆症、帕金森病等神经系统疾病	132
糖尿病、肥胖症、高血脂等代谢疾病	106
肿　瘤	56
免疫疾病	89
其他疾病	75
总　计	443

以“动物模型”对中国知网数据库（CNKI）进行检索，共获取文献记录 17 万余条（表 6）。建立一个信息化平台，对这些疾病动物模型数据进行保存，并实现本领域相关机构的资源共享，对于促进现代生物医学的研究与发展有重要的意义。

（3）实验动物种子资源体系初步建成

在科学规划和财政支持下，经过 16 年的建设，已形成了以七个国家实验动物种子中心和一个实验动物数据资源中心为主体的国家实验动物种子资源保存与共享服务平台。

各实验动物保种中心通过国外引进、国内收集、自主研发等方式，已构建保存包括小鼠（包括转基因小鼠）、大鼠、豚鼠、地鼠、兔、犬、猴、鸡、鸭等 14 大类 3000 余品种（系）的实验动物种质资源库，其中国家啮齿类实验动物种子中心（北京）保有 184 个品种（系）、国家啮齿类（兔类）实验动物种子中心（上海）保有 480 个品种（系）、国家遗传工程小鼠种子中心保有 2374 个品种（系）、国家禽类实验动物种子中心保有 8 个品种（系）、国家犬类实验动物种子中心保有大小两种体型比格犬、国家非人灵长类种子中心（苏州分中心）保有食蟹猴和恒河猴两个品种（表 7）。截至 2014 年 12 月，国家实验动物数据资源中心累计保存有 14 大类 188 个品种（系）32367 组实验动物生物学特性数据，274 张图片。2014 年新增 BX-SPF 鸡资源数据 314 项，图片 4 张。

表 6 CNKI 收录的动物模型文章数（截至 2015 年 3 月）

分　科	篇数	分　科	篇数
外科学	15803	中药学点击显示‘中药学’的分组结果	24682
肿瘤学	12798	基础医学	22128
神经病学	10452	中医学	12389
内分泌腺及全身性疾病	9733	药学	6982
心血管系统疾病	8821	生物学	6763
眼科与耳鼻咽喉科	5478	畜牧与动物医学	5153
消化系统疾病	5315	急救医学	3710
泌尿科学	4548	精神病学	3079
口腔科学	3882	生物医学工程	2469
呼吸系统疾病	3468	特种医学	2300
儿科学	2732	总　计	171270
妇产科学	2605		

表 7 2011—2014 年国家实验动物种子中心供种情况

种品	供种数量（只）				省市（累计）				单位（累计）			
	2011	2012	2013	2014	2011	2012	2013	2014	2011	2012	2013	2014
小鼠	14019	6801	5813	6708	26	30	20	28	58	53	36	59
大鼠	2101	2358	1706	2150	16	20	9	10	23	21	12	14
兔	157	5	50	182	5	1	2	10	5	1	2	12
地鼠	570	170	—	53	2	1	—	2	4	1	—	2
豚鼠	159	95	149	514	4	4	2	13	5	4	3	17
SPF 鸡	42000	54000	36000	12000	2	4	4	2	9	11	13	5
SPF 鸭	—	—	—	—	—	—	—	—	—	—	—	—
比格犬	65	60	—	40	2	1	—	1	2	1	—	1
猴	0	83	1600	—	—	1	3	—	—	1	3	—
转基因小鼠	3069	5589	4470	1469	27	29	28	52	300	300	400	172

表 8　2011—2014 年国家实验动物种子中心提供实验用动物（除供种之外）情况

种品	数量（只）				省市（累计）				单位（累计）			
	2011	2012	2013	2014	2011	2012	2013	2014	2011	2012	2013	2014
小鼠	1441630	1340264	1100988	50415	37	38	35	73	837	827	839	476
大鼠	230567	235706	203995	225	35	36	35	2	767	757	779	3
兔	2385	2153	2418	39	—	—	—	1	—	—	—	2
地鼠	—	—	—	6	—	—	—	1	—	—	—	1
豚鼠	9144	11020	11516	6	6	6	6	1	60	80	80	1
SPF 鸡	332656	475332	438981	167000	3	3	3	16	12	15	15	32
SPF 鸭	2823	5483	4569	10000	6	8	11	5	11	18	21	10
比格犬	1071	1496	392	1102	11	11	6	9	32	36	27	24
猴	967	593	1404	770	6	5	3	5	12	12	9	10
转基因小鼠	26000	37000	50000	19712	27	29	28	73	300	300	400	476

在实验动物资源建设不断完善和尊重知识产权的基础上，本着服务科技发展这一目标，面向全国科研机构、高等院校、医药企业等提供标准化的实验动物种子及实验材料。国家实验动物种子资源保存与共享服务平台的发展与完善必将有力的发挥对科技进步与创新的引导和支撑保障作用。

3. 实验动物质量保障的技术体系逐渐完善

（1）实验动物质量监测技术体系

全面提高实验动物质量，要保证生产、使用等各环节的质量，这就必须依赖于标准化的检测手段和健全的实验动物质量检测网络。国家科技部确立了国家和省（自治区、直辖市）两级机构组成的实验动物质量检测网络。建立了 6 个国家实验动物质量检测机构（病理、环境、微生物、遗传、饲料、寄生虫）和在 23 各省市设立了 26 个省级实验动物质量检测机构，基本覆盖了全国范围。

（2）实验动物标准体系

实验动物标准体系的基本框架是指以实验动物质量控制为主线，围绕实验动物管理、饲育、生产、销售、运输、使用和福利等各个环节，针对可能对实验动物的质量构成危害的因素所建立的标准体系。现有实验动物国家标准主要是质量控制标准。基础标准和产品标准缺乏，应集中对实验动物生产过程控制、质量追溯、保存运输、销售管理、实验动物（包括实验用动物）、动物模型评价、相关产品生产、使用等进行分块集中制定。

中国已经建立实验动物遗传、微生物、寄生虫、营养和环境设施等五个方面国家标准，包括 12 项强制性标准和 71 项推荐性标准，及 10 项 SPF 鸡微生物检测标准。实验动物国家标准体系的建立，为实验动物质量检测和许可证颁发提供了技术保障，对实验动物质量提高发挥了重要作用。2015 年底现行标准修订工作已经开始。

4. 实验动物创新研究驱动产业发展的模式迅速发展

实验动物产业主要包括实验动物培育及生产供应、实验动物相关产品研发和生产供应、动物实验技术服务三个方面，通过三方面的服务为其他学科和生物技术产业、医药产业、农业等提供支撑，是实验动物学实现对其他学科支撑的主要窗口。

中国实验动物发展正在迅速地由过去的自产自用、自销的计划模式走向自由市场化、高科技产业化。中国年产实验动物 2000 万只以上，主要是实验动物生产企业，部分科研院所和大专院校在少量生产动物。出现了 5 家年产实验动物百万只以上的实验动物厂家，逐步形成了覆盖全国的销售网络，这为今后的品系、质量、服务等方面的提高打下了基础（表 9）。

表 9 主要实验动物公司产量、品系和分布

公司	生产范围	产量	品系	地区
上海斯莱克实验动物有限公司	SPF 级：小鼠，兔，大鼠，地鼠，豚鼠； 清洁级：小鼠，大鼠，地鼠，豚鼠，兔	450 万只	大鼠、小鼠、地鼠、豚鼠、兔等 5 个品种 58 个品系	上海
北京维通利华实验动物技术有限公司	屏障环境：大鼠、小鼠、豚鼠、地鼠、SPF 鸡； 隔离环境：大鼠、小鼠；普通环境：兔	400 万只	大、小鼠以及地鼠、豚鼠、兔等 30 多个品系	北京
北京华阜康生物科技股份有限公司	屏障环境：大鼠、小鼠	200 万只	小鼠、大鼠、自发和基因工程模型 200 个品系	北京
军事医学科学院实验动物中心	屏障环境：大鼠、小鼠、豚鼠、地鼠； 普通环境：兔、猴	100 万只	小鼠、大鼠、猴等 20 多个品系	北京
上海西普尔—必凯实验动物有限公司	SPF 级：小鼠，大鼠 清洁级：小鼠，大鼠	100 万只	大小鼠 27 个品系	上海

中国年产百万只实验动物动物的机构有五家。中国的实验动物生产量仅次于美国但是在技术服务水平、品系资源、动物质量方面与发达国家仍差距很大，主要供应医院、生命科学、医药相关科研院所、疫苗、药物、GLP 等企业和医学、农业等大专院校。实验猴的规模化生产是起步较早、以出口为主的生产企业，年产量在 1 万只以上的厂家近 10 家。

5. 实验动物从业人员教育培训多样化

中国实验动物人才教育和培养有三种方式，一是从业人员岗前培训，二是专业技术培训，三是实验动物学历教育。实验动物从业人员已经达到 10 万人以上，技术培训的专业规模也达到上万人次。

（1）岗前培训

各省市先后建立了实验动物从业人员培训机构，北京、上海、江苏、湖北等地先后出版实验动物从业人员培训教材，北京大学、中国农业大学等院校还编著了实验动物专业教材，实验动物从业人员队伍发展相当迅速，从业人员持证上岗的数量翻了几番，每年都增加上万人。从业人员的素质也有了巨大的变化，本科以上学历的从业人员已占全部从业人员的 80% 以上，改变了过去以工人为主的局面。到 2015 年，全国持证上岗的实验动物从业人员已超过 30 万人。

（2）技术培训

中国实验动物学会正初步建立不同层次人才培养体系，北京、湖北、江苏等地也在此方面进行了有益的尝试。科技部在科技支撑计划中部分支持过实验动物人才体系建设，北京市科委、湖北科技厅和江苏科技厅也先后支持过人才培训考核方面的研究。尤其北京市科委，在国家科技部项目的基础上进一步支持，使人才培训考核系统基本可以运行，网上考试系统、理论教学参考教材已基本完成。已经初步建立了不同层次人才培养的体系。

（3）学历教育

多数医药学院和部分兽医类院校面向研究生和本科生开设实验动物学课程，培养了近千名高素质的专业人员，为中国实验动物学打下了快速发展的人才基础。

（4）资质认证

中国实验动物学会已经面向实验动物技术人员开展中级实验动物技师培训和资质认证工作。以后逐渐扩展到初级、高级实验动物技师，实验动物医师，实验动物管理师等技术培训和资质认证。全国实验动物标准化技术委员会组织编制了《实验动物——从业人员要求》国家标准，对实验动物从业人员进行了系统分类，并做出了技能要求。

6. 实验动物福利和替代技术研究进展

各个实验动物机构依法加强实验动物福利伦理的审查工作，注重各单位实验动物管理委员会等管理机构的实际履行职责的监督，加大实验动物从业人员生物安全、人员防护的培训和安全措施落实的检查。

中国实验动物学会历来重视推动实验动物福利，并开展以下工作：至今已举办 6 期实验动物福利专题培训班，分别在北京、西安、浙江、江苏、重庆地区。年会分会场：在每界学会年会上设立动物福利分会场，开展学术交流，其中包括环境丰富化的内容。在历年的科普宣传中，动物福利始终是重点宣传内容，呼吁民众爱护动物，关爱健康。在中国比较医学杂志等国家级专业期刊上设立动物福利专栏，刊登专家评论文章。与英国防止虐待动物协会（RSPCA）、国际爱护动物基金会（IFAW）保持联络。邀请 RSPCA 专家，联合举办培训班。跟日本、美国、欧盟、韩国、加拿大、新加坡、马来西亚、泰国等实验动物学会开展学术交流时，动物福利仍是重点内容之一。

中国实验动物学会福利伦理专业委员会于 2013 年成立，并分别在 2014 年 4 月和 2015 年 3 月召开两届中英实验动物福利伦理发展论坛，起草了《实验动物福利伦理审查指南》国家标准。中国实验动物学会举办了两期实验动物福利培训班，首次受邀在国际实验动物环境丰富化专刊 *Environment Enrichment* 撰文介绍中国实验动物丰富化发展情况。

2015 年 4 月由广东出入境检验检疫局技术中心主办的“第四届替代方法研讨与培训会议”在广州召开。

中国实验动物学会组织编辑出版的《实验动物学科发展报告》、《医学实验动物学》（研究生教材）、《实验动物学》（八年制教材）中都把实验动物福利作为重要内容之一。与英国防止虐待动物协会（RSPCA）合作翻译了实验动物福利资料 ——《实验动物饲养和管理良好操作规范》和《实验动物福利操作技术规范》（http://pwc.cnilas.org）。中国实验动物学会主办的《中国比较医学杂志》也会发表一些动物福利方面的专栏或文章。

7. 动物模型制作技术和分析技术不断创新

（1）动物模型制作技术

动物模型研制技术多种多样。传统的研制技术主要是诱发性动物模型，通过物理、生物、化学等致病因素的作用，人为诱发出的具有类似人类疾病特征的动物模型。而基因工程技术越来越成为“时代的弄潮儿”，频频出现在国际知名期刊中，成为使用频率较高的疾病模型研制技术，包括转基因、基因打靶、基因沉默、基因敲除等。

在过去的几十年间，科学家已发展了许多遗传操作的方法来制备基因工程实验动物，尤其是在基因工程小鼠方面取得了巨大的成功，使得人们可以非常精细地对小鼠基因组进行修饰，创建出大量带有特定基因组改变的小鼠品系用于医学和生命科学的研究。

1）转基因技术：通过基因导入技术将外源基因随机整合到动物的基因组内，并能遗传给后代。导入的基因可以来源于任何物种，包括植物、微生物和人类。转基因小鼠是最常用的转基因动物，主要用于生命科学和医学研究，已经建立了多种疾病的转基因小鼠模型，包括心脏病、痴呆症、高血压、骨质疏松、糖尿病等小鼠模型，为这些疾病的深入研究，药物筛选等提供了工具。中国是首例转基因鱼诞生地。

2）基因打靶技术：基因打靶（gene targeting）是利用细胞染色体 DNA 可与外源性 DNA 同源序列发生同源重组的性质，以定向修饰改造染色体上某一基因的技术。包括基因敲除和基因敲入两种方法。基因敲除（gene knock-out）是通过同源重组使特定靶基因失活，以研究该基因的功能，是基因打靶最常用的一种策略。基因敲入（gene knock-in）是通过同源重组用一种基因替换另一种基因，以便在体内测定它们是否具有相同的功能，或将正常基因引入基因组中置换突变基因以达到靶向基因治疗的目的。已经被广泛应用在几乎所有生物医学领域，使得人类对于心脏病、癌症和糖尿病等多种疾病有了更加深入的了解。

3）基因沉默技术：是利用 RNA 干扰技术（2006 年获生理学医学奖）结合转基因技术，在动物体内，由少量的双链 RNA 就能阻断基因的表达，得到和基因敲除相似的效果，近年来，越来越多的基因敲除采用了基因沉默技术这种更为简洁的方法。

4）基因捕获技术：是一种使小鼠中大量的基因被灭活，以确定它们的功能与表型的关系的方法。其真正突破是在小鼠胚胎干细胞中的大规模应用，在全能细胞中，用基因捕获的方法产生的突变往往可以使基因完全失活，并且通过胚胎技术产生突变小鼠，在小鼠体内研究基因的功能。用这种方法产生的突变小鼠和基因剔除方法产生的突变小鼠具有相似的效果，但是要方便快速的多。

5）基因敲除技术：是指通过一定的途径使生物机体特定的基因失活或缺失的技术。基因敲除动物模型一直以来是在活体动物上开展基因功能研究、寻找合适药物作用靶标的重要工具。但传统的基因敲除方法需要通过打靶载体构建、ES 细胞筛选、嵌合体小鼠选育等一系列步骤，不仅流程繁琐、技术要求很高，而且费用大、耗时较长，成功率受到多方面因素的限制。CRISPR-Cas 技术是继锌指核酸酶（ZFN）、ES 细胞打靶和 TALEN 等技术后可用于定点构建基因敲除大、小鼠动物的第四种方法。

A. 锌指核酸酶（Zinc-finger nucleases，ZFN）技术

ZFN 是一种人工改造的核酸内切酶，由一个 DNA 识别域和一个非特异性核酸内切酶构成。ZFN 能够对靶基因进行定点断裂和基因敲除，显著提高同源重组效率，是一种高效的新型基因打靶技术。迄今已在小鼠、大鼠、中国地鼠、猪、黑长尾猴、线虫、斑马鱼、果蝇、家蚕、海胆、非洲爪蟾卵细胞等模式生物的细胞或胚胎中，以及包括 iPS 细胞在内的体外培养细胞系中成功地实现了内源基因的定点突变，其中大鼠、斑马鱼、果蝇等物种还获得了可以稳定遗传的突变体，这为在新的物种中实现基因打靶带来了希望。

B. 转录激活因子样效应因子核酸酶（transcription activator-like effector nucleases，TALEN）

TALEN 已广泛应用于酵母、动植物细胞等细胞水平基因组改造，以及拟南芥、果蝇、斑马鱼及小鼠等各类模式生物研究系统。2011 年《自然·方法》（*Nature Methods*）将其列为年度技术，而 2012 年的《科学》（*Science*）则将 TALEN 技术列入了年度十大科技突破，针对该文的评论更是给予它“基因组的巡航导弹技术”的美誉。2011 年北京大学的 Zhang 等人首次使用 TALEN 技术在斑马鱼中成功实现了定向突变和基因编辑。2014 年，北京大学生命科学学院魏文胜等依托于一种自主研发的 TALE 蛋白组装技术（ULtiMATE system）完成了全部 TALE 元件的解码工作。

C. 基于成簇的规律间隔的短回文重复序列和 Cas 蛋白的 DNA 核酸内切酶（clustered regulatory interspaced short palindromic repeat（CRISPR）/Cas-based RNA-guided DNA endonucleases，CRISPR/Cas）技术

CRISPR-Cas 技术可用于定点构建基因敲除大、小鼠动物，且效率高、速度快、生殖系转移能力强及简单经济，在动物模型构建的应用前景将非常广阔。华东师范大学生科院的刘明耀、李大力课题组于 2013 年 6 月在 *Nucleic Acids Research* 发表了关于转录激活样效应因子核酸酶（TALEN）的技术论文，成为世界上最早利用该技术构建基因敲除小鼠的两个团队之一。2013 年 8 月该课题组在 *Nature Biotechnology* 上发文，利用 CRISPR/Cas9 技术构建基因敲除大鼠及小鼠模型。

D. TetraOneTM 基因敲除技术

该技术成熟、修饰准确、效果稳定，制作周期只需 6 个月。TetraOneTM 基因敲除是

业界推出的新技术，沿用胚胎干细胞同源重组的技术体系，采用独特的建系和基因改造技术建立了具有遗传优势的 TetraOneTM ES 细胞系，通过胚胎发育前期的显微注射，使 TetraOneTM ES 细胞 100% 代替内源 ES 细胞，实现跨越“嵌合体”阶段从而快速获得去 Neo 杂合子小鼠的基因打靶专利技术。

除了上述这些技术以外，历史上还有利用化学诱变的方法对小鼠基因组进行大规模的随机突变，获得大量的基因突变小鼠，开展表型研究，发现和人类疾病相关的基因，得到疾病小鼠模型，这方面典型的工作是利用 ENU 开展的小鼠基因组随机突变研究计划。利用基因捕获的技术，在小鼠胚胎干细胞上进行外源 DNA 的随机插入，通过筛选获得内源基因被插入失活的突变 ES 细胞，用于建立各种定点突变小鼠也成为获得各种基因突变小鼠的重要途径。此外，采用转座子技术在小鼠活体上进行 DNA 插入的随机突变也取得了很大的成功，其中应用最广的转座子有 piggyBAC（PB）和 sleeping beauty（SB）。

（2）动物模型分析方法

动物模型的分析也进入高科技阶段，数字化病理分析技术、分子影像技术、生物信息学技术、组学技术、胚胎技术、芯片技术、行为学技术、芯片遥感技术、芯片条码技术在模型分析方面得到广泛应用，使动物模型分析进入活体、即时、无创阶段，结合经典的分析技术，在研究生命现象、疾病发展过程等方面有了更科学、快速的方法，极大地促进了生命科学和医药、农业、环境等领域的创新研究。在欧美等国，实验动物分析已经出现专业化、集成化和商业化的趋势，形成了技术齐全的分析中心或实验医学中心（mouse clinic），极大地提高了研究效率。中国一些药物安全评价机构和实验动物研究机构已经出现了实验动物分析专业化、集成化的雏形，开始提供社会化的动物模型分析技术服务。

1）数字化病理分析技术

数字化病理就是指将数字化技术应用于病理学领域，数字病理系统主要由数字切片扫描装置和数据处理软件构成。通过全自动显微镜或光学放大系统扫描采集得到高分辨数字图像，再应用计算机对得到的图像自动进行高精度多视野无缝隙拼接和处理，获得优质的可视化数据以应用于病理学分析。

2）分子影像技术

分子影像技术包括小动物 PET/CT、小动物核磁共振（MRI）、小动物超声成像、小动物活体光学成像等动物专用高分辨率分子影像设备。可对各种肿瘤，心脏疾病，血管疾病，神经退行性疾病，骨疾病等疾病动物模型进行分子影像学定量分析评价。可提供多物种、多层次的人类疾病实验动物模型的影像分析与评价。

3）生物信息学技术

随着海量数据的产生，实验动物领域的数据量规模越来愈大。注重信息数据库以及信息化平台建设，以实现信息与资源的共享。例如，美国 Jackson 研究所作为世界上最大的遗传保种和遗传研究中心，除了将其小鼠品系资源进行信息化之外，还相继根据其研究成果建立了“小鼠基因组”（Mouse Genome Informatics，MGI）、“基因表达数据库”（Mouse

Phenome Database，MPD）、“小鼠肿瘤生物学数据库”（Mouse Tumor Biology Database，MTD）等。

美国威斯康星大学医学院也建立了大鼠基因组数据库（Rat Genome Database，RGD），其内容涵盖了大鼠品系、基因组、基因功能以及与人、小鼠之间的多种比较医学信息。欧盟也建立了欧洲突变小鼠资源库（The European Mouse Mutant Archive，EMMA），对国际小鼠表型分析联盟（International Mouse Phenotyping Consortium，IMPC）所产生的大量疾病动物模型进行信息化。此外，NIH 另建立了一个专门针对疾病动物模型资源的数据库（Link Animal Models to Human Disease，LAMHDI），收录了 5 万多条数据，供生物医学研究者对疾病动物模型相关资源如品系、文献等数据进行搜索与研究。

中国医学科学院医学实验动物研究所建立了一个实验动物品系数据库（http://www.cnilas.org/plus/list.php?tid=158），共包含小鼠、大鼠、兔、犬等多物种实验动物品系数据这些疾病动物模型资源库的建立，不仅有利于疾病动物模型的信息交流与资源共享，同时也为生命科学与医学的进一步发展带来了契机。大数据平台和云计算已经开始应用在实验动物领域，推到了实验动物学的进展。

4）组学技术

基于实验动物发展起来的各种组学技术是生命科学和医药科学创新的前沿领域。对实验动物学的推动作用也十分巨大。利用组学技术，可以系统分析实验动物物种的基因组、蛋白质组、代谢组信息，进而推到人类医学研究。

5）其他技术

在实验动物学领域，还有一些技术用于动物模型分析，包括胚胎技术、芯片技术、行为学技术、芯片遥感技术、芯片条码技术等，在此不单独介绍。

8. 实验动物的科技支撑平台建设取得进展

（1）技术平台：浙江、江苏、广州、北京等部分省市实验动物领域已经建立了实验动物技术服务平台。国家传染病重大专项和新药创制重大专项都设立了实验动物技术平台建设项目。

（2）重点实验室：实验动物领域已经开始申报重点实验室，例如医科院动研所成立了国家卫计委人类疾病比较医学重点实验室和国家中医药管理局人类疾病动物模型三级实验室。

（3）产业基地：国家发改委投资建设的 22 个国家级生物医药产业基地也分别建立了实验动物技术服务平台，开展药物疫苗医疗器械的临床前评价，支撑了 1.24 万亿元的生物医药产业发展。

9. 动物模型为中医药现代化开辟了科学途径

动物实验是生命科学的基础，中医现代化发展也需要实验动物学。中医病证结合与证候动物模型、中医药基础理论、中医临床各科、中医方药、中医非药物疗法等方面研究的具体动物实验方法，以及新技术在中医药动物实验中的应用。中医药动物实验研究是中医药走向世界的桥梁，是现代科学语言阐述中医理论、方药理论与实质、中药物质基础的科学途径，并一直致力于具有中医药知识产权的创新性研究。

10. 基因工程动物研制成为实验动物资源研究的半壁江山

基因工程动物，也叫做遗传工程动物，或者基因修饰动物，是使用转基因技术、基因打靶技术或基因组编辑技术等各种基因重组技术手段，人为地修饰、改变或干预生物原有 DNA 的遗传组成，并能产生稳定遗传的新品系。经过基因修饰产生的基因工程动物品系已经在 2 万种以上，成为除了常规实验动物品系之外，使用量较多的实验动物新品系。

除了小鼠、大鼠之外，爪蛙、斑马鱼，以及小型猪、猴等大型实验动物都已经开始了基因修饰之旅。例如，2013 年中国科学院广州生物医药与健康研究院赖良学博士和裴端卿博士领导的研究团队将转录激活因子样效应物核酸酶（TALENs）技术应用于兔基因敲除研究，建立了兔基因打靶的高效平台。并利用该技术平台成功地将负责 T 细胞和 B 细胞重排的重组激活基因（RAG）敲除，建立了世界首例免疫缺陷家兔疾病模型，该成果于 7 月 9 日在线发表于国际期刊 Cell Research 上。2014 年 1 月，中国科学院广州生物医药与健康研究院陈永龙博士的研究团队成功利用 CRISPR/Cas9 系统在热带爪蛙中获得了高效的靶向基因破坏模型。

（二）国外实验动物学研究进展

1. 实验动物资源已经形成完善的体系

美国是实验动物资源发展最完善的发达国家。美国国立卫生研究院下属的 NCRR 经过 50 年的发展，资助开发了 200 种 26000 个品系的实验动物资源，包括：啮齿类动物、非人灵长类动物、脊椎动物、鱼类动物、生物材料及相关生物信息等。

从 20 世纪 80 年代转基因和基因敲除技术建立，到 2005 年人类基因组计划、大小鼠基因组计划相继完成，对基因功能、基因相互作用和调节网络的研究将成为揭示生命、疾病、衰老本质，并进一步推动人新一轮产业革命的原动力。一方面基因工程动物是研究基因功能、基因相互作用和调节网络的主要工具；另一方面，基因工程动物是研究疾病机制、药物机制、发现药物靶点的疾病动物模型；第三方面，基因工程技术用于人源化器官供体、生物发生器等研究。

美国主要采取分散研究，统一保存资源的方式。依靠整体实力，已经积累了 20000 种基因工程小鼠，主要保存在杰克逊实验室、密苏里大学和加利福尼亚州立大学等。国外的资源库建设规模较大，资源集中，注重公益性，而且除了模式动物资源保存外，还开展模式动物研究、深入利用等综合性工作。由于其资源库规模庞大，并得到国家经费的资助，对本国生命科学研究提供了强大的动物模型资源和技术平台支持。

英国剑桥大学已经有 12000 种新一代基因敲除小鼠胚胎干细胞库。日本理化研究院、熊本大学等机构也培育了一些有特色的疾病模型品系，比如，国际不广泛使用的糖尿病大鼠、衰老小鼠等。日本采取分散研究和统一研究相结合的方式，已经积累了 5000 种以上的基因工程小鼠资源。

实验动物资源的共享与合作是全球性的发展趋势，主要目标在于打破国与国之间的贸易壁垒，增进实验动物资源的分享、利用和保存，避免资源的重复生产与浪费。以啮齿类实验动物为主，已经形成了几个主要以信息共享为主的非营利性的实验动物资源联盟。

2. 发达国家实验动物管理体系比较完善

在实验动物使用与管理方面，美国、日本、加拿大、德国、英国等国家都有规范化管理规定。美国实验动物资源研究所制定了《实验动物饲养管理与使用手册》，已经 8 次修订，成为 AAALAC 认证指南。

在法规标准管理与认证方面：有国家或地方政府及相关部门颁布强制性的法律、法规和标准，如《动物福利法》《人道的管理和使用实验动物条例》《实验动物管理与使用指南》等，依法管理实验动物工作。在此基础上，以自愿遵守、行业管理为代表的认证与评估，通过对生物医学研究中使用实验动物的基金申请进行审查这一方式，管理本国或本地区的实验动物。中国的特点是政府管理为主，而发达国家更注重行业自律。

美国制定了各种法律、法规和制度，建立了一系列实验动物学的组织机构，对于实验动物的科研、生产、应用、开发以及与之有关的设施、建筑、笼具、饲料、垫料、各种仪器设备，直到有关的人员培训、单位评审、考核、晋升等等，都有明确的规定和标准。这些实验动物法律法规有力地促进了美国实验动物学的发展。

（1）政府层面的管理

美国农业部动植物卫生检疫局、国家食品与药品管理局（FDA）和国家国立卫生研究院（NIH）三者相互协作，共同管理实验动物的繁育与应用条件，并公布违法的案例。实验动物相关单位要在农业部动植物卫生检疫署登记，每年上报书面报告，并接受不定期检查。美国农业部（USDA）根据《动物福利法》（*Animal Welfare Act*，*AWA*，1966 年颁布）执行对各单位动物管理审核，每年进行两次现场检查；其审核的动物包括狗、猫、非人灵长类、豚鼠、地鼠、兔及其他用于研究教学或展示的温血动物等，不含大小鼠。此为法律规定，如果审核不合标准会受到处分，如限期改正、罚款和取消注册。

（2）PHS 政策体系

申请联邦政府资助的科研项目涉及实验动物的，需要同时提交书面说明，保证依法并依据 NIH 的有关规定饲养和应用实验动物。项目进行中，每 6 个月提交一次由实验动物管理与应用委员会（IACUC）等专门检查后的评估报告，违规者将被取消资助。可以说，PHS 政策只适用于承担联邦政府资金资助的单位或个人。在 DHHS-PHS 系统下由美国 NIH、CDC、FDA 提供经费的单位需接受 NIH 下属的研究危险评估办公室（Office for Protection from Research Risks，OPRR）的监督。OPRR 以“实验动物管理指南”所订的标准为审核依据，审查各单位内实验动物管理与应用委员会（IACUC）提交的审核记录和报告。IACUC 每年需提交两次审核记录给 OPRR。当本单位内研究人员不接受 IACUC 的意见来对待动物时提交报告，如果报告内容经查属实，OPRR 则可建议经费提供单位暂停或取消对违规人员的资助。

（3）IACUC 管理

各有关研究单位设立动物管理与应用委员会（IACUC），来发挥基层管理的作用。这在美国被视为最主要的管理方式，因为 IACUC 对自己单位的情况最为熟悉并且有权检查、监督、审查实验动物工作，并有权否决、批准、中止或暂停有关科研项目。IACUC 定期审查单位内部的科研项目，做会议记录并存档。每年要向美国农业部的 REAC、NIH 的 OPRR 等单位提交审查报告。

（4）企业自我管理

实验动物生产和经营单位通过自我控制产品质量，以提高在市场竞争中的信誉，接受用户的审视和品评，属于“社会管理”范畴。美国企业实验动物产品标准明显高于国际同类标准，对实验动物相关产品质量提高起到重要作用。

（5）AAALAC 认证

欧美国家实验动物行业多采用美国实验动物饲养评估认证协会（AAALAC）的认证办法。AAALAC 是设立在美国的一个民办非营利的专业技术社团组织，旨在通过评估和认可计划，促进高品质的动物管理、使用和福利，以提高生命科学的研究和教育。实验动物机构自愿接受认证，要通过现场审查和年度报告，其认证结果受美国 NIH 认可。AAALAC 认证以“实验动物管理指南”所订的标准为审核依据，参考各国家、地区法律法规和文化背景来作出是否通过认证。通过认证的机构，被认为是符合联邦法律和科学界认可的伦理学基本要求。这种管理模式，有助于统一科研中使用实验动物的标准，促进实验动物行业的发展，被欧美国家的医药研发公司和实验动物单位所采用。AAALAC 是受美国科学界广泛认可的一种认证方式。

3. 实验动物质量保障体系健全

在实验动物质量控制方面，以美国、日本为代表的发达国家常用实验动物生产供应商品化，质量管理标准化，检测试剂成品化。欧美国家实验动物供应公司严格控制实验动物质量（行业自律性强），以此参与市场竞争。在实验动物质量检测网络方面，国际实验动物学理事会（International Council of Laboratory Animal Science，ICLAS）建立了诊断实验室能力评估项目（PEP）和遗传质量检测项目（GQMP），旨在提高实验动物质量检测能力，建立实验动物遗传检测实验室网络。

1979 年，ICLAS 在日本实验动物中央研究所设立了遗传、微生物检测中心。1999 年，在韩国生物科学技术研究所和泰国 MAHIDOL 大学建立了检测分中心。近年来，ICLAS 又在西班牙实验动物研究中心确定了一个参比中心，在巴西生物技术中心设立了一个检测中心。开展实验动物质量检测技术、方法研究；提供检测试剂；承担实验动物遗传和微生物检测任务；进行检测技术研讨和交流；在世界范围内开展实验动物学人才培训。

国外企业对实验动物质量控制情况，以 Charles River 公司（以下简称 CRL）为例，该公司是全球最大、品系最齐全的实验动物供应商，其在生产的技术规范、整体管理、质量控制、技术服务、商业运行模式等方面都处于世界领先地位。

质量控制：1981 年，CRL 首次建立商业化的全项遗传监测项目。1997 年 CRL 提出了国际遗传学标准（International Genetic Standard，IGS）的概念。通过这一举措，让 CRL 在全球不同地域生产的同一个品系的动物具有相同的生物学性状，极大促进了实验动物的国际化、标准化。1982 年，CRL 建立起动物健康检测实验室。1984 年首次建立无病毒抗体动物，为实验动物模型建立了更高标准。2009 年，针对生物医药行业对免疫缺陷动物的特殊要求，CRL 提出并建立了实验动物标准，满足了行业对高质量实验动物的需要。

健康监测内容见表 10、表 11、表 12。

表 10 在日常生产中，检测检测方法

缩写	英文名称	中文名称
MFIA	Multiplexed Fluorometric Immunoassay	多联免疫荧光试验（血清学首选）
ELISA	Enzyme-linked Immunosorbent Assay	酶联免疫吸附试验
IFA	Indirect Immunofluorescence Assay	间接免疫荧光试验
HAI	Hemagglutin Ationinhibition Test	红细胞凝集抑制试验
Enzyme	Serum Chemical Analysis of Lactate Dehydrogenase（LDH）	乳酸脱氢酶血清生物化学试验
PCR	Polymerase Chain Reaction	聚合酶链式反应

表 11 微生物检测项目

检测项目	种类	检测方法
VAF/Plus	小鼠	SEND,PVM,MHV,MVM,MPV,TMEV,REO,EDIM,MAV,POLY,K,MCMV,MTLV,LCMV,HANT,ECTRO,ECUN,CARB,LDV,MNV M. pulmonis,Salmonella spp.,S. moniliformis,C. kutscheri,H. hepaticus,C. rodentiium
	大鼠	SEND,PVM,SDAV,KRV,H-1,RPV,RMV,REO,RTV,LCMV,HANT,MAV,ECUN,CARB M. pulmonis,Salmonella spp.,S. moniliformis,C. kutscheri,H. hepaticus
	豚鼠	SEND,PVM,LCMV,REO,GAV M. pulmonis,Salmonella spp.,S. moniliformis,S. zooepidemicus,B. bronchiseptica,H. hepaticus
	地鼠	SEND,PVM,LAMV,REO,ECUN M. pulmonis,Salmonella spp.,H. hepaticus
	兔	ECUN,RHDV P. multocida,Salmonella spp.,Treponema,Tyzzer’s disease
VAF/Elite	小鼠（免疫成分）	这些小鼠在排除 VAF/Plus 病原的基础上，再排除 Beta hemolytic *Streptococcus spp.,K. oxytoca,K. pneumonia,P. pneumotropica,P. aeruginosa,P. mirabilis,S. aureus*
	小鼠（免疫缺陷）	这些小鼠在排除 VAF/Plus 病原的基础上，再排除 Beta hemolytic *Streptococcus spp.,K. oxytoca,K. pneumonia,P. pneumotropica,Pneumocystis spp.,Pneumocystis spp.,P. aeruginosa,P. mirabilis,S. aureus,C. bovis*
	大鼠（免疫缺陷）	这些大鼠在排除 VAF/Plus 病原的基础上，再排除 *S. aureus,S. pneumonia,*Beta hemolytic *Streptococcus spp.,Klebsiella spp.,K. oxytoca,K. pneumonia,P. pneumotropica,Pneumocystis spp,. P. aeruginosa,P. mirabilis,C. bovis*

表 12　健康监测服务内容

检测类别	检测内容	检测方法
血清学检查	病毒、细菌	首选多联免疫荧光试验®（MFIA®），次选酶联免疫吸附试验（ELISA）和间接免疫荧光试验（IFA）
传染病原 PCR 检测	小鼠 PRIA（鼠类传染性病原体）	PCR 检测
	大鼠 PRIA（鼠类传染性病原体）	PCR 检测
	鼠类传染性病原体	细胞系 / 微生物 PCR
	人类传染性病原体	细胞系 / 微生物 PCR
寄生虫检测	皮肤寄生虫	大体检查、显微镜检查
环境监测	水质、饲料和垫料、台面检测	微生物、PCR 检测法
病理学检测	诊断病理、组织病理、寄生虫、临床病理、病理学研究	解剖、显微镜

4. 发达国家的实验动物产业已成规模

鉴于实验动物在各科技领域的广泛应用以及在国民经济中发挥的重要作用，世界各国和相关组织分别制定出台了相应的实验动物标准、准则和法规，并设立了相应机构以规范实验动物的生产和应用，促进了实验动物产业化的发展。

欧美等发达国家的实验动物供应已经实现了产业化生产。欧美等国的 Charles River、Harlan、Janvier、Jackson Laboratory、Taconic 等少数几个企业占据全球近 80%的实验动物市场份额。

2014 年度实验动物产业年产值 20 亿美元。其中 Charles River 13 亿美元，Jackson Laboratory 2.65 亿美元占据了大部分。Charles River 公司已经开始全面进军中国市场，在 2011 年以 16 亿美元合并了药明康德，2013 年以 0.27 亿美元收购了北京维通利华实验动物技术有限公司 75% 的股权，拓展了在中国的动物实验技术服务（CRO）和实验动物资源业务。

国外实验动物质量控制级别越来越高，规模化生产便于实现实验动物的质量控制。近交系、SPF 级、基因工程动物等数量逐渐增加，普通动物越来越少。由于实验动物生产和供应方面产业化程度较高，为了保证实验动物的质量，在竞争激烈的市场上处于有利位置，各个企业都制订有自己的企业标准，具有一定的领先性和权威性。比如世界上最大的实验大鼠、小鼠商品化生产、销售公司——Charles River 制定的标准在全球实验动物领域内得到基本认同，具有一定的代表性。

在发达国家，随着生物医药研发产业的发展，已经实现了动物实验技术的产业化、一体化，出现了一些提供动物实验技术集成的服务的专业化、规模化的机构，即合同技术组织（Contract Research Organization，CRO），其运作模式是：由动物实验的项目方提出要求，CRO 机构由实验动物专家负责具体动物实验，出具实验结果和实验报告。美国的 CRO 公司已发展到300多个，在全球CRO市场上占据了最大的市场份额（30%）。美国的CRO产业发展比较成熟，具有较完善的配套设施和管理团队，服务内容灵活多样。欧洲约有150多个CRO公司，市场规模全球第二，仅次于美国。日本约有60余家CRO公司。

5. 发达国家的实验动物学教育培训体系完善

在过去的五十年里，实验动物学的大学教育逐渐发展起来，首先出现在美国，以后逐渐在欧洲和亚洲一些国家得到普及。这些大学教育对于培育高质量的实验动物学专家奠定了基础。

美国实验动物医学教育开始于1957年，标志是美国实验动物医学会（American College of Laboratory Animal Medicine，ACLAM）的建立，其目标是促进实验动物医学的教育、培训和研究，并建立相关标准，认证专业人员。美国还有许多设有医学、兽医、生物系的大学都设有实验动物学课程。学制多为两年，培训中专技术级别；有些学制4年，颁发学士学位。美国实验动物管理研究所（Institute for Laboratory Animal Management，ILAM）提供高效的专业教育，每年一周，连续两年。美国实验动物学会（AALAS）可提供继续教育和资格培训，为实验动物技术员和技师开课，并核发技术证书。另有商业渠道供应培训材料，以适应自学之需。美国实验动物培训学会（Laboratory Animal Training Association，LATA）是美国专门从事实验动物从业人员培训工作的组织。通过多年发展，美国目前形成了一个实验动物从业人员培训和资格认证体系，主要分为研究人员、兽医师、技师系列和管理人员等方面。

欧洲的实验动物医学教育开始于1970年代，仅次于美国，在各个设立畜牧兽医和医学院系开设实验动物课程。欧洲实验动物学联盟（Federation of European Laboratory Animal Science Associations，FELASA）建立于1979年，致力于欧盟25国实验动物规则的统一、教育培训与资格认证工作。

日本的大学教育主要分布在兽医系、畜牧系、生物系，大学培养从业人员为实验动物研究人员和实验动物技术专家。日本大学的兽医系为6年制，实验动物学是必修课目，毕业后取得硕士和博士学位，主要从事实验动物的研究和教育工作，被称作实验动物研究人员。日本大学的畜牧系、生物系为4年制，实验动物为必修或选修课目。另外在一些农学系、生物系的二年制大学和职高中也开设了实验动物学的教育。日本实验动物学会（Japanese Association for laboratory animal Science，JALAS）、日本实验动物协会（Japanese society of laboratory animals，JSLA）、日本动物实验技术者协会（Japanese Association for Experimental animal Technologists，JAEAT）、日本实验动物环境研究会（Japanese Society for Laboratory Animal and Environment，JSLAE）等社团组织均提供继续教育和培训机会。日本将实验动物从业人员分成实验动物技术员（Laboratory Animal Technician）、实验动物研究人员（Laboratory Animal Scientist）和实验动物技术专家（Laboratory Animal Technologist），由日本实验动物协会负责对实验动物技术人员开展教育和认证工作。

在人员培训认证方面，实验动物人才分类分级管理是国际惯例，实验动物科技的培训与教育一般由高等院校和社会团体承担。发达国家的医学院校大多设有实验动物的相关专业。美国实验动物学会是全美和国际实验动物培训中心。对于统一规范化的管理起着举足轻重的作用。社会团体在开展实验动物培训工作中也占有重要地位。美国实验动物学会将实验动物技术人员分成三个级别管理；欧盟实验动物联合会将实验动物从业人员分为两类、各三级管理；日本实验动物学会则通过考试将实验动物技术人员分为一级技师和二级技师。通过培训后，他们所签发的实验动物培训证书是用人单位的重要依据。近年来，利用网络开展的远程教育方兴未艾。美国兽医生物学研究所（Veterinary Bioscience Institute，VBI）、加拿大奎尔夫大学（University of Guelph）等还专门通过大学、研究所与专业公司合作的方式，实行市场化的远程实验动物兽医培训，取得极大成功（表 13）。

表 13　中、美、日三国实验动物教育培训体系比较

类别	美国	日本	中国
学历教育	一些兽医学校提供两年制或四年制实验动物学历教育课程。许多医学、兽医、生物系的大学都设有实验动物学课程	主要分布在兽医、畜牧、生物系，大学培养实验动物研究人员和实验动物技术专家	部分医学、兽医和生物技术专业开设实验动物学历教育
继续教育	AALAS、ACLAM、ASLAP、LATA 等学术组织提供继续教育和培训	JALAS、JAEAT、JSLA 等学术组织提供继续教育和培训	中国实验动物学会及各省市学会提供技能培训
人员分类	美国形成了一个实验动物从业人员培训和资格认证体系，分为研究人员、兽医师、技师系列和管理人员等四个方面	日本实验动物从业人员分为实验动物技术员（Laboratory Animal Technician）、实验动物研究人员（Laboratory Animal Scientist）和实验动物技术专家（Laboratory Animal Technologist）	中国分为六类，实验动物技术人员、研究人员、实验动物医师、实验动物管理人员、辅助人员、阶段性从业人员
人员资质	ACLAM—实验动物兽医师（Diplomate）AALAS—实验动物管理人员（CMAR）和实验动物技术系列（ALAT，LAT，LATG）	日本实验动物协会（JSLA）设二级（初级）技术师、一级（中级）技术师两个级别；实验动物培训师分为 A、B、S 三级	现有三个级别的医学实验动物饲养工（初、中、高）
认定机构	AALAS 下属的资格认证和注册委员会（Certification and Registry Board，CRB）负责管理 AALAS 技术系列资格认证	日本实验动物协会（JSLA）	中国实验动物学会教育培训工作委员会

（三）国内外对比分析

发达国家实验动物学与产业经过 100 多年的发展，有他们的发展轨迹。中国仅有 30 年的发展历史，需要引进发达国家的经验、技术、甚至资源跳跃性发展，才能在不远的将来迎头赶上，不至于影响中国生命科学、医药、农业等领域的发展。

1. 实验动物资源研制、积累和维持应有长期机制

美国没有受两次世界大战的影响，近 100 年来一直将实验动物资源的研究、积累和维

持作为生命科学和医学的重要支撑条件和公益性资源给予重视。主要体现在三个方面：

（1）制定了相应的长期规划，使美国的实验动物学保持了持续发展的局面。尤其近40年来，NIH对实验动物资源、设施等进行了大规模的建设，形成了齐全的从昆虫、水生生物、啮齿类到非人灵长类等实验动物资源体系。

（2）有稳定的资助体系，除了NIH对实验动物资源按发展规划给予资助外，美国国会每年也有定期拨款。

（3）形成了资源共享体系，美国的实验动物资源在美国国内实现了很高程度的共享也辐射到了欧洲。对生命科学、医药等起到了极大的支持作用。而欧洲采用多国合作、集中研制的形式，也在基因工程动物资源方面占领了一席之地。

中国需要建立实验动物资源研制、积累和维持的长期体制，包括长期发展规划、资助体系、共享规范等，将中国实验动物学纳入到稳定持续发展的轨道上。

2. 行业自律与IACUC管理是规范发展的基础

欧美国家实验动物生产、实验动物分析、药物评价等机构，各科研院所的实验动物中心具有完善的行业自律和IACUC管理规范，可分为三个层次：第一个层次是美国实验动物饲养评估认证协会（AAALAC）的认证，AAALAC以“实验动物管理指南”所订的标准为审核依据对认证单位实施监督。第二个层次是各机构的管理、生产、使用、转运环节的监测体系，规模化的大型实验动物公司的监测标准甚至高于行业标准或国家标准。第三个层次是IACUC管理，基层实验动物实验单位靠权威和严格的IACUC对使用中的动物、设施、人员进行管理。在实验动物质量，科学、安全、合理和人道的使用实验动物方面起到了重要作用。

由于东西方文化和国情的差别，AAALAC的一些规范并不一定适合中国国情，但是，需要建立自己的认证体系，生产商需要建立严格的行业自律规范，使用单位健全IACUC管理。仅依靠现在的政府部门监督是远远不够的。

3. 职业培训制度是学科发展的活力

以提高实验动物工作者和实验动物使用者的管理、兽医、实验动物技术培训为重点的职业培训，在欧美十分广泛，在提高实验动物学整体水平方面起到了很好的作用。

中国在现有实验动物从业人员，管理、兽医、实验动物技术能力与发达国家差别大，应加大这方面的力度。

4. 实验动物产业呈规模化、社会化、标准化发展

发达国家实验动物产业经过长期的自由竞争，已经完成规模进程，体现了规模效益，实验动物质量、技术服务质量不断提高。中国应通过政府指导，加快中国实验动物产业化进程，进而提高实验动物及相关产品的质量。

（四）实验动物学存在的主要问题

1. 实验动物资源严重贫乏，难以满足科研需求

实验动物模型资源缺乏和多样性不足已成为中国生命科学和医药创新研究和生物前沿

技术在农业、工业、人口与健康、生物安全等领域的应用的瓶颈之一，是首先需要解决的问题。

实验动物资源的贫乏主要表现在物种资源、基因工程实验动物资源和疾病动物模型资源等三个方面。中国实验动物物种主要以引进为主，少量自主培育和实验动物化的品系，目前有 30 种左右。主要缺乏的是啮齿类、灵长类品系、传染病敏感实验动物品系和自发突变疾病模型动物品系。

中国基因工程动物研究规模较小，目前只有 10 个左右的单位具备成熟的基因工程技术平台。创建了大约 500 种基因工程小鼠，部分基因工程斑马鱼、果蝇。已经远远落后于欧美日。

中国在实验动物资源共享方面的限制有两个方面：一方面，中国没有实验动物进口的法规，依据是《中华人民共和国进出境动植物检疫法》，而实验动物按一般动物进口法规管理，进口实验动物需要先向有关部门提出申请，在进出口岸或指定设施内隔离检疫，使进口十分困难，由于法规的不完善限制了国际资源的共享。另一方面由于国际科技竞争的原因中国无法得到国外一些重要的动物模型，和一些常用动物的种子。

2. 实验动物标准化程度不高，有待加强研究力度

中国实验动物的年产量已达 2000 万只左右，成为实验动物生产和应用的大国，但是在实验动物生产质量低下，品种少和规模化程度不够。中国生产供应的常规啮齿类实验动物，包括 ICR、Balb/C、C57BL、129、裸鼠等小鼠，SD、Wistar、SHR、BN 等大鼠、豚鼠、兔等接近 20 个实验动物品系，大部分品系已经老化，品系遗传变异严重。主要原因是种子中心不能提供优良的种源，种子中心演变为小型生产商。

种子中心和实验动物生产商没有建立科学的种源保存、更换、淘汰机制。生产供应的常规啮齿类实验动物微生物背景不合格，有一定比例的实验动物携微生物或寄生虫。主要原因是小型生产商生产条件不够、部分生产商行业自律不够。部分地区管理部门监管不够。部分使用者用市场购买的非标准化实验动物代替实验动物，产生很多生物安全隐患。中国规模化生产的主要是食蟹猴、恒河猴两种，存栏量在 20 万只左右。主要问题是生产商对食蟹猴、恒河猴生产的谱系管理不善，遗传背景控制不良。结核和 B 病毒检测符合标准的动物主要用于出口，中国符合标准的实验猴反而供应不足。

3. 实验动物管理力度不够，要加强行业管理

国外实验动物、饲料等生产机构质量保证的重要方面是行业自律，将质量保证作为企业竞争能力的首要因素，建立了自监、生产环节控制、原料控制等治保体系，而中国的生产机构主要依赖实验动物管理部门的定期监测，有些小的生产厂或不发达地区的生产商甚至实验动物管理部门的定期监测也不完善，是实验动物质量不高的重要原因之一。

中国实验动物许可证制度正式开始于 1999 年，是中国实验动物法制化管理的重要举措，它对强化实验动物管理工作，打破实验动物条块式管理，提高管理效率，降低管理成本具有重要的意义。实验动物许可证由各省市科技主管部门（实验动物管理委员会）负责受理，进行考核和审批、印制、发放和管理。生产、使用许可证和从业人员上岗证。从执行情况来看，各地区的实验动物许可证管理发展不平衡，上海、江苏、北京地区管理比较完善，而有些地区仍没有把实验动物许可证管理纳入议事日程，这使实验动物质量国家标准的落实更加困难。存在问题：许可证制度的实施，同样存在着明显的地区差异，以及有法不依，执法不严的情况，不少省市的许可证颁发流于形式。

4. 缺乏实验动物学发展长远规划

纵观中国实验动物学过去30年的发展历程，有6个5年计划，但是每个计划之间缺乏连续性。很多时候是设立分离的研究项目，而缺少全盘规划。实验动物学与产业缺乏体现总体布局、发展重点、持续性扶持等方面的长远规划。造成了一些不利因素，比如：①主管部门“重视”决定实验动物学的发展的时期，重视发展就快，不重视的时候发展就慢。②中国现有的种质基地没有持续发展的能力，部分停留在“当年”基地设立时的水平。没有持续发展和发挥应有的作用。③实验动物资源“研制”与“丢失”共存，没有形成有效资源的积累与共享机制，中国从“九五”就有不同来源的实验动物资源的研究项目，但是一些资源没有保留下来，项目完成，资源完结，只有最近十年才开始了实验动物资源的积累。④过分强调“特色”，没有充分考虑普遍的科学意义。⑤实验动物生产的质量保证没有得到高度重视。

5. 实验动物及其相关产品市场化程度低，规模化程度不足

在实验动物产业方面，欧美国家的实验动物市场化程度较高，美国的Charles River、Harlan、Taconic、Jackson等六家实验动物生产供应企业就占据了全世界80%的市场份额。仅美国Charles River公司，在20多个国家的97个地区设立了分公司，提供模型制作、饲养管理、动物寄养、检测技术、基因服务、诊断试剂等各种相关的服务。欧美国家的实验室可以直接从这些实验动物供应单位购进动物，不需进出口岸隔离检疫。

中国实验动物发展正在迅速地由过去的自产自用、自销的计划模式走向自由市场化、高科技产业化。中国实验动物产业化经过近十年的发展，逐步形成规模。年产实验动物2000万只以上，主要是实验动物生产企业，部分科研院所和大专院校在少量生产动物。实验动物相关产品如饲料、垫料、笼架具、IVC/EVC、仪器设备及工程设施的产业化已经形成。国内企业生产的实验动物相关产品以低端产品为主，高精尖端的如消毒设备、代谢检测设备等需要进口。

随着生物医药研发产业的发展，已经实现了动物实验和临床前评价技术（GLP）产业化，出现了一些提供动物实验技术服务的专业化机构。中国实验动物饲料存在的主要问题有两个方面，第一，实验动物饲料加工工艺落后，饲料的营养成分、适口性不好；第二，原料中重金属、生物毒素、农药残留等超标。以上问题造成实验动物营养状态、体重、生理指标、生殖行为等异常，肝脏、肺等器官的不确定病变。对医药领域影响最大。

6. 从业人员缺乏专业教育，学历教育有待加强

经过近30年的发展，中国实验动物从业人员规模已经达到30万人以上，其中90%

以上为实验动物使用者。这些人员来自基础医学、临床医学、预防医学、药学、中医药学、兽医药学、生物学等不同领域，对实验动物学和法律法规知之甚少。实验动物管理机构开展的实验动物从业人员岗前培训也多流于形式。由于实验动物行业待遇低，学科不受重视，人才流失现象严重。

人才是实验动物学发展的基础，国际同行之间的竞争，很大程度上是人才竞争。在建立中国符合国际标准的实验动物学和产业过程中，不仅需要具有较强专业知识的高级管理人才、实验动物资源开发人才、质量检测人才，还需要建立中国实验动物标准化的研究人才。同时，更需要培养与造就前沿科研领域进行创造性研究的实验动物顶尖人才。实验动物专业教育是这类人才培养的重要环节。建立中国特色的实验动物从业人员分类培养体系迫在眉睫。

7. 国家财政性投入严重不足，课题设置不能满足学科发展和发挥学科使命的需求

“973”、“863”、自然科学基金、药物专项、传染病专项、支撑项目等都有不定期和不规律的对实验动物学与产业的资助。但是这些资助类项目对实验动物学研究的切入点不同，没有形成资源研制、资源积累共享、创新研究相互支持的良性循环和全国一盘棋的整体体系。

对实验动物学的学科的特殊性认识不够。比如，实验动物资源积累是长期的任务，需要持续的支持，一些重要实验动物资源，如基因工程小鼠，基因工程大鼠等需要多年的努力才能建立一定规模的资源，不是一两个项目就能解决问题。并且只有研发经费，没有维持经费。没有意识到实验动物资源是公益性、非盈利性质的事业，需要政策性支持才能维持。

8. 实验动物技术平台分散，多重复建设，缺乏全国性布局

平台建设是中国当前流行的潮流。在生物医药政策的刺激下，许多省市都开始建立实验动物技术平台，其中国家发改委支持的项目就有八家以上。中国当前实验动物技术平台建设，多为重复建设，缺乏全国性布局，导致资源浪费严重，平台利用率低下。

9. 实验动物学需要建立大型数据库，实现信息资源共享

欧美日等发达国家在建立种质资源中心的同时，也同时建立了相应的数据库对实验动物生物信息资源进行存储与共享，避免了资源的重复建设，优化了资源利用效率，如美国杰克逊实验室的小鼠资源库收录了杰克逊实验室全部的小鼠种质资源，美国基因工程突变小鼠资源中心（Mutant Mouse Regional Resource Centers，MMRRC）收录了包括杰克逊实验室、密苏里大学、加利福尼亚大学、北卡罗来纳大学等的 32776 个基因工程小鼠品系信息等。

尽管中国每年的实验动物产量已达到 2000 万只，品种品系 2000 余种，尚未建立起统一的数据库与信息管理平台对这些实验动物信息或以它们为基础进行动物实验所产生的比较医学数据信息进行存储和管理，更无大样本数据的分析与应用。中国应建立国家级的实验动物信息平台，对全国所有实验动物种质资源中心或相关机构的实验动物资源进行存储与网络信息化建设，促进国际与国内的资源共享，提高实验动物资源的利用效率。

四、实验动物学发展趋势及展望

（一）实验动物学发展趋势

实验动物学与产业的发展一方面与生命科学、医药等学科需求相适应，不断的积累实验动物和疾病动物模型资源，另一方面由于实验动物模型研制技术和分析技术的进步而推动生命科学、医药等学发展。在实验动物产业方面，由于实验动物分析技术的高科技化，多种实验动物分析技术集成的专业机构已经出现，而实验动物生产也向高质量、品种齐全、技术全面的大规模化发展。

1. 实验动物资源丰富化是核心发展任务

美国没有受两次世界大战的影响，近100年来一直将实验动物资源的研究、积累和维持作为生命科学和医学的重要支撑条件和公益性资源给予重视。

剑桥大学桑格（sanger）研究所利用条件敲除技术进行大规模小鼠敲除，现在已经具备19000个表达基因的条件敲除胚胎干细胞（共计40000多个细胞系），其中已有3000个细胞系转化为条件敲除小鼠。预计在5年内将敲除小鼠的全部基因，由于其后发优势和全球共享性，将超越美国成为国际主要的小鼠资源。中国医学科学院实验动物研究所利用双转座子技术进行大片段条件敲除小鼠研究，主要针对占基因组95%以上的非表达序列，和桑格研究所的表达基因敲除具有互补性。这些资源的研制将是生命科学和医药研究的强大基础。

2010年，大鼠基因敲除技术被评为年度的十大科技进展之一，这是因为大鼠在神经系统疾病、脑和认知科学、代谢系统疾病和药物评价方面具有小鼠不可比拟的优势。国外一些大公司开始投资于大鼠基因工程模型的研究并申请专利，企图垄断大鼠模型资源的使用。中国科技部“十二五”期间启动了对大鼠基因工程模型的研究，期望在这一领域的国际竞争中取得领先，并带动神经系统疾病、脑和认知科学、代谢系统疾病和药物评价方面的创新研究。

中国需要建立实验动物资源研制、积累和维持的长期体制，包括长期发展规划、资助体系、共享规范等，将中国实验动物学纳入到稳定持续发展的轨道上。

2. 疾病动物模型评价规范化和实验动物临床医院

糖尿病、肥胖症、高血压、痴呆症等重大疾病都是多基因参与的复杂病因疾病，单个基因的转基因疾病模型不能反映疾病的复杂性，现在流行的方法是将多个疾病致病基因同时转基因，形成多基因的系统疾病模型，对药物研究和疾病机制研究更有价值，成为动物疾病研制的趋势。实验动物和疾病模型的活体、即时观察是系统研究分子相互作用与整体表现的新型技术，在药物有效性分析、疾病机制研究、环境评价等方面具有广泛的应用，是实验动物分析的热点技术。

3. 实验动物已成为生命科学研究最重要的支撑条件之一

欧美国家的实验动物产业已经完成规模进程并且正在占领发展中国家的市场。服务范围也在不断的扩展，包括提供模型制作、饲养管理、动物寄养、检测技术、基因服务、诊断试剂等各种相关的服务。由于规模效益高，这些大型实验动物生产机构有能力开发新型模型、建立严格的管理、监测技术体系和制度，使实验动物质量、技术服务质量不断提高。中国有淘汰、合并、自我提升，升向规模化发展的趋势。

自 1982 年第一次全国实验动物科技工作会议以来，中国实验动物学与产业经历了从无到有、奋起直追、快速发展三个阶段。但是，与美国相比，中国实验动物资源落后 30 年，实验动物学整体水平落后 50 年，物种总数不及美国的 1/10。实验动物资源新品系研制能力不及 1%，长期依赖于国外，缺乏自主知识产权。对生物医药等领域的国际竞争、可转化高价值成果的研发、转化和持续发展不利，进而可能成为“科技建国”（尤其是生物医药和人口健康领域）的薄弱环节。欧美国家很容易利用对实验动物种质资源控制，来达到影响乃至控制中国生物医药、人口健康、食品安全、生物安全、生物恐怖、疫病防控、动物种业等领域的发展，进而影响中国解决人口健康、食品安全、生物安全等民生问题的能力和创新型国家建设。曾经从日本理化研究所进口糖尿病小鼠模型而未得。也曾经因日本实验动物中央研究所干扰而未能加入国际实验动物质量检测网络。

而中国许多关系国计民生的重大社会问题都需要实验动物作为支撑条件。中国 2014 年生物医药产业总收入只有 2.46 万亿元，仿制药占 95%，药物研发能力严重不足。食品安全评价能力不足影响着国民饮食健康。生物安全对生物多样性、生态环境和人体健康产生多方面的负面影响。生物恐怖是新型战争威胁，不仅暴发传染病，还造成社会恐慌。疫病防控能力建设离不开实验动物。实验动物学发展可以直接推动动物种业和养殖业可持续发展（养殖业占农业 50%）。

4. 现代医学创新研究需要大力发展实验动物技术平台

以非人灵长类和猪为代表的大型实验动物在人类疾病研究和药物安全评价中的应用越来越受到重视，是提高药物安全性的重要模型。

非人灵长类是传染病，如艾滋病、肝炎、肠出血热等方面不可替代的模型动物。由于非人灵长类和人类最接近，目前帕金森病、糖尿病、神经精神病的研究等也在广泛的使用非人灵长类模型。世界非人灵长类动物需求量在 20 万只以上。包括食蟹猴、恒河猴、狒狒、黑猩猩、绒猴、松鼠猴和非洲绿猴等十多个种类。

中国主要饲养食蟹猴和恒河猴，每年的用量在 4 万只左右，主要用于艾滋病和药物安全评价。国内一些单位正在开展绒猴、绿猴、狒狒、棉猴等资源的建设工作，在未来 3 ~ 5 年内将会有这类灵长类动物供应。非人灵长类的基因工程研究也已经开始，但是由于繁殖速度慢限制了这类模型的应用。

由于猪在器官大小、解剖结构、生理代谢等方面与人体具备的高度相似性，以及外科手术、影像诊断等临床医学技术的可操作性等优势，以及猪产品在药物、器官移植、外科材料等方面的广泛应用，猪产品在高附加值的生物医药市场越来越受到重视。在新药研发、器官移植、疾病机制研究、临床培训等方面，每年需要大约20万头猪，在医药研究和工业方面对猪的需求越来越大，成为最主要的实验动物、器官供体和生物发生器的实验动物物种。

基因工程技术向农业领域扩散，成为遗传育种的重要手段，“转基因生物新品种培育”重大专项在过去几年，对基因工程猪、牛、羊、鸡，鱼等多个项目进行了资助，已经形成了世界上最大规模的转基因经济动物研究规模，将极大地推动农牧业的发展。

5. 实验动物和比较医学研究推动科技资源创新发展

实验动物的人源化是利用基因工程技术将人类基因导入动物替代动物本身的基因，使动物具有了一定的人的特性。一方面是在动物中转入人类药物代谢的基因，使动物在药物代谢等方面与人类更接近，用于药物安全评价，提高药物的安全性和评价效率。第二个方面是在动物中表达具有治疗用途的人类的基因，生产生物药物，比如表达人类抗体的小鼠，在抗体药物方面的价值巨大。第三是猪器官移植相关基因的人源化，为人类器官移植等提供异种器官。动物人源化具有巨大的经济价值，是医药研究和相关产业的研究热点。

6. 系统生物医学发展产生海量实验动物数据资源

实验动物和人类疾病动物模型是生命科学基础研究、人类重大疾病机制研究、创新药物研制、重大传染病防治、转化医学研究等不可或缺的支撑条件，也是人口与健康和公共安全重点领域。比较医学是对不同物种的疾病发生、发展进行比较，从而了解人类疾病的发生、发展的规律，用于诊断、治疗、病理、生理、药理、毒理和新药创制等研究的一门边缘科学。心脑血管疾病、肿瘤、艾滋病和肝炎等重大疾病的发病机理研究、新药创制、基因操作、组织工程技术等都需要比较医学的支撑。

在人类疾病动物模型资源扩展的基础上，将建立对人类疾病动物模型进行从整体到分子水平的分析手段，并产生大量的比较医学成果。包括数字化实验病理，动物行为学分析研究，传染病疾病模型研究和比较代谢组学研究等多方面的成果。需要一个平台对这些研究成果进行归纳、整理和共享，以便高效利用人类疾病动物模型研究成果。这就需要建立人类疾病动物模型比较医学信息库。

7. 基因工程技术仍然是实验动物学的主要推动力

基因工程技术和相关技术是生命科学创新研究的重要推动力，2007年基因打靶技术获得诺贝尔生理学或医学奖，主要贡献是对基因功能研究的推动；2012年干细胞重新编程研究获得诺贝尔生理学或医学奖，主要贡献是对体细胞克隆动物以及潜在医药应用。大片段转基因技术、ZFN技术、TALEN技术、转座子技术的相继成熟，CRISPR-Cas9基因敲除技术在哺乳类动物上的应用，人类细胞、非人灵长类、经济动物、斑马鱼等都可以使用基因工程技术加以修饰，极大地推动了生命科学创新研究（Niu Y，2010；Liu H，2014；Niu Y，2014）。

中国由于基因工程资源的贫乏，更需要在不同技术的优点之上，开发高效快速的新一代基因工程技术，并使之规模化，尤其是条件敲除技术。形成快速和大规模条件敲除的技术基础，可以加快资源研制的步伐。

8. 模式动物和各种组学研究成为生命科学热点领域

实验动物作为探索生命本质的活体系统、或作为医药研究的疾病模型，或作为物种改造的模式动物，或作为医药、农业、食品、生物产业等技术或产品评价的“人类替难者”，已经成为生命科学、医学、药学、农业、环境等领域创新研究的不可或缺的基础条件。从基因功能到药物靶点、从药物有效性到食品安全、从干细胞到器官工程等多个人口健康、经济发展的领域都离不开实验动物的支撑。

基因工程动物使功能基因组学研究迅速发展，生物反应器和人工改造动物成为可能，成为揭示生命科学本质和了解病理机制的重要途径。基因组编辑技术在动植物品种改良中的应用将推动生物育种产业，从而推动粮食、畜牧业创新发展。

9. 动物模型分析技术推动医学创新研究发展

实验动物已经成为医药科技创新研究的重要工具。美国国立卫生研究院（NIH）在1962年设立的国家研究资源中心（NCRR）资助了1300多家实验动物种质资源中心，开发了200种2.6万个品系的实验动物资源。美国实验动物使用量为1亿只，其中小鼠、大鼠的使用量在过去15年间增加73%。欧盟实验动物数量为1200万只，其中50%用于药物研发和测试。而中国实验动物使用规模已经在每年2000万只以上，其中药物研发仅占20%。欧美国家靠丰富的实验动物资源，在国际生物医药领域遥遥领先，成为国民经济发展的重要引擎，使其成为世界科技创新强国和医药产业大国。

10. 转化医学研究离不开实验动物学的支撑

以转化医学（translational medicine）研究为目的的动物实验研究（注意：并不是所有动物实验都是为了转化医学研究）主要解决以下问题：第一，为人类疾病的诊断、治疗、预防提供基础理论（包括需要在人体进一步证实的假说、药物靶点等）；第二，阐明人体疾病发病机制；第三，进入临床试验以前药物及其他治疗手段预备实验。即使配有先进实验室设备、人员，但如果没有良好的实验设计和动物实验，虽然能发表在有影响的期刊上，却无法实现临床转化的问题，这个问题越来越得到生物医学研究者的关注和重视。

建立转化医学实验动物资源库，促成医学研究用多种实验动物规模化、标准化发展，形成模式动物—常规动物—靶点动物—近人动物资源量库存。建立转化医学基础疾病模型体系，以脑神经、心血管、肿瘤、代谢性疾病模型创制为重点，进行疾病机制、靶点发现等转化医学比较、系统研究，为临床诊断、防治提供直接“焊点”。

建立转化医学重大传染病模型体系，以肝炎、艾滋病、结核等感染性病原研究和模型创制等比较医学为基础，重点进行病原宿主作用机制、药物疫苗快速评定转化模式研究，提升药物、制剂等产品转化能力，同时加强生物安全实验室保障能力。

建立转化医学信息库，实验动物模型、基础疾病、传染病转化医学研究中的资源、技术、发现、成果等和临床形成信息流，实现实时库存，并甄别分析，利于应用。建立转化医学临床前产品促成基地，加强合作，产品分门别类，探索快速成果转化模式，形成高通量、优质量、显时效的临床前产品促成基地。

11. 实验动物福利与替代技术更重视实用性

欧美等发达国家实验动物福利开展得比较早，而且实验替代技术应用也比较广泛。首先国外许多国家都制定了相关的法律、法规和政策。目前，全世界已经有一百多个国家或地区制定了禁止虐待动物法或动物福利法等。欧盟更是把动物福利作为国际贸易的壁垒，规定不得使用实验动物评价化妆品的安全性，并禁止使用猩猩做实验。

动物实验替代技术研究在国外也被非常广泛的应用，特别是针对实验动物福利的动物实验“减少性研究”，动物实验的“替代性研究”，动物实验的“优化性研究”等，并且许多技术已经日趋成熟。如细胞替代技术、替代产品、转基因技术、生物信息模拟技术等。

12. 实验动物学信息化和数据资源共享更加普遍

国外已经建立涵盖实验动物品系信息、物种、基因型、表型、生物学特性、自发疾病、研究应用、饲育、模型制作方法、分析技术等分类条目的大型实验动物信息数据库以及信息资源平台，实现了信息资源的互联共享。例如美国 Jackson 研究所的“小鼠品系数据库”、“基因表达数据库”、“小鼠突变资源库”，美国 NIH 的大鼠基因组数据库（RGD）和疾病动物模型资源的数据库（LAMHDI），英国的“啮齿类基因组数据库”、“小鼠细胞遗传图谱”、“畸形人鼠同源性数据库”等等。

相比而言，国内仅建立了小规模、缺乏规范性和实用性的实验动物生物学特性数据库和自然科技资源数据库（实验动物部分为简单介绍），没有构建类似国外的大型实验动物信息库，数据信息没有动态更新，且数据信息的使用率偏低。

（二）实验动物学的发展目标

通过加强资源建设、管理和质量保证体系、国际资源共享体系、自主资源研制和创新能力、种子基地、高质量实验动物供应链等方面的建设，为实现中国创新驱动发展战略目标提供科技支撑。

1. 形成完善的实验动物资源、技术和设施共享体系

在政府层面，理顺现有的管理体系中条块之间的协调关系，形成统一的管理体系。在行业层面，加强行业自律的管理规范、技术规范，以实验动物生产、使用、研究等基层单位的认证、监督、ICACUC 管理为重点的基层单位自律和管理体系形成国际一流水平的管理和质保体系。

以实验动物资源的供应为龙头，建立 3 ~ 5 家大型实验动物资源供应机构，实现集成化、标准化、社会化发展。实验动物生产是实验动物资源分发到使用者手中，并发挥其社会和经济效益的中间环节。现在的实验动物生产由于种子供应，管理、人才、资金等方面的问题，不能为社会提供品系丰富和质量一流的实验动物供应。

建议以产业“863”项目的形式对生命科学和医药研究集中的地区扶植实验动物生产公司，将实验动物资源研究的成果，高质量的分发到使用者手中，发挥应有的支撑作用。

基因工程平台是基因工程资源研制的核心，加强基因工程新技术的引进、扩散，并促进新一代、快速和大规模基因工程技术的研发，在技术上为中国基因工程实验动物资源的快速发展提供技术保障。

2. 建立疾病动物模型评价标准体系和实验动物临床医院

动物模型的分析已经进入高科技阶段，数字化病理分析技术、分子影像技术、生物信息学技术、组学技术、胚胎技术、芯片技术、行为学技术、芯片遥感技术、芯片条码技术在模型分析方面得到广泛应用，使动物模型分析进入活体、即时、无创阶段，结合经典的分析技术，在研究生命现象、疾病发展过程等方面有了更科学、快速的方法，极大地促进了生命科学和医药、农业、环境等领域的创新研究。在欧美等国，实验动物分析已经出现专业化、集成化和商业化的趋势，形成了技术齐全的分析中心或实验医学中心，极大地提高了研究效率。中国应该重视疾病动物模型临床评价技术体系的建立和应用。适时推动实验动物临床医院建设，提供实验动物临床评价服务。

3. 整合学科人才和优势资源，重点提高科技创新能力

中国具有集中力量办大事的优势，可由科技部牵头，各部委配合，整合全国实验动物相关学科人才和优势资源，开展实验动物科技创新能力建设。从国家层面建立集中优势公关团队，集中人力物力，比如建立实验动物法律法规、标准等；建立不同物种的种质基地，建立大规模基因工程技术平台等，使中国实验动物学卓有成效发展，并形成了部分“点”的突破。体现了中国具有集中力量办大事的优势。

进一步需要将高水平的“点”扩大，带动“面”的提高。集中开发实验动物新物种100 种，基因工程与疾病模型动物 2 万种，实现集中研制、保存和供应。开展动物模型研制技术、动物模型分析技术研究与开发工作，引进吸收发达国家先进技术经验，提高实验动物相关技术的创新能力。设立实验动物创新技术示范基地，开展技能培训、继续教育和推广工作。

4. 完善实验动物质量保障体系，提高实验动物质量

开展遗传、微生物及寄生虫、营养与饲料、环境设施、病理诊断检测标准，统一检测试剂与方法。推动国家和省级实验动物质量检测机构能力建设，更好的控制实验动物质量，缩小与发达国家在实验动物质量控制标准指标方面的差距。

5. 完善实验动物法制化建设，建立完善的实验动物标准体系

加快实验动物行业管理的政策法规体系建设，不断完善法制化管理体系，规范实验动物市场，依法开展打击实验动物行业假冒伪劣产品对标准化实验动物市场的冲击，营造竞争有序的市场环境。

第一加快国家层面实验动物立法，促进实验动物法制管理，提高实验动物科技支撑能力。与发达国家相比较，中国有关实验动物的行政许可管理和质量监督制度依据的法律体系不完善，政府实施实验动物法制化管理的基础还比较薄弱。尤其是中国缺少实验动物国家层面的法律及行政法规，国家科技行政主管部门的部门规章也急待修订。需要行业、国家和管理部门合作，共同推进。

第二以国家和地方实验动物管理法规为基础，制定相关管理文件，规范、指导从事实验动物工作的相关单位和实验动物从业人员，引导实验动物行业向着规范化方向发展。需要地方政府和行业合作，共同推进。

第三是标准修订和增补，需要行业、实验动物标准化技术委员会等合作，共同推进。

6. 积极转化政府职能，加强实验动物行业管理职能

可分为三个层次：第一个层次是中国实验动物学会，以“实验动物管理指南”（待制定）所订的标准为审核依据对各认证单位实施监督。第二个层次是各机构的管理、生产、使用、转运环节的质量监测体系。第三个层次是各机构 IACUC 管理，基层实验动物实验单位用权威和严格的 IACUC 规章对使用中动物、设施、人员进行管理。

需要建立中国特色的认证体系，倡导生产厂家建立严格的企业标准和自律规范，使用单位健全 IACUC 管理。仅依靠现在的政府部门监督是远远不够的。

7. 建立全国统一教育和培训体系，加快从业人员资质认定

实验动物兽医师、遗传学育种专家、实验病理专家和动物分析专家、实验动物技术人员等是实验动物学与产业领域急需的专门人才，可通过行业与教育部门合作，在专门人才教育、本科教育、职业培训和继续教育等层次上加大人才培养力度。在遗传学育种、实验病理、动物分析和质量保证方面引进一部分国外人才。实现所需不同层次人才队伍建设，为战略目标的实现提供人才方面的保障。

8. 推动实验动物及相关产品的产业化和规模化进程

第一，规模化饲养实验动物可以保障实验动物数量、质量和效益。应进一步推动中国实验动物产业规模化，分别在南方和北方培育 2 ~ 3 个生产规模在千万只以上龙头企业。重点资助企业饲养规模化能力的提高，使其在保证质量的前提下，提高生产规模，实现规模化生产、供应。

第二，推动实验动物产业的服务范围拓展和服务能力提高，包括提供模型制作、饲养管理、动物寄养、检测技术、基因服务、诊断试剂等各种相关的服务。由于规模效益高，这些大型实验动物生产机构有能力开发新型模型、建立严格的管理、监测技术体系和制度，使实验动物质量、技术服务质量不断提高。中国有淘汰、合并、自我提升、向规模化发展的趋势。

第三，国家统筹规划，分步骤建立实验医学平台、实验动物分析技术平台、基因工程技术平台、比较医学技术共享平台、实验动物信息平台、实验动物公共服务平台，使其成为科技可持续发展的重要前提和根本保障。

9. 积极引进实验动物福利与替代技术，推动具体应用

从科学的角度看，善待实验动物既是人道主义的需要，也是科学实验的需要。实验动物福利不是指不使用实验动物，并不意味着绝对地保护实验动物不受到任何伤害，而是在兼顾科学问题探索和在可能的基础上最大限度的满足实验动物维持生命、维持健康和提高舒适度的需求。实验动物福利研究的主要内容是 3R 研究，实验动物生活环境条件改善和丰富、实验动物“内心感受”、人道的动物实验技术等。具体体现在饲养、繁育、动物实验、仁慈终点、兽医护理、运输等各个环节。动物福利不仅是一种理念，更重要的是落到实际工作中。

国内科学家已有这样的认知：“关心实验动物福利，不只是一声呼吁、一种态度，更是要采取一系列具体的技术手段和措施，诸如对实验动物的生活环境进行限定，排除各种病原体和有害环境因素对动物健康的影响，确保最大限度的舒适，提供营养全价、配伍合理的可口饲料，保障其遗传稳定、性状稳定表现，对实验动物的应激状态及时进行客观评估和有效干预等。动物福利并非只是伦理问题，更是科学技术的问题。”

（三）发展实验动物学的主要措施

1. 围绕全局，服务发展

一是配合国内生物医药产业基地建设，通过机制创新，外引内联，建立 2 ~ 5 个生物医药研发的动物实验综合服务平台，为生物医药产业基地的企业提供动物实验综合服务。

二是整合中央、军队和地方的动物实验设施资源，试点建立 1 ~ 2 个区域服务示范联合体。注重发挥首都地区在实验动物科技和行业发展的引领和示范作用。

2. 统筹兼顾，突出重点

一是实验动物生产供应基地建设，通过政策引导，资金支持，逐渐形成由 3 ~ 5 个大型（国有或民营企业）实验动物饲育单位互相竞争又互相依存的实验动物市场化供应体系。以保障中国实验动物市场的有效供应的社会效益及产业规模的经济效益。

二是增加高等级实验动物的生产，满足科研市场需求：逐步增加清洁级、SPF 级豚鼠、地鼠等实验动物的供应比例，提高兔、犬等中大型实验动物的质量，建立 SPF 兔繁育基地。

三是进一步推动标准化小型实验猪和标准化实验鱼等的需求增长较快实验动物品种生产基地和种源基地的建设。发挥中国在本领域的资源优势和技术优势。

3. 注重创新，引领发展

实验动物是国家科技发展的重要支撑条件和研究基础性材料。为此，国家投入大量经费支持科技人员进行实验动物的研究与开发，从这一点上讲，所有研究成果均属国家所有，都应该为中国科技发展服务。但由于现行体制、管理体系、机构设置、部门利益等因素的影响，使得以国家财力支持而开展的研究活动成为部门或地区、甚至是单位和个人的事情，其研究成果也随之成为部门、地区、单位甚至个人的“私有财产”。在实验动物使用方面人为设置各种障碍。这已成为制约实验动物创新发展的最主要的影响因素之一。

4. 质保网络、标准试剂

一是加强实验动物质量的监督检查力度，推进实验动物行业的产业化、市场化机制的建立。政府主管部门，应加大对实验动物行业管理的科技投入，提高依法监管的技术支撑力度，促进实验动物质量检测网络体系的健康快速发展，提升实验动物质量检测机构能力建设，研发标准化试剂，并产业化供应，适应中国生物医药等相关学科发展对实验动物质量不断增长的要求。

二是依法加强实验动物福利伦理的审查工作，注重各单位实验动物管理委员会等管理机构的实际履行职责的监督，加大实验动物从业人员生物安全、人员防护的培训和安全措施落实的检查。建立实验动物突发事件应急反应队伍，培养应对实验动物突发事件能力。

5. 引进借鉴，实现共享

实验动物资源的共享与合作是全球性的发展趋势，主要目标在打破国与国、机构与机构之间的壁垒，增进实验动物资源的分享、利用和保存，避免资源的重复生产与浪费。中国实验动物资源需要以优势实验室或专业研究机构的集中研制为主，辅以分散深入分析，形成成资源研制、资源积累共享、创新研究相互支持的良性循环。各机构应建立实验动物资源长期保持机制，并提供维持经费，或交到国家指定机构统一保存。

实验动物资源共享是一项复杂的系统工程，涉及资源、技术、人才、资金、政策法律、规则规范、监督与评估等一系列措施和环节。实验动物资源共享包含信息共享和实物共享两个层次的内容。中国在实验动物资源共享和服务体系方面还缺乏国家标准和技术规范，而且没有健全的数据库，无论软、硬件都无法满足社会共享的需求。由于科技体制和管理等多方原因，从国外引进的非常有研究和应用价值的动物模型资源随研究工作的结束而丢失的情况经常发生。

实验动物资源保存与共享既是实验动物资源再次整合、集成、优化、标准化的过程，也是实验动物资源重新合理配置的过程。在这个过程中，涉及原有管理体制、管理办法、资源所有权和使用权等各方面关系的调整。要开展资源共享机制和共享原则等有关政策和管理办法方面的研究建设，以明确资源共享过程中各方面的关系，解决如何监督、如何通过信息反馈途径对共享进行评价的问题，以实现资源共享。

6. 加大投资，提升地位

根据中国实验动物学与产业10 ~ 20年的中长期发展规划，设立相应的资金投入机制，主要在实验动物资源研制和资源保存方面加大投入。资源保存是一项社会公益性的基础工作，应该把实验动物资源保存与共享所需经费纳入国家财政经常性支出，代替目前的临时性项目方式维持国家实验动物资源库或中心的正常运转。实现资源共享，改变“重建设、轻运行、无管理”的现状。资源保存单位也要将资源保存放在一个首要位置，实现以资源集中保存。

实验动物学是在生命科学、医药和农业等领域“进入创新型国家行列，为在本世纪中叶成为世界科技强国奠定基础”的必需的支撑条件。没有实验动物学的支撑，生命科学和医药研究将难以持续发展。进而也会影响到人类健康、食品安全、生物安全等国计民生重大问题的解决。实验动物资源应列为建立“创新型国家”的重要战略资源之一加以重视。

7. 加强管理，强化标准

一是加快国家层面实验动物立法，促进实验动物法制管理，提高实验动物科技支撑能力。与发达国家相比较，中国有关实验动物的行政许可管理和质量监督制度依据的法律体系不完善，政府实施实验动物法制化管理的基础还比较薄弱。尤其是中国缺少实验动物国家层面的法律及行政法规，国家科技行政主管部门的部门规章也急待修订。

二是以国家和地方实验动物管理法规为基础，制定相关管理文件，规范、指导从事实验动物工作的相关单位和实验动物从业人员，引导实验动物行业向着规范化方向发展。

三是加快实验动物标准体系建设，特别是常用实验动物的标准制修订工作，为依法监督提供技术支撑。农业实验动物、模式动物和基因工程动物模型亟须标准加以规范。

8. 重视教育，规范认证

一是依托高校和科研院所，充分发挥实验动物科研、教学、技术培训资源优势，开展实验动物科技和动物实验技术技能培训，建立国家实验动物多元化人才培训考核体系。提高实验动物管理与服务水平。从基本知识普及到学历教育，开发系列培训资源。

二是加强各实验单位从业人员的上岗培训和专业培训，按照学科和行业特点，科学地分级分类培训。实施技能提高“三一”策略。力争“十三五”期间为每个实验动物许可单位培养一名高级实验动物科技和管理人员、一名中级实验动物科技术人员和一名常规动物实验操作技术人员。

三是加强各部门各单位实验动物主管领导的法规、标准培训，以保障国家实验动物法规标准和各项管理规定在各实验动物单位得到贯彻实施。力争在“十三五”期间对所有实验动物许可单位的主管领导和技术主管进行一次强制性法规培训、一次实验动物标准培训和一次动物福利与动物伦理培训。

四是加强实验动物人才的国际交流与培训。扩大学术、人员、项目的交流与协作，对于加速实验动物行业的发展有着重要意义。

五、结语

本报告第二次对中国实验动物学和产业进行了系统调研、分析，提出了实验动物学发展战略，取得了显著成效。但是，面向国家战略需求，实验动物学创新研究还处于非常被动局面。实验动物资源长期依赖于国外，缺乏自主知识产权，物种总数不及发达国家1/10，新品系研制率不及1%，远远不能满足中国上述领域发展需求。要切实保障国计民生和经济发展，必须改变实验动物资源建设受制于人的局面，实施以我为主、立足国内、科技支撑、适度进口、集约共享的发展战略。

为保障实现中国全面建成小康社会，解决生物医药科技创新等影响国计民生的重大战略问题，应将实验动物学创新作为重大战略进行系统部署，优先纳入国民经济和科学技术发展规划，并作为国家科学技术建设重点学科。力争经过 10 ~ 20 年努力，全面实现达到欧美国家当前实验动物资源200个物种2.6万种品系，学科体系完善，前沿技术国际先进的总体目标。以全面支撑中国生物医药、食品安全、生物安全、生物恐怖、畜牧业、疫病防控、军事、航空航天等领域快速发展。

参考文献

[1] 秦川主编. 实验动物学［M］. 北京：人民卫生出版社，2015.

[2] 秦川主编. 医学实验动物学［M］. 北京：人民卫生出版社，2015.

[3] 中国实验动物学会编著. 2008-2009实验动物学学科发展报告［M］. 北京：中国科学技术出版社，2009.

[4] 王晓明，刘万策，陈梅丽，等. 实验动物资源数据库数据质量建设的探讨［J］. 实验动物科学，2013，30（1）：38-40.

[5] 薛丽香，张凤珠，孙瑞娟，等. 中国疾病动物模型的研究现状和展望［J］. 中国科学：生命科学，2014，44（9）：851-860.

[6] International Mouse Strain Resources（IMSR）.http://www.informatics.jax.org/imsr.

[7] The Jackson Laboratory（TJL）. http://jaxmice.jax.org/query.

[8] Rat Genome Database（RGD）. http://rgd.mcw.edu.

[9] 突变小鼠资源联盟 Mutant Mouse Regional Resource Center（MMRRC）. http://www.mmrrc.org/catalog/StrainCatalogSearchForm.jsp.

[10] 人类癌症模式小鼠联盟 Mouse Models of Human Cancer Consortium，Frederick，MD（MMHCC）. http://mouse.ncifcrf.gov.

[11] European Mouse Mutant Archive（EMMA）. http://www.emmanet.org/mutant_types.php.

[12] 日本实验动物中央研究所 RIKEN BioResource Center（RBRC）Experimental Animal Division. http://www2.brc.riken.jp/lab/animal/search.php.

[13] 日本熊本大学动物资源发展中心 Center for Animal Resources and Development（CARD）. http://cardb.cc.kumamoto-u.ac.jp/transgenic/strains.jsp.

[14] Charles River Laboratories，Inc. http://www.criver.com.

[15] Taconic，Inc. http://www.taconic.com/wmspage.cfm?parm1=16.

[16] Harlan，Inc. http://www.harlan.com.

[17] 加拿大小鼠联盟 Canadian Mouse Consortium（CMC）. http://www.mousecanada.ca/ps/catalogue.htm.

[18] 加拿大突变小鼠数据库 Canadian Mouse Mutant Repository，Toronto，Ontario（CMMR）. http://www.phenogenomics.ca/ databases/mutants_samples.html.

[19] Mouse Genome Database Home Page. http://www.informatics.jax.org.

[20] ILAR. http：//www2.nas.edu/ilarhome.

[21] K Howe，M D Clark，et al. The zebrafish reference genome sequence and its relationship to the human genome［J］. Nature，2013，496:498-503.

[22] Liu H，Chen Y，Niu Y，et al. TALEN-Mediated Gene Mutagenesis in Rhesus and Cynomolgus Monkeys［J］. Cell Stem Cell，2014:323-328.

[23] Niu Y，Shen B，Cui Y，et al. Generation of Gene-Modified Cynomolgus Monkey via Cas9/RNA-Mediated Gene Targeting in One-Cell Embryos［J］. Cell，2014，156: 836-843.

[24] Recommendations for the health monitoring of rodent and rabbit colonies in breeding and experimental units，Recommendations of the Federation of European Laboratory Animal Science Associations（FELASA）［J］.

Laboratory Animals，2014.
[25] 李雨涵，魏强．淋巴细胞脉络丛脑膜炎病毒感染实验动物的情况概述 [J]．中国比较医学杂志，2013，23（1）：46–48.
[26] 夏咸柱．实验动物与人兽共患病 [J]．兽医导刊，2011，11：15–16.
[27] 佟巍，乔红伟，魏强，等．淋巴细胞脉络丛脑膜炎病毒在实验大鼠中的感染状况 [J]．实验动物科学，2010，04：46–48.
[28] 陈领，胡景杰，陈越，等．重视和加强中国实验动物的研究 [J]．动物学杂志，2013，48（2）：314–318.
[29] 钱军，孙玉成．实验动物与生物安全 [J]．中国比较医学杂志，2011，21（10–11）：15–19.
[30] 夏咸柱，高玉伟，王化磊．实验动物与人兽共患传染病 [J]．中国比较医学杂志，2011，21（10–11）：2–12.
[31] McInnes EF，Rasmussen L，Fung P，et al. Prevalence of viral，bacterial and parasitological diseases in rats and mice used in research environments in Australasia over a 5–y period [J]. Lab Anim（NY），2011，40（11）：341–350.
[32] Mähler Convenor M，Berard M，Feinstein R，et al. FELASA recommendations for the health monitoring of mouse，rat，hamster，guinea pig and rabbit colonies in breeding and experimental units [J]. Lab Anim，2014，48（3）：178–192 .
[33] GB/T–14922.2—2011　实验动物微生物学等级及监测 [S]．中华人民共和国国家质量监督检疫检疫总局，2011：1–6.
[34] Charles B Clifford，et al. Routine Health Monitoring of Charles River Rodent Barrier Production Colonie in Europe and North America [EB/OL]. http://www.criver.com/files/pdfs/rms/hmsummary.aspx.
[35] TACONIC HEALTH STANDARDS [EB/OL]. http://www.taconic.com/quality/health–testing–program/health–standards.
[36] McInnes EF，Rasmussen L，Fung P，et al. Prevalence of viral，bacterial and parasitological diseases in rats and mice used in research environments in Australasia over a 5–y period [J]. Lab Animal，2011，40（11）：341–350.
[37] Microbiological monitoring test item for mice and rats [EB/OL]. http://www.iclasmonic.jp/microbiology/inspection/mouse.html.
[38] Microbiological status of laboratory rodents in experimental facilities in Japan [EB/OL]. http://www.iclasmonic.jp/en/activity/results/monipos.html.
[39] 佟巍．国内外实验动物病毒检测的比较 [J]．中国比较医学杂志，2012，22（11）：10–15.
[40] Xiang Z，Tian S，Tong W，et al. MNV primarily surveillance by a recombination VP1–derive ELISA in Beijing area in China [J]. J Immunol Methods，2014，408：70–77.
[41] 佟巍，乔红伟，魏强，等．淋巴细胞脉络丛脑膜炎病毒在实验大鼠中的感染状况 [J]．医学动物防治，2010，27（4）：46–48.
[42] 葛文平，张旭，高翔，等．中国商业化 SPF 级小鼠病原体污染分析 [J]. 中国比较医学杂志，2012，22（3）65–68.
[43] 田克恭．实验动物疫病学 [M]．北京：中国农业出版社，2015.
[44] Nicklas W，Deeny A，Diercks P，et al. FELASA guidelines for the accreditation of health monitoring programs and testing laboratories involved in health monitoring [J].Lab Anim（NY），2010，39（2）：43–48

撰稿人：夏咸柱　贾敬敦　何　维　秦　川　孙岩松　孔　琪　岳秉飞　孙德明
谭　毅　郑志红　杨志伟　张连峰　陈民利

专题报告

实验动物资源发展研究

实验动物资源占有量与一个国家的生命科学发展水平密切相关。本文概述了中国实验动物资源的现状，对近几年研究的重点进行阐述，特别是长爪沙鼠、裸鼹鼠、非人灵长类动物、树鼩、小型猪、SPF鸡、媒介动物、基因修饰动物、水生动物，以及雪貂、旱獭等研究现状做介绍。对资源发展存在的问题进行分析，进而提出应重点增加动物资源的数量，提高动物标准化和应用研究，加强基因修饰动物研发和表型解析等建议，为促进生物医药产业和生命科学发展提供有力支撑。

资源是制约国家发展的重要因素。实验动物资源占有量与一个国家的生命科学发展水平密切相关。世界上发达国家均是动物资源的大国，美国有各类实验动物2.6万余种，而中国仅有1000多种，差距之大令人扼腕。为进一步加强中国实验动物资源开发与利用，更好地支撑生物医药产业发展，促进生命科学发展，要对我国现有资源情况进行分析。

一、中国实验动物资源概况

（一）常用动物资源现状

中国目前在生命科学研究领域使用的实验动物品种、品系，以从国外引进的品种、品系占主要地位，如BALB/c小鼠、C57BL/6小鼠、ICR小鼠、SD大鼠、Wistar大鼠、Hartley豚鼠、Beagle犬等；中国常用实验动物（包括实验用动物）有30余个品种100多个品系。据不完全统计，生产量最大的是小鼠（54%）、地鼠（24%）、大鼠（13%）、兔（5%）等实验动物。常用小鼠11个品系，大鼠7个品系，地鼠、豚鼠、实验犬各2个品系，家兔以大耳白、新西兰兔为主，其他动物还有猴、猫、鸡、小型猪等。在生产供应方面，北京和上海两地成为实验动物生产使用规模最大的城市，也是小鼠和大鼠的主要产地。全国实验动物生产量约2000万只以上。非人灵长类实验动物的养殖规模已居世界前列，47

家养殖企业存栏规模达 29 万多只，其中食蟹猴约 25 万只，猕猴约 4 万只。

在资源建设方面，经过多年投入和发展，中国现有七个种质资源中心和一个数据信息中心，分别承担不同资源的种子供应、研发和保存，具体见表 1，构成种质资源共享网络，在资源保存与利用、动物标准化方面发挥着重要作用。

表 1　中国主要实验动物种质资源机构

机构名称	单位地址	主要动物种类	保种数量（品系数）	网　址
国家啮齿类实验动物种子中心	中国食品药品检定研究院实验动物资源研究所（北京丰台区）	小鼠、大鼠、豚鼠等	小鼠 58；大鼠 7；豚鼠 1；家兔 1；冷冻 128 品系，胚胎 20287 枚	http：//www.nifdc.org.cn/sydw/CL0234/
国家啮齿类实验动物种子中心上海分中心	中国科学院上海实验动物中心（上海市松江区）	小鼠、大鼠、豚鼠等	小鼠 47；大鼠 14；豚鼠 1；家兔 1；地鼠 1；冷冻 416 品系	http：//www.slaccas.com/SeedCenter.asp E-mail：baoshimin@126.com
国家兔类种子中心	中国科学院上海实验动物中心（上海市松江区）	新西兰兔、大耳白兔等	新西兰等 3 个	http：//www.slaccas.com/SeedCenter.asp E-mail：baoshimin@126.com
国家犬类种子中心	广州医药工业研究院实验动物中心（广州增城）	Beagle 犬	冷冻 350 多枚 Beagle 犬胚胎 / 卵母细胞，100 支麦管的 Beagle 犬精液	http：//www.gzpiri.com. E-mail：dongwushi@21cn.com
国家禽类种子中心	中国农业科学院哈尔滨兽医研究所（哈尔滨市）	SPF 鸡、鸭等	鸡 10；鸭 4	http：//www.hvri.ac.cn/ E-mail：yuhaibo97@163.com
国家遗传工程小鼠资源库	南京大学模式动物研究所（南京浦口）	基因修饰小鼠	小鼠 2667；大鼠 38；冷冻保存 1046 个品系，约 60 万枚胚胎；冷冻 659 个品系的精子，约 17000 根麦管	www.nrcmm.com www.nbri-nju.com/ cmsr.nrcmm.cn/ E-mail：services@nbri-nju.com
国家非人灵长类实验动物种子中心苏州分中心	苏州西山中科实验动物有限公司（苏州市吴中区）	猕猴	繁育种群 3764 只，种用食蟹猴 3226 只，种用恒河猴 519 只	http：//www.szxszk.com E-mail：rurubody@gmail.com 313116396@qq.com

（二）特有资源概况

中国特有实验动物资源归纳为四大类：第一，自主发现与培育，如 615 小鼠、TA1 小鼠、TA2 小鼠、T739 小鼠、NJS 小鼠、无毛鼠等；第二，历史形成的品种，如 KM 小鼠，小型猪等；第三，野生动物的驯化，如东方田鼠，长爪沙鼠，中国地鼠，灰仓鼠，灰旱獭，小家鼠等；第四，研发的遗传修饰动物，如老年痴呆小鼠、2型糖尿病模型小鼠等。

具体而言，中国特有实验动物资源包括，小鼠：KM、615、TA1、TA2、T739、IRM1、IRM2、NJS、AMMSP1，豫医无毛鼠、BALB/c突变无毛小鼠等；大鼠：TR1、白内障大鼠等；地鼠：中国地鼠、白化仓鼠、灰仓鼠等；豚鼠：Emn21、DHP豚鼠、FMMU白化豚鼠；家兔：大耳白兔中监所封闭群、哈白兔、南昌兔、青紫兰兔等：犬：小型比格犬、华北犬、西北犬、山东细犬等；猕猴：恒河猴、青面猴等；小型猪：巴马香猪、贵州香猪、五指山小型猪、版纳微型猪、藏猪、融水小型猪等；水生动物，剑尾鱼、红鲫、稀有鮈鲫、银鲫、诸氏鲻鰕虎等；家禽，京白系列。其他动物，长爪沙鼠、东方田鼠、高原鼠兔、树鼩、旱獭、兔尾鼠、裸鼹鼠等。

二、重点实验动物资源研究概况

（一）长爪沙鼠

长爪沙鼠（Meriones unguiculatus）又称蒙古沙鼠（Mongolian gerbils）、沙土鼠、黄耗子等，隶属哺乳纲，啮齿目，鼠科（Muridae），沙鼠亚科(Gerbillus)，沙鼠属（Gerbic）。野生长爪沙鼠主要分布在中国内蒙古及毗邻省区的荒漠草原地带。

长爪沙鼠是一种正在开发、有着广阔应用前景的啮齿类实验动物。大量的实验证明，长爪沙鼠具有一些独特的解剖学、生理学、免疫学和行为学特征是研究神经学、病毒学、寄生虫学、肿瘤学、脂和糖类代谢的良好模型动物。长爪沙鼠独特的生物学特性对于某些特殊研究具有重要价值。目前，浙江省实验动物中心通过剖宫产和代乳等生物净化技术建立了清洁级长爪沙鼠封闭群。首都医科大学通过定向选育的方法建立了长爪沙鼠脑缺血模型高发群体，并在此基础上开展近交系培育工作。还开展了长爪沙鼠遗传质量检测方法的研究，基于微卫星DNA和生化位点分析技术建立了长爪沙鼠遗传检测方法，为长爪沙鼠标准化提供了分析工具。该技术获得中国实验动物学会二等奖。

（二）裸鼹鼠

裸鼹鼠（Heterocephalus glaber）是一种分布于非洲索马里、肯尼亚、埃塞俄比亚等地的野生动物，在动物学分类位置上属于哺乳纲、啮齿目、滨鼠科、裸鼹鼠属、裸鼹鼠种。其外观全身几乎无毛，皮肤褶皱呈暗粉色，2对门齿明显突出，成年动物体重约30 ~ 50克。野生环境中，裸鼹鼠终生在地下2米左右的黑暗洞穴中生活，以植物地下球根块茎为食。它们是哺乳类动物中、迄今为止发现的唯一一种与蜜蜂、蚂蚁等昆虫类似、营社会性生活的群居性动物，群居数量可达300只。由于身处恶劣的生存环境以及社会化结构的特殊性，裸鼹鼠形成了有别于其他哺乳动物的独特生理学特点。裸鼹鼠作为新资源，其独特的外形与终生不罹患癌症的特性引人注目。裸鼹鼠除了拥有天然抗肿瘤的特性以外，还集中了很多其他令人瞩目的生物学特性，如抗衰老、低氧适应性强、疼痛耐受性强等，每一种特性都与人类战胜重大疾病，实现健康、长寿的梦想息息相关，早已引起生命科学界的高度关注。近年来中国学者从非洲引进该物种，并围绕其实验动物化和生物学特性开展研究，取得了初步成果，为裸鼹鼠在生物医学研究领域中应用提供了拥有越来越广阔而深远的应用前景。

目前，国内外学者陆续揭示了裸鼹鼠心脏、消化道、血管、皮肤、触须、骨骼肌、睾丸、肾脏、松果体、毛囊、牙齿等组织器官的结构特点。第二军医大学实验动物中心初步探索了其人工饲养繁育方法，并在国内率先开展裸鼹鼠生物学特性及其实验动物化的研究工作。现已初步研究了裸鼹鼠的生长发育规律，绘制了生长曲线及部分脏器指数；明确了3、6、9月龄裸鼹鼠的血液生理生化、尿常规等正常值范围；开展了成年裸鼹鼠心脏、肝脏、肺脏、肾脏、胸腺、淋巴结、脾脏、骨骼、骨骼肌等组织的解剖显微结构以及超微结构的研究；并检测了其遗传生化标记位点，在裸鼹鼠的生物学特性研究方面做了大量的探索性工作，并取得良好进展，为标准化裸鼹鼠的开发和推广应用奠定了重要的研究基础。

（三）非人灵长类动物

全世界目前生存有 16 科 74 属 423 种 658 种 / 亚种的非人灵长类动物，中国分布有 4 科 8 属 24 种共 45 亚种，约为世界非人灵长类物种的 10%，是世界上非人灵长类动物分布十分丰富的国家之一。而作为生命科学实验研究中使用最广泛和用量最大的非人灵长类实验动物——猕猴，其亚种仅在中国就有 6 个之多，并广泛分布于 20 多个省区。中国的灵长类实验动物发展始于上世纪 80 年代初，近 30 多年来，在国务院有关部门、地方政府以及行业协会的大力支持下，中国非人灵长类实验动物产业得到了长足的发展，商品化、专业化雏形基本形成。灵长类实验动物的养殖规模已居世界前列。据中国实验灵长类养殖开发协会 2013 年底的统计数据，中国现有成规模的非人灵长类（食蟹猴、猕猴、平顶猴、普通狨猴等）养殖企业 40 余家，主要分布在广东、广西、云南、海南、四川、北京和福建等省市，现存人工驯养的实验猴（食蟹猴、猕猴）的存栏规模已达 30 余万只（食蟹猴 26 万余只，猕猴约 4 万只），2013 年当年新生实验猴约 9 万只（食蟹猴约 8 万多只，猕猴约 1 万只），平顶猴 500 余只，藏酋猴 400 余只，普通狨猴 200 余只，非人灵长类动物的养殖量位居全球之首。

中国目前常用的非人灵长类实验动物品种有猕猴（又称恒河猴）、食蟹猴、普通狨猴、平顶猴、藏酋猴、红面猴。中国猕猴（指名亚种、川西亚种、福建亚种、华北亚种）主要来源于四川省 3 家猕猴饲养基地、云南省 4 家猕猴养殖基地、广东省 5 家猕猴养殖基地、北京 4 家养殖基地、江苏省苏州西山生物科技有限公司、浙江宁波天童猕猴养殖场、福建省计划生育研究所、河南贯中生物科技有限公司；食蟹猴来源于云南省 3 家、广东省 5 家养殖基地、广西 9 家养殖基地、海南省 3 家养殖基地、北京 3 家养殖基地；藏酋猴来源于四川省人民医院实验动物研究所；平顶猴来源于云南省 2 家养殖基地；红面猴来源于北京 1 家养殖基地、四川 1 家养殖基地；普通狨猴来源于北京 1 家养殖基地、天津 1 家养殖基地。

我国先后在北京、四川、云南和海南启动了实验猕猴种源基地建设。卫生部在云南的中国医学科学院医学生物学研究所成立了“全国医学灵长类研究中心”，中国科学院在云南成立了昆明灵长类研究中心，云南省科技厅在昆明亚灵生物科技有限公司成立了“云南中科灵长类生物医学重点实验室”，国家发改委在云南设立了“生物医学动物模型国家地方联合工程研究中心”；广东省科技厅在广州设立了广东省灵长类实验动物重点科研基地，在北京启动了国家实验灵长类种质资源中心项目，在苏州设立了国家灵长类种质资源分中心，广东正在建设广东省灵长类实验动物种质资源中心。

2003年，国家发改委在云南的中国医学科学院医学生物学研究所承担“国家昆明高等级生物安全灵长类动物实验中心”建设项目；2005年，国家科技部在云南支持了昆明亚灵生物科技有限公司（CRO外包企业）建设的科技计划项目；2011年，国内三家养殖企业获得科技部“十二五”科技重大专项：人类重大疾病灵长类动物模型资源平台建设项目；国家质检总局在广西筹建了“国家级灵长类实验动物检测重点实验室”；2012年，科技部支持20家单位组成的人类重大疾病动物模型的超级“973”项目；2013年，科技部支持7家企业建立灵长类实验动物疾病模型课题—灵长类动物人类重大疾病模型的研究与示范；国家发改委在云南主持了“生物医学动物模型国家地方联合工程研究中心”建设项目。

截至2013年年底，6家企业通过了美国AAALAC认证，5家企业通过了ISO9001质量体系认证，3家企业通过ISO14001质量体系认证，33家企业获得了灵长类实验动物生产许可证，很多企业还获得了诸如灵长类实验动物使用许可证、经营利用许可证。

中国医学科学院医学生物学研究所利用猕猴生产和检定出的预防小儿麻痹症的脊髓灰质炎疫苗至今已供应国内50多亿人份，为全球消灭脊髓灰质炎病毒做出了重大贡献。2014年研制生产出了全球第一株预防小儿麻痹症的Sabin株疫苗，改写了中国在疫苗研制由“中国制造”变为“中国创制”的历史。

2014年，由昆明亚灵生物科技有限公司牵头联合国内其他大学和研究机构，利用世界上最先进的CRISPR/Cas9和TALENs技术，开展猕猴和食蟹猴的基因靶向修饰研究，获得世界上首例经基因靶向修饰的小猴，《自然》杂志将该研究成果称为人类疾病模型研究向前发展的里程碑。这一技术有望应用在人类疾病动物模型上，通过对灵长类动物上的一些特定基因的修饰，从而研究疾病是如何发生的、有什么早期信号，这将对人类防治疾病具有重要意义。

树鼩作为实验动物在生命科学领域已有30多年历史，研究证明，树鼩是灵长类的近亲，特别适合于人类神经、近视、心理应激和病毒性感染等疾病的模型研究。由于受到资源的限制，国际上仅有德国灵长类中心、荷兰灵长类中心、美国伯明翰阿拉巴马大学和墨西哥沃尔夫繁殖中心等少数机构饲养繁殖树鼩。云南省的树鼩资源最为丰富，自80年代以来，中科院昆明动物研究所和中国医学科学院医学生物学研究所是中国最早开展树鼩人工驯养繁殖、生物学特性和疾病动物模型研究。树鼩作为具有中国知识产权的特色的实验动物新品种研发过程中，自 2005 年以来，国家科技部、中国科学院、云南省科技厅和广东省科技厅等政府科技部门，以国家科技支撑计划、省级重点和专项等项目支持，开展树鼩的驯化繁殖、种群建立、全基因组测序、生物净化、质量检测、遗传学、生物学特性、实验动物标准化和疾病动物模型研究等方面的研究，2007 年，中国医学科学院医学生物学研究所率先攻克了树鼩的饲养繁殖的关键技术，实现了树鼩的人工饲养繁殖。目前，云南省多家单位已建立了树鼩饲养繁殖种群，存栏量约 10000 余只。2010 年，云南省质量监督技术局颁布《实验树鼩》5 项地方标准（DB53/T 328.1–328.5—2010），2012 年颁布了《实验树鼩》的另外 5 项地方标准（DB53/T 328.6–328.10—2012），这些地方标准的实施为树鼩作为实验动物许可证的发放和法制化管理提供了依据。 由中国医学科学院医学生物学研究所牵头，完成的“树鼩饲养繁殖种群建立及其在 HCV 动物模型中的应用”获得 2012 年云南省科技进步一等奖，“树鼩实验动物化种群建立及应用”获得 2014 年中国实验动物学会科技奖一等奖。2013 年中国科学院昆明动物研究所完成了树鼩全基因组测定和解析工作，得到了高覆盖度（79X）的基因组序列，发现树鼩在神经及免疫系统等方面与人类具有较高的同源性，适合于免疫学、神经生物学及代谢等生物学问题和疾病机理研究。这些研究成果为树鼩作为人类疾病动物模型，揭示人类健康问题奠定了坚实的基础。其中，北京生命科学研究所李文辉课题组利用树鼩发现了乙肝病毒受体——肝脏胆汁酸转运体（NTCP，牛磺胆酸钠共转运多肽），证明了树鼩可作为乙肝疾病模型；钟南山院士团队创建了 H5N1 流感病毒树鼩模型，医学生物学研究所创建了手足口（EV71、CA16 病毒感染）和帕金森氏等树鼩模型；中科院昆明动物所创建了乳腺癌、抑郁症等树鼩模型。由于树鼩体型小，繁殖周期短、易于实验操作、饲养成本低，比高等灵长类动物更适合大规模应用等独特优势，可作为非人灵长类动物模型的补充，在国内已得到了广大科技工作者的认可，广泛应用于人类重大疾病模型创建、疾病机理和转化医学等生物医药等领域的研究。树鼩未来的发展重点将是树鼩资源保存、规模化生产与共享及其产业化示范；树鼩质量检测的诊断试剂研发及产业化；质量标准化研究，树鼩质量控制国家标准制定；具有树鼩特色的人类疾病动物模型建立及技术平台研究等。

（四）小型猪

进入 20 世纪，随着生物医学科学研究的发展进步，世界各国的科学家开始培育遗传背景明确、携带的微生物和寄生虫受到严格控制的标准化小型猪品种（系）用于科学研究。小型猪已经成为生物医学研究中应用最广泛的非啮齿类大型实验动物之一，而且作为人类器官异种移植最可能的供体成为研究热点。因而其研究和开发利用受到生物医药界的普遍关注。

1. 中国主要小型猪品种概况

中国是养猪大国，具有培育小型猪得天独厚的资源及条件。从 20 世纪 80 年代初开始，中国开始对小型猪资源进行调查和实验动物化研究。其主要品种资源有广西巴马小型猪、西藏小型猪、五指山小型猪、版纳微型猪、贵州小型猪、台湾兰屿猪等。

（1）广西巴马小型猪

1987 年底广西大学王爱德教授从广西巴马县将 2 头公、14 头母巴马香猪作为零世代、原始基础群，引入原广西农学院牧试站内，进行实验用小型猪的选育的相关研究。1994 年经项目鉴定专家组同意，将选育的实验用小型猪品种定名为广西巴马小型猪（Guangxi BA-MA Mini Pig），简称巴马小型猪。

体貌特征：体貌颜色特征主要表现为两头黑、中间白，部分个体背腰部稍带黑斑，额头有白线或倒三角形白斑，俗称“两头乌”、“芭蕉猪”。小猪被毛稀疏细，有光泽，皮肤红润细腻；成年猪被毛较长，尤其是公猪，被毛和嘴粗长似野猪。

血液生理生化研究：在血液生化方面，多数项目和普通猪相近似；44 项血液生化指标中，巴马小型猪有 16 项高于人类；10 项低于人类；还有 18 项和人类相近似。在血液生理方面，巴马小型猪 24 项血液生理指标中就有 14 项和人类相近似，说明巴马小型猪和人类的生理有很大的相似性。

遗传学研究：巴马小型猪遗传相似性高、遗传性稳定，微卫星、蛋白质、核苷酸标记研究表明巴马小型猪封闭群遗传性较一致。

（2）西藏小型猪

西藏小型猪来源于藏猪。藏猪产于中国青藏高原的广大地区，由于长期在高寒气候和低劣的饲养条件下，终年放牧形成了适应高原环境的特点。多在一定范围内自繁自养，经过自然选择而形成了一个特有的高原小型猪种。

2004 年，南方医科大学顾为望教授等人从西藏林芝地区把藏猪引种到亚热带地区——广州率先进行风土驯化和实验动物化研究，对其生理生化指标，生产繁殖性能，基因遗传多态性，影像学等生物学特性方面进行了较为系统的研究，遗传控制严格按照封闭群的繁殖方式进行培育，将其命名为西藏小型猪（Tibet minipig），并获得了广东省首张实验用小型猪质量监测合格证。如今，西藏小型猪以其体型小巧、抗应激能力强、耐粗饲，以及与人类的极其相似的独特的生物学特性被广泛应用于生物医药研究领域，受到了众多研究者的普遍欢迎。

体貌特征：全身黑色，个别猪的额、肢端、尾尖、腹下有白毛。头狭长、额面直、皱纹少，嘴筒呈锥形，犬齿发达（形成獠牙）。耳小直立、背腰平直或微凸、体躯较短、胯部倾斜、四肢坚实、鬃毛长，被毛下生绒毛。

血液生理生化和血液流变学：西藏小型猪的红细胞数和血红蛋白值偏高，与其他实验动物和人类相比，西藏小型猪的总胆固醇 CHOL 和甘油三酯 TG 指标较低。西藏小型猪的血液流变学指标接近于人类。

遗传学研究：西藏小型猪线粒体 DNA（mtDNA）控制区分子遗传学研究表明，西藏小型猪可分为 A 型和 B 型。A 型 mtDNA 控制区核苷酸重复序列为 GTACACGTGCGTACACGTGC；B 型为 GTACACGTACGTACACGTAC。此外，在 mtDNA D-Loop 区共检测到三个特征性转换变异位点 305、500、691，A 型（C，G，G）、B 型（T，A，A）两种类型分别占 42.4% 和 45.8%，可将其作为西藏小型猪的分子遗传学标记。

（3）五指山小型猪

五指山猪原产于海南省五指山区，是当地少数民族饲养的一种小型猪，其体小、灵活、头尖长，体型似鼠，俗称“老鼠猪”。为了保护和开发五指山猪，从 1998 年开始，海南省农科院畜牧兽医研究所在五指山区（主要是保亭、崖城、东方三地）偏僻村寨收集到残存的五指山猪 100 多头，集中饲养在琼山市灵山镇的五指山猪原种场扩繁选育。

体貌特征：体质细致紧凑，头小而长，耳小而直立，嘴尖、嘴筒微弯。胸部较狭，背腰平直，腹部不下垂，臀部不发达，四肢细而长。全身被毛大部分为黑色，腹部和四肢内侧为白色。

遗传学特性：五指山小型猪 DNA 指纹图谱具有特异性。生长激素基因 FRLP 具有特异性位点，其生长激素基因序列与普通猪有很大差异，内含子区有 14 个碱基缺失和 6 个碱基错位，外显子区有 3 个碱基发生变化并造成了 3 个氨基酸残基变化。

血液生理生化：多种血液生理生化值近似人类，心冠状动脉前降支分布与中国人第二型（占总人数 90%）相似。但白细胞分类中淋巴细胞含量（75%）显著高于普通猪（52%）和人类（25% ~ 35%）。

（4）版纳微型猪

版纳微型猪是西双版纳州境内滇南小耳猪的一个类型，其体型矮小、生长缓慢、体质细致结实、躯体各部位发育匀称、分布广、群体大、性能独特，1987 年经盛志廉教授定名为版纳微型猪，以区别于一般的小耳猪。

体貌特征：体形矮小，全身黑毛，头轻，额平无皱纹，耳小直立，咀筒长短适中而直，背腰平直，后腿丰满，四肢短细坚实有力，腹部不下垂，乳头 5 对。出生重（0.42 ± 0.11）kg，六月龄体重为 13 ~ 16kg，生长缓慢，体质细致，身躯各部位发育均匀。成年公猪和母猪体重分别为（36.1 ± 1.1）kg、（43.3 ± 1.0）kg。

血液生理生化研究：据报道微型猪的生理生化值与国外报道的豪梅尔小型猪很近似，有些项目比北农大实验小型猪更接近人类。

（5）贵州小型猪

贵州小型猪是 1982 年由贵阳中医学院实验动物研究所甘世祥等人从贵州省从江县山区引种小香猪驯化培育而成。近 20 年来，该课题组主要以小型化育种为目的进行定向选育，经过封闭群及近交选育，据报道贵州小型猪群体相似系数已高达 0.9330，表明贵州小型猪是具有高度遗传特性的独立群体。

体貌特征：体型矮小，性情温顺。成年猪体重一般在 80kg 以下。汗腺不发达，不耐热。生长繁殖性能：性成熟早，一般 3 ~ 4 个月龄性成熟。产仔数少，一般为 5 ~ 6 头。

血液生理生化：有研究表明，小型猪血液生化指标比较稳定，与人类相关指标类似。

其他：抗逆性强，对不良生态和饲料有较强的适应能力；高脂高糖饲料复制小型猪糖尿病模型，具有与人类2型糖尿病相似的症状，可用于2型糖尿病的相关实验研究。

（6）融水小型猪

融水小型猪的种源来自广西壮族自治区融水县杆洞乡百秀村苗寨该猪在当地被称为香猪、大苗山香猪、苗猪、融水黑香猪等，该苗寨地处崇山峻岭之中，交通十分不便。因此该猪是近亲繁殖，基本没有引入外来基因，经过数千年繁育，遗传性状稳定，属于自然形成的典型封闭群。

2012年被引到广东繁育并测定了基础数据，包括种质特性繁殖性能生长曲线血液学指标血生化指标脏器系数染色体分析，参照国家和地方有关实验动物标准，初步建立了融水小型猪微生物与寄生虫环境与设施饲料病理学遗传学等质量控制标准。融水小型猪能适应当地气候，繁殖良好，自然受孕率为88.3%，妊娠期平均112d，初产平均胎产仔6.1头，经产平均产仔7.9头，融水小型猪体型小，雌雄成年体重（6月龄）分别为17.21kg和16.35kg，性情温顺，线粒体DNA分析表明融水小型猪比兰屿猪更为古老。通过标准化的饲养管理与质量控制，具有培育成实验用小型猪的基本条件。

（7）台湾兰屿猪

在1980年6月在行政院农业发展委员会中央加速农村建设“迷你猪采种计划”经费补助下，台湾省畜产试验所台东种畜繁殖场自兰屿引进地方猪种4公16母，作为繁殖种群，建立医学研究用迷你猪基础族群。但因圈养在一个坡林地，自成为一个随机配种的猪群。在1987年被纳入台湾省级保种原种群，并繁殖推广给台湾地区之小养猪户或供医学试验研究用。

体貌特征：耳朵竖立，皮肤毛色为黑色具光泽，毛质短而黑。体躯呈长方形，体型较小，颈部起至背部有刚毛，背部些许凹背。乳头数每侧约为6个，公猪睪丸紧接臀部。四肢粗短强健，脚呈X字形脚掌贴地，蹄部紧密着地，后脚与地垂直。尾巴常不停地摆动，似赶苍蝇。

2. 小型猪近交系的培育

（1）版纳微型猪近交系

云南农业大学曾养志教授以西双版纳小耳猪为种源，在20世纪70年代末经过多次考察，在一个偏僻而封闭的拉祜族寨子找到一窝已有一定近交系数、当年即由亲子交配而生的仔猪，连同母猪带回实验站进行近交实验。仔猪性成熟后，即按全同胞交配和亲子交配两种高度近交方式进行交配繁殖。据称，至2001年，近交系已顺利进入19世代，近交系数高达98.3%，培育成功两个体型大小不同、基因型各异的近交系和6个家系，家系下又进一步分化出具有不同表型和遗传标记的18个亚系，经遗传鉴定，其各家系均具有较高近交程度。

（2）五指山小型猪近交系

中国农科院畜牧研究所冯书堂教授于1987年从原产地海南岛五指山区引种了两头母

猪和一头公猪至北京扩群选育，迁地保种获得成功。并且利用该猪种进行近交培育，目前实验用五指山小型猪近交系繁育取得重要进展，理论群体近交系数最高达 0.95 以上，与全国多个单位进行了合作研究，广泛应用于药学、比较医学、畜牧兽医学等生命科学领域。

对比国内外小型猪品种培育进程，我们发现，中国的小型猪培育阶段还比较落后，未来需要进一步向以下几个方面努力：①对小型猪进行 SPF 化、微型化培育，扩大其在生物医学研究中的应用范畴，大力开拓在兽用生物制品（如疫苗、诊断试剂以及其他治疗性生物制剂）研发检定评估领域中的应用；②统一仪器、试剂、方法，统一以及饲养管理的标准操作规程，对现有的中国实验小型猪品种进行系统全面的对比研究测试，从全基因组测序到解剖生理特征，各种生理生化指标、遗传学特性对各个品种小型猪进行分析比较，以期发现各个品种小型猪在生物医学研究中的独特的应用；③利用基因工程技术对小型猪进行品质改良，培育具有人类疾病典型性状的小型猪模型。

此外，中国湖南培育了第一个用于胰岛移植的 DPF 猪，并颁布了 DPF 猪地方标准，开创了糖尿病治疗的新途径，具有良好的应用前景。

（五）SPF 鸡

1. SPF 鸡发展概况

1985 年，山东省家禽研究所在中国首次建立 SPF 鸡群。之后，中国兽医药品监察所、中国农业科学院哈尔滨兽医研究所、北京实验动物中心等单位相继建立 SPF 鸡群。据不完全统计，2012 年，全国 SPF 鸡生产企业有 23 家，共生产 SPF 鸡蛋约 5000 万枚，基本达到了供需平衡。全国使用 SPF 鸡，2001 年为 28348 只，2006 年约 73000 只，2009 年仅统计了中国农业科学院哈尔滨兽医研究所和中国兽医药品监察所 2 个单位检验，研究用 SPF 鸡数就达 60000 只。正负压 SPF 鸡隔离器的数量明显增多。

中国农业科学院哈尔滨兽医研究所实验动物中心是国家实验动物 SPF 禽保种中心，拥有国际先进水平的 SPF 禽保种设施和饲养设施。京白鸡是白来航鸡种的新品系，1977—1984 年由北京市组成“蛋鸡协作组”，经过 8 年的努力分别育成三个新品系，代号为“京白 I 系”“京白 II 系”和“京白 III 系”，统称“北京白鸡”，其中京白 I 系、II 系分为核心群 6 个家系。中国农业科学院哈尔滨兽医研究所引进了京白鸡 I 系、II 系的 6 个家系和京白 III 系的 4 个家系，共 10 个家系，在选育过程淘汰了两个家系，一直到 F14 代维持的有 8 个家系。从 F1 到 F14 代，家系内传代方式采用循环交配法，从第十五世代起，采用最佳避免近交法交配（GB 14923—2001），每家系的公：母比例为 3 ~ 4：21。分别命名为 8 个家系，并净化了 19 种主要的禽病原微生物。

以此家系为基础，采用主要组织相容性复合体 (Major Histocompatibility Complex, MHC) 分子生物学微卫星分型方法和传统血清学方法建立了 6 种 SPF MHC 单倍型鸡群，分别为 B13、B15、B2、B5、B21 和 B19。

MHC是由一组紧密连锁高度多态的编码主要组织相容性抗原的一组基因所组成，是一个与免疫应答和抗病性密切相关的多基因家族。其表达产物——主要组织相容性抗原是免疫系统中较为复杂且具多态性的一类细胞表面糖蛋白，分布于各种细胞表面。MHC广泛存在于脊椎动物中，主要负责与免疫有关的细胞间的相互识别和抗原呈递。当一个抗原被抗原呈递细胞（Antigen presenting cell，APC）捕获之后，它将被分解成若干个多肽片段。主要组织相容性抗原与特定的抗原多肽片段相结合，所形成的复合体转移到细胞表面，并被淋巴细胞识别，从而诱导免疫应答。因此，MHC是抗原免疫应答启动和调控过程中具有重要意义的基因家族。

鸡MHC首先作为血型群基因座被发现，也称为B复合体。鸡B血型基因座与基因控制组织相容性有关，它与核仁组织区（Nuclear organizing region，NOR）相连锁，高度多态，包含B基因座和Rfp-Y基因座两个基因座，它们均被定位于16号染色体上，但二者在遗传上不连锁。B-F/B-L区（非Rfp-Y基因座）含有已经研究清楚了的哺乳动物MHC的所有信号特征：它含有经典的Ⅰ类和Ⅱ类β基因，而且决定血清型同种抗原，快速同种异体移植排斥（Graft Versus Host，GVH），强烈的混合淋巴细胞反应（Mixed Lymphocyte Reaction，MLR）以及免疫应答中细胞的协同作用。B-F/B-L区也与鸡对某种特定传染性病原体的抗性或易感性密切相关。

鸡MHC是目前发现的具有丰富多态性的基因群，与各种疾病高度相关，是禽病免疫学研究和疾病防控技术研究的主要候选宿主基因。例如美国ADOL（The Avian Disease and Oncology Laboratory）根据MHC基因已经建立了多种近交系和同类系实验鸡群，为阐明包括多种肿瘤性疾病的致病机理和确定致瘤相关基因提供了不可代替的实验材料。

鸡MHC首先根据红细胞抗原反应来识别，于是首先出现了以一系列鸡同种异型免疫抗血清为工具的血清学方法来判定B单倍型。到1982年，已经用红细胞凝集试验识别了11种常见的单倍型（B2、B4、B5、B6、B7、B12、B13、B14、B15、B19和B21）和17种不常见的单倍型（B1、B3、B8、B9、B10、B11、B17、B18、B22、B23、B24、B25、B26、B27、B28和B29），还有一些重组单倍型。这些血清型反应是根据BG抗原和BF编码的Ⅰ类分子来确认的。然而，B单倍型特异的同种免疫抗血清的缺乏、不同单倍型之间的交叉反应以及不利于在远交群中判型都限制了血清学方法的应用，同时也不利于发现新的单倍型。从20世纪80年代开始，随着分子遗传学的理论和技术的飞速发展，产生了一系列高新技术手段来判定B单倍型，应用较广泛的有：限制性片段长度多态性（Restriction Fragment Length Polymorphism，RFLP）、随机引物扩增多态性DNA（Random Amplified Polymorphism DNA，RAPD）、扩增片段长度多态性（Amplified Fragment Length Polymorphism，AFLP）、微卫星DNA标记技术（Microsatellite DNA，Ms DNA）和单核苷酸多态性（Single Nucleotide Polymorphism，SNP）等。

2. 研究进展

中国农业科学院哈尔滨兽医研究所引进了京白鸡Ⅰ系、Ⅱ系的6个家系和京白Ⅲ系的

4 个家系，共 10 个家系，在选育过程淘汰了两个家系，一直到 F14 代维持的有 8 个家系。从 F1 到 F14 代，家系内传代方式采用循环交配法，从第十五世代起，采用最佳避免近交法交配（GB 14923—2001），每家系的公：母比例为 3 ~ 4：21。分别命名为 8 个家系，并净化了 19 种主要的禽病原微生物。以此家系为基础，采用 MHC 分子生物学微卫星分型方法和传统血清学方法建立了 6 种 SPF MHC 单倍型鸡群，分别为 B13、B15、B2、B5、B21 和 B19。

目前，国外已经建立起了许多 B 单倍型鸡群，并得到了广泛的应用。

The University of California-Davis：保存近 9 种 MHC 单倍型鸡，这些近交系培育了 30 多年，包括 UCD331（B2 单倍型）、UCD254（B15）、UCD380（B17）、UCD253（B18）、UCD335（B19）、UCD330（B21）、UCD312（B24）、UCD336（BQ） 和 UCD342（BC）。分别来源于白来航鸡、澳洲黑鸡、新汉普夏鸡和红原鸡等。

Northern Illinois University：保存的 MHC 单倍型鸡有完全明确的纯种系谱，繁育了多年。这些鸡常被用来制备抗血清，为 MHC 判型提供依据。主要有 NIU 和 Wisc3 品系，包括 12 种 MHC 单倍型，分别为 B2、B5、B6.1、B8、B11、B11.1、B12.3、B13、B19、B21、B27 和 B29。属于白来航鸡和安科那鸡。

The University of New Hampshire：保存的 MHC 单倍型鸡全部来源于新汉普夏鸡。独立分群饲养，根据血清学方法建群。UNH105 品系，包含 B22、B23、B24 和 B26。

Danish Institute of Agricultural Science 保存的 MHC 单倍型鸡培育了近 20 年，主要有 B2、B4、B6、B12、B13.2、B14、B15、B19、B19.1、B21、B130、B131、B201、BW1、BW3、BW4 和 BW11。主要来源于白来航鸡、白考尼什鸡和红原鸡。

ADOL：保存有一系列的 MHC 同类系鸡，在 70 年代晚期培育而成。当时，这些单倍型通常在商业白来航鸡中发现。主要有 B2、B5、B12、B13、B15、B19 和 B21。

Iowa State University（ISU）：来源于许多已知单倍型的部分或完全近交系，这些品系已经封闭饲养了近 40 多年，MHC 单倍型是通过血清学方法建立并繁育。大部分来源于白来航鸡，只有小部分来源于 Fayoumi 鸡。主要有 B1、B1.1、B1.2、B5.1、B6、B12.1、B12.2、B13、B15、B15.1、B15.2、B19 和 B21.1。

Hy-Line International：保存有许多商业品系，包括近 20 种 MHC 单倍型，有 B2、B5、B10、B12、B13.1、B15、B19、B21、B24、B29、B61、B62、B71、B72、B73、B74、B75、B76、B77 和 B78。主要来源于不同的褐壳蛋和白壳蛋品系。这些品系全部为独立的商业化品系，已封闭饲养超过了 30 代。主要是白来航鸡、罗得岛红羽鸡和白洛克鸡。

（六）媒介实验动物

媒介实验动物是指在实验室饲养，用于实验目的，在实验室饲养并成功传代的病媒生物（卫生害虫）种群，包括蚊、蝇、白蛉、蠓、蚋、蟑螂、蚤、虱、臭虫、蜱、螨等节肢动物，以及钉螺等软体动物，通常也包括鼠类等小型哺乳动物，本节媒介实验动物不包括小型哺乳动物。媒介实验动物是研究媒介生物生态学、相关传染病传播机制、评价杀虫药械、监测抗药性的基本实验材料。中国在该领域曾做出许多重要贡献，然而近年因不受重视、人才断层、经费不足等因素，媒介实验动物资源出现萎缩的现象，引起了我们重视。

1. 中国常用媒介实验动物资源

中国野生媒介生物种类众多，包括昆虫纲和蛛形纲中的蜱螨亚纲，如蚊虫有 302 种，蚤类 649 种（亚种），蜱 119 种，恙螨 500 余种，等等。与人类生活及传播疾病的种类虽然只是少数，但种类依然很多。中国在传染病媒介生物的驯化、饲养、应用方面做出许多重要贡献，为传染病防治提供了有力保障，但近些年随着传染病发病率下降，国家对媒介生物性传染病的不重视，各级机构追求经济利益，导致媒介实验动物饲养和应用出现明显下降。

我们在 2013 年调查了中国 45 个机构媒介实验动物种群饲养状况。这些机构包括各级疾控中心、部分研究机构和大学（不包括军队系统）。这些机构共饲养媒介实验动物 33 种，210 个媒介实验动物种群，不仅包括蚊、蝇、蜚蠊、蜱、蚤等传染病种类，还有包括家庭中的卫生害虫如臭虫、蚂蚁、白蚁、皮蠹、衣蛾、果蝇（表 2）。

表 2　中国媒介实验动物种类和种群数量

种类	种类	种群数量	种类	种类	种群数量
蚊类	9	74	臭虫	1	3
蜚蠊	5	71	蚂蚁	1	2
蝇类	2	37	白蚁	2	2
蜱类	5	7	衣蛾	1	1
蚤类	5	6	果蝇	1	1
皮蠹	1	6	合计	33	210

现有实验室媒介实验动物中蚊虫种类和种群数量最多，包括 9 种（亚种）74 个种群，其中有些种群属于同一实验室引种，但不清楚其是否与原种群产生遗传变异。致倦库蚊和淡色库蚊是中国南北方居民区主要蚊种，对居民骚扰危害大，可以传播丝虫病等传染病，因此是杀虫药械的主要防治目标，作为评价药械的受试昆虫，应用广泛，饲养种群数量大。白纹伊蚊在中国分布地域不断扩大，其对人骚扰危害越来越受重视，近年来对此研究较多，因此也有很多饲养种群。

家蝇、德国小蠊和美洲大蠊是居民区主要卫生害虫，随着中国各地卫生城市评比，对其防治药械评价和抗药性监测的需求较高。

中国重要疾病传播媒介生物如传播鼠疫的蚤类，传播利士曼原虫的白蛉，传播莱姆病、森林脑炎、新疆出血热、新布尼亚病毒的蜱类，传播恙虫病的恙螨没有或仅有少数种类。

2. 存在问题及未来发展趋势

（1）中国媒介实验动物种群数量较多，但近局限在种类较少，有些重要传病媒介没有实验室种群，如中华白蛉、全沟硬蜱、地里纤恙螨，尤其是中国鼠疫 28 个主要媒介蚤类，仅有 5 个种类。媒介实验动物的数量与中国传染病研究和控制的需求严重脱节，因此应该支持驯化与中国虫媒传染病相关的重要媒介生物，加大对重要种类保种和科研应用的支持力度。

（2）从目前情况看，中国各个实验室媒介生物来源复杂，既有直接从野外采集驯化品系，也有从其他实验室引种，有些种类甚至来源已经搞不清楚了。对已有的品系基本没有做过遗传、微生物背景的监测和研究，因此遗传、微生物基本不清楚。对媒介实验动物的遗传、微生物背景的检测尚无标准试验方法。

现有媒介实验动物种类以卫生杀虫药械评价为主，这些品系对杀虫剂的敏感性一般都做过检测，但各个种群对常用杀虫剂的敏感性存在较大差别，对评价结果可能造成影响。

（3）中国虽然已有的机构尝试媒介实验动物标准化饲养，但还没有制定标准化媒介实验动物标准，也没有制定标准化的检测技术。因此继续开展标准制定和检测技术的研究，规范养殖方法，规范检测技术，才能提供标准化的媒介实验动物。

（4）中国媒介实验动物资源基本已野外驯化种类为主，属于封闭群，很少开展进一步培育。有些实验室没有记录实验室饲养传代数，甚至完全自由生长，不控制传代。进一步的培育近交系、转基因动物领域尚属空白。应在此方面开发新实验动物资源。

媒介实验动物的饲养、使用方法粗放，有些方法甚至不符合伦理学要求，需要规范管理。同时加强媒介实验动物的实验室安全，建立安全规范，防范实验室安全风险。

（5）中国媒介实验动物的使用仍然是自产自用，缺乏实验室网络支持，完全没有市场化和商品化。这种情况下，很多实验室在研究课题结束后，实验动物便没有继续维持种群的必要，因此建立的实验室种群被迫中断饲养，造成实验动物新资源的难易持续利用，浪费财力和人力。因此，应该在国家层面建立媒介实验动物的全国和地区保种中心，建立实验动物资源的网络，整合资源共享平台。尝试建立商品化媒介实验动物生产的机制，推动标准化的媒介实验动物走向市场。

（七）水生动物

中国水生实验动物资源开发及相关研究工作接近 30 年，已有多个近交超过 20 代的群体，并培育出具独立知识产权的鱼类品系，其中，剑尾鱼、稀有鮈鲫、诸氏鲻鰕虎的实验动物化研究成绩可喜，培育出多个具独立知识产权的鱼类实验动物品系。四带无须鲃、鲫等透明品系以及文昌鱼等具应用前景资源的实验动物化研究也已开展。近年来，多个实验室从国外引进了斑马鱼、青鳉等水生实验动物品系，其应用涉及环境毒理学、发育学、生理学和内分泌学、药理学、生物医学等广泛的范围。在中国，有超过 200 家实验室利用斑马鱼作为研究重大疾病、重要组织器官发育、鱼类生理及遗传育种和环境安全评估的动物模型。国内建立了斑马鱼资源中心，保存多个斑马鱼品系，开展斑马鱼资源的收集、创制、整理、保藏和分享研究，可在此基础之上，建立国家公益性质的国家斑马鱼种子创制和保藏平台。

斑马鱼具有繁殖能力强、体外受精和发育、胚胎透明、性成熟周期短、个体小易养殖等诸多特点，且可以进行大规模的正向基因饱和突变与筛选，使其成为功能基因组时代生命科学研究中重要的模式脊椎动物，其使用正逐渐拓展和深入到生命体的多种系统的发育、功能和疾病的研究中。国内不同领域对斑马鱼的需求日益增多，据不完全统计，现已有250个以上的实验室利用斑马鱼开展相关科研工作，在基础生物学研究中也取得重要成果。同时，斑马鱼也在环境科学研究中得到良好应用，在领域相关研究论文统计中，斑马鱼是最为常用的实验材料。由于斑马鱼良好的应用优势和前景，陆续有不同的斑马鱼品系从国外带回，目前已有斑马鱼AB、Tuebingen、Tuebingen long fin等常用野生型品系4个以上，另有众多突变品系和转基因品系被保存或构建。但其实验动物化研究一直滞后。学者一再呼吁建立国家级的斑马鱼资源中心，以推动和发展斑马鱼作为标准化材料在中国不同领域中的使用。2006年，依托中国科学院上海生命科学研究院发育基地，整合中国斑马鱼主要研究力量，建立全国共享的斑马鱼模式动物研究技术和资源库，在上海和北京分别建立国家斑马鱼模式动物的南方北方中心，分别依托于中国科学院上海生命科学研究院以及北京大学和清华大学。2011年初，中国科学院水生生物研究所在科技部国家重大科学研究计划和中科院重点部署项目支持下，启动了斑马鱼资源中心（China Zebrafish Resource Center）建设，并于2012年10月10日举行揭牌仪式。中心定位为在科技部国家重大科学研究计划支持下建立的非营利性科研服务性机构，以斑马鱼研究资源的收集、创制、整理、保藏和分享为主要任务，服务于全国斑马鱼研究学者。斑马鱼资源中心将国内各位学者构建和保存的斑马鱼突变株、转基因品系，以及工具质粒、抗体等集中储存，供国内同行分享，以优化资源、避免重复，促进国内斑马鱼研究的发展和壮大，对于中国斑马鱼研究具有标志性意义。

（八）其他资源

1. 雪貂

雪貂（Ferret）是Linnaeus在1758年命名的一种家养鼬科肉食哺乳动物，生物学分类为脊索动物门、脊椎动物亚门、哺乳纲、食肉目、鼬科、貂属。雪貂的驯化历史已经超过两千年，作为工作貂饲养，用于狩猎和捕鼠，大约在500年前文艺复兴时期，欧洲驯化雪貂作为宠物。

雪貂的寿命6 ~ 10年，最长可达13年，繁殖期5 ~ 6年，9月龄性成熟，诱导性排卵。成年雄性雪貂体重1000 ~ 2000g，体长平均38cm；雌性雪貂体重600 ~ 1200g，体长平均约35cm。雪貂嗜睡，运动少，喜安静，警惕性高，喜群居，啃咬，藏食，好奇，应配置各种形状弯曲的管道作为玩具和活动场所。

雪貂的呼吸道上皮流感病毒受体与人类的类似，受流感病毒影响的方式与人类相同，发病过程和机体反应与人体相似，因此，雪貂对人流感病毒高度易感，是敏感的流感模型动物。在自然条件下，雪貂通过呼吸道吸入病毒的方式感染流感病毒，自 1935 年以来被作为研究流感的重要动物模型使用。雪貂对禽流感病毒也十分敏感。

目前国际上从事雪貂繁育销售以及相关产品研发的主要有美国的 Marshall 公司、丹麦的安格鲁公司。主要针对宠物市场进行相关的产品研发和销售，科学研究中所应用的雪貂，则主是要从宠物雪貂中经过相关的抗体筛查选取合适的个体作为实验用途。2009 年中国医学科学院医学实验动物研究所从美国 Marshall 公司引进雪貂开展实验动物化研究，建立 SPF 实验雪貂种群，成功实现雪貂的本土繁殖繁育。预期国内实验雪貂用量约 3000 只/年，实际用量约 1000 只/年，实际生产约 200 只/年。大部分用于实验的雪貂为宠物貂。

2. 旱獭

旱獭（Marmota）又叫土拨鼠（Woodchuck），在分类学上属于啮齿目（Rodentia），松鼠科（Rciuride），旱獭属（Marmota）。中国有四种旱獭：蒙古旱獭、长尾旱獭、喜马拉雅旱獭、阿尔泰旱獭。国际认可的实验用旱獭为北美土拨鼠。土拨鼠肝炎病毒（Woodchuck Hepatitis Virus，WHV）与人类 HBV 具有很高的相似性，广泛应用于人类乙型肝炎病毒感染的最理想动物模型。

土拨鼠体短身粗，长 37 ~ 63cm。颈部粗短，尾、耳皆短，耳郭黑色，趾部尖端具有尖锐强硬的爪子，前肢节一趾退化，适于挖洞。寿命可长达 15 ~ 20 年，繁殖年限为 10 ~ 15 年。土拨鼠有冬眠习性，草食。

1979 年，美国康奈尔大学在国立卫生院（NIH）资助下建立了土拨鼠饲养基地，自此开展了嗜肝病毒感染方面的研究，建立了乙肝病毒诱导的土拨鼠疾病动物模型。国内外近十年的研究，土拨鼠的病毒学、分子生物学、病理学等方面有了比较清楚的认识，并已应用于慢性嗜肝病毒感染后的药物筛选、疫苗研发等方面的研究。国内有机构开展喜马拉雅旱獭的驯养和实验动物化研究工作，进展缓慢。中国医学科学院医学实验动物研究所 2008 年自美国引进北美土拨鼠，开展繁殖建群工作。预期国内实验土拨鼠用量超过 10000 只/年，实际用量约 100 余只/年，实际生产约 100 余只/年，应予大力支持，才能满足需求。

中国在特有资源标准化方面取得一系列进展，东方田鼠的地方标准已发布，长爪沙鼠和树鼩的标准也在制定中。

（九）基因修饰动物

在基因工程小鼠研究方面，自 20 世纪 80 年代后期起中国科学家开始从事基因工程动物的研究工作，并在 90 年代先后开发了一批有价值的转基因小鼠，如人突变载脂蛋白转基因小鼠高脂血症模型、四环素调控的 HCV 嵌合体小鼠、hCG-PMLRARα、hCG-PLZF-RARα 和 hCG-NPN-RARα 人白血病转基因小鼠等。在基因功能研究和疾病模型开发方面，为了抢占基因改变小鼠研发在国际上的地位，设立了中国条件性突变小鼠计划（ChCOMM），通过4年的联合攻关，目前已完成超过150个基因敲除小鼠的研发工作，并建立从基因发现到基因突变小鼠研发，再到保存和共享利用的疾病小鼠模型研究体系。目前，中国已形成了南京的国家遗传工程小鼠资源库、上海的南方模式生物研究中心两个从事转基因小鼠、基因剔除小鼠和模式动物技术研发、服务的专业机构。同时，形成了具有特色的突变小鼠研发单位，如北京大学的胚胎干细胞研究，军事医学科学院的LoxP和Cre工具鼠，复旦的发育生物研究所的BP转座子定位突变基因技术，以及中科院上海生科院在免疫性疾病、代谢性疾病、传染病模型方面的研发等。随着近几年中国生命科学研究的迅猛发展，特别是Talens和CRISPR/CAS9等新技术的出现，基因工程小鼠的制备和应用方面也得到了快速的发展。目前已经有许多专门从事基因工程小鼠制备的生物技术公司，如南京大学—南京生物医药研究院、北京百奥赛图基因生物技术有限公司、赛业（广州）生物科技有限公司等。这些公司或单位在技术研发上投入了大量时间和精力，使得基因修饰小鼠资源的获得越来越容易，制作成本越来越低，2014年利用公司资源制作的基因修饰小鼠资源至少有600个品系。另外一些大型的研究机构也具备了小鼠模型的制备技术和相应的设施，每年有大量新的基因工程模型小鼠模型出现，为生命科学研究和生物医药的研发提供了重要的实验工具。

随着基因修饰小鼠制作方法的不断革新，制作过程越来越简单，技术壁垒越来越小，特别是Cas9/CRISPR技术的发展成熟，现在各大专院校的实验动物中心均建立起转基因中心，为本单位服务。由于技术的差异，各单位制作的小鼠品系数量出入较大，需求量较大且技术较好者每年可以成功制作50种左右，对基因修饰小鼠资源的增加也做出了贡献。

除此之外，大专院校归国人员从国外引进的基因修饰小鼠资源也比较多，在各单位实验动物中心保存的基因修饰小鼠品系数量逐年上升，比如清华大学实验动物中心共保存800余种，其中大部分均是清华大学教授所有。相信其他高院也会有相当多的基因修饰小鼠资源。截至2014年年底，至少25家单位共同参加了“中国遗传工程小鼠共享联盟”，超过700种基因修饰小鼠品系在此平台上进行共享交流，为中国基因修饰小鼠资源的共享提供了便利。

大鼠基因修饰的研究相对于小鼠要落后许多，直到2008年才建立起具有生殖细胞分化能力的大鼠胚胎干细胞，同小鼠技术路线一样，可以在大鼠干细胞水平进行同源重组介导的基因打靶，但至今只有DA大鼠的干细胞经过显微注射后并移植入F344才可以传代，而以其他大鼠品系为受体则无法成功。随着近年来新技术的出现，如Talens和CRISPR/CAS9技术，使基因修饰大鼠研究突飞猛进。2013年中科院动物所研究组首先利用CRISPR/CAS9技术成功制备了基因敲除的大鼠模型，随后多个研究组都利用该技术获得了基因敲除的大鼠模型，为大鼠作为实验动物的应用带来了非常大的促进作用。中国在武汉建立了大鼠基因修饰研究平台，制备了数十个大鼠模型，技术水平与世界同步，成为今后发展的制高点。

在基因修饰家兔研究方面，1985 年世界上第一例转基因家兔模型培育成功，该转基因家兔表达人生长激素基因。在开始培育基因修饰家兔时，由于表达蛋白质水平低、外源基因无功能或作用，但这些最初的研究却为利用基因修饰家兔作为替代模型研究人类疾病（如，动脉粥样硬化、代谢疾病、HCM 等）奠定了基础。利用显微注射方法制作转基因家兔与同样方法制作转基因小鼠过程相似，差异之处在于家兔受精卵直径约是小鼠受精卵两倍、但原核大小相似，家兔受精卵有一个厚厚的透明带，家兔细胞核对外源 DNA 的纯度似乎更敏感。转基因家兔培育不仅仅耗时，而且受很多条件限制。首先，外源 DNA 制备、供体胚胎产量、注射后胚胎存活率、妊娠率、产仔数等都是非常重要因素，Castro 和 Fan 等人最近综述认为，这些容易人为控制和改进。其次，是人们对转基因家兔阳性率、嵌合体（Mosaic）、外源基因不表达以及异位表达（Ectopic expression）缺乏足够的了解，影响制作效率。根据西安交大刘恩歧课题组的经验，通过原核显微注射 DNA 培育转基因家兔效率（转基因仔兔数 / 总仔兔数）在 0.5% ~ 5% 之间。也有人提出雌、雄原核同时注射外源 DNA 可以增加转基因兔的生产效率，但有待进一步验证。“睡美人”（Sleeping beauty，SB）转座子（Transposons）是第一个证明能够在脊椎动物细胞中有效换位的转座子，SB 转座子基因传递具有许多优点，如，简单、安全、廉价、受体基因永久插入、还可以转更大、更复杂外源基因。SB 转座子原核显微注射法成为转基因家兔构建的新方法。2002 年，利用体细胞核移植技术获得第一只克隆家兔，此后，其他实验室也成功克隆了家兔。虽然核移植效率低，但通过体细胞核移植可以培育转基因家兔。除了上述方法，也可通过精子介导法培育转基因家兔，逆转录病毒载体介导的转基因方法也有报道。精子和逆转录病毒载体介导的基因转移似乎比显微注射更容易、更有效，但是，这些技术仅仅被应用于方法验证上，在人类疾病基因修饰家兔模型应用研究上还未见其应用。

随着具有划时代意义 DNA 编辑工具的出现，可以完全不依赖于 ES 细胞而实现基因特异性敲除。依靠特定核酸酶识别特定 DNA 序列，然后像“分子剪刀”（Molecular Scissors）一样在动物基因组中产生高效的双链断裂（Double-Strand Breaks，DSB），使靶基因功能性消失或用于基因组 DNA 序列特定位点的整合。ZFNs、TALENs 和 CRISPR-Cas9 正是基于以上原理发展起来并带来革命性变化的新技术。Tatiana 等设计了两对针对家兔 IgM 外显子 1 和 2 的 ZFNs，并将构建好的 ZFNs 基因显微注射到家兔受精卵原核，成功抑制了家兔 IgM 基因。Yang 等在研究中将 ZFNs mRNA、家兔靶向 apo-CIII 基因注射于对家兔受精卵胞质中，发现 ZFNs 是产生 KO 家兔有效方法。由于 ZFNs 采用较短的识别序列以及专利保护等导致 ZFNs 在靶序列选择和应用上受到限制。将效应子蛋白与 FokI 核酸酶催化域融合表达产生 TALENs，通过分别识别靶位点上下游序列两条 TALENs 将其定位至特定基因靶位点，酶切产生 DSB，诱发 NHEJ 导致基因插入或删除突变，从而制作出 KO 动物，是 TALENs 技术基本原理。Song 等设计了一对针对家兔 RAG 基因第 1、2 外显子 TALENs，通过胚胎显微注射 TALENs mRNA，成功地获得 RAG KO 家兔模型。基于 CRISPR/Cas9 原理，研究者们设计了一套用于基因修饰编辑的工具，利用 guide RNA（gRNA）代替互补的

crRNA，与 Cas9 一起发挥作用产生 DSB。利用 CRISPR/Cas9 系统，研究者已经成功在哺乳动物细胞中实现了基因突变，在 Cas9 和 gRNA 共同作用下在成功诱导特异性 DNA 识别、产生 DSB、诱导 NHEJ 发生。Yang 等利用该技术同时敲除 4 个基因位点（CD36，LDLR，RyR2，apoE），是使用 CRISPR/Cas9 构建 KO（Knock-Out，基因敲除）家兔第一例成功报道。CRISPR/Cas9、ZFNs 和 TALENs 在 KO 效率上差距并不明显，但 CRISPR/Cas9 系统要更加简单，操作方便。很显然，得益于新近发展的 DNA 编辑技术（特别是 CRISPR/Cas9），不依靠 ES 细胞也可以培育 KO 家兔模型，用于生物医学研究。可以预见，在不久的将来，依靠这些新技术，组织特异性 KO 家兔模型也将培育成功，大大丰富基因修饰家兔模型资源。世界上不同研究小组创建了 10 余种 KO 家兔模型。随着这些新技术不断改进和优化，更多的、更新的、更精确的 GM 基因家兔模型将会产生。不编码蛋白质的小 RNA（MicroRNA，miRNA），或是长非编码 RNA（Long noncoding RNA，lncRNA）也将被引入到基因修饰家兔研究中，培育 miRNA 或 lncRNA KO 或基因敲入家兔将成为可能。此外，使用新基因修饰技术建立可以建立拟人化家兔模型，将会使人类疾病更加深入。我们相信，未来基因修饰家兔将成为生物医学研究不可或缺的动物模型，必将为研究人类疾病发生发展的分子机制、寻找切实可行预防、诊断和治疗措施提供帮助。

中国在基因修饰家兔制作和脂代谢研究方面开展了卓有成效的研究。家兔脂蛋白代谢和心血管特性与人类相似，与生物医学研究中使用最广泛的小鼠模型相不同：①家兔与人类脂蛋白谱相似（LDL 丰富），与小鼠不同（HDL 丰富）。②家兔的肝脏不能编码 apoB48 mRNA，像人的肝脏一样只能合成 apoB2100，而小鼠肝脏既能产生 apoB2100，又可以合成 apoB48。因此，小鼠的 apoB48 既存在于肝源性极低密度脂蛋白（VLDL）中，也存在于肠源性乳糜微粒之中，而人类的 apoB48 只存在于人的乳糜微粒之中。③家兔与人类血浆中有丰富 CETP，小鼠缺乏 CETP。④胆固醇饮食可以容易诱导家兔动脉粥样硬化，而大多数小鼠品系抵抗。⑤与小鼠相比，家兔缺乏与人相似的 apoA-II 且具有较低的 HL 的活性。家兔与小鼠以上差异，暗示在研究脂蛋白代谢与动脉粥样硬化方面，家兔是一个独特的动物模型。

灵长类动物的基因修饰研究难度比较大，但中国近几年的研究取得了突破性进展。2010 年，中国科学家们成功运用猴源慢病毒载体（Simian Immunodeficiency Virus，SIV）携带绿色荧光蛋白（GFP）基因，培育出国内首例转基因猕猴，标志着国内灵长类动物转基因平台的建立。2014 年初，中国学者运用 TALENs 技术获得了 MECP2（甲基 CpG 结合蛋白 2）基因突变的猕猴和食蟹猴。同时在对新生小猴和流产胎儿的数千份样品的检测分析结果均证实了没有脱靶效应的存在，也没有 TALEN 质粒的整合，充分说明了利用 TALENs 系统对猕猴和食蟹猴的基因组进行定向改造是十分可行的。这是采用 TALENs 技术成功构建的首个人类疾病转基因灵长类动物模型。此外，中国另外一个研究组也已经采用 TALENs 技术获得了一只 MECP2 突变的雄性食蟹猴，并且在出生后不久就夭折了。两个报道的区别在于一个利用 TALEN 质粒，而另外的报道利用 TALEN mRNA 进行注射。这些研究表明利用 TALENs 开展灵长类动物基因组精确编辑是可行的，未来有望能被更多地用于构建其他疾病的灵长类动物模型。

同样在 2014 年初，中国学者成功运用 CRISPR/Cas9 系统培育出了基因定点编辑的灵长类动物，获得了一对实现了多位点基因敲除的双胞胎食蟹猴。这是 CRISPR 基因编辑技术在灵长类动物的首次应用，更为重要的是，该项研究实现了在一个步骤中对两个目的基因的同时敲除。在对新生小猴的脐带、胎盘提取了 DNA 样本进行检测分析之后，并没有发现脱靶现象的存在。这一研究的成功也意味着对一些由多基因控制的复杂疾病（例如帕金森氏病）建立基于修饰的动物模型已成为可能。我们还对流产胎儿的生殖系细胞通过单细胞测序技术证实生殖细胞也实现了基因突变，由此也首次证明了由 CRISPR 技术介导的基因突变可以实现生殖系传递。

鱼类实验动物胚胎体外发育的特点以及惊人的繁殖力，是研究基本生物学问题的绝佳材料。鱼类易于进行显微注射等操作，遗传操作简便，在转基因品系构建中优势明显。国内众多实验室已有较好的鱼类转基因技术平台，斑马鱼、唐鱼、黄颡鱼、青鳉、罗非鱼已有多个转基因品系问世，其中尤以斑马鱼最为成熟，各转基因品系的使用正逐渐拓展和深入到生命体的多种系统的发育、功能和疾病的研究中，除了常规的转基因技术，增强子诱捕、启动子诱捕、基因诱捕等几种特殊的转基因方法也得到良好应用。目前，斑马鱼资源中心（China Zebrafish Resource Center）活体保存的斑马鱼转基因品系超过 100 个；各斑马鱼实验室通过引进或自主构建的方法，都保存有多个转基因品系，国内转基因斑马鱼品系将在 300 个以上。与斑马鱼比较，其他鱼类品系规模小，系统性也不强。

斑马鱼是目前唯一进行大规模饱和诱变的脊椎动物，包括中国在内的不同实验室进行了多次的大规模的 ENU 化学诱变研究，并筛选获得了大量的斑马鱼突变体。在鱼类基因敲除尚未发展时，Hopkins 反转录病毒插入突变数据库、高通量反转录病毒插入诱变计划、zfishbook 插入突变数据库等计划也为斑马鱼研究提供非常丰富的遗传资源，并为研究其分子机制创造了条件。

基于小鼠等哺乳动物发展的基因敲除技术并不适用于鱼类。近年来，ZFN、TALEN、CRISPR-Cas9 等基因敲除技术在鱼类上得到发展，应用上也显示出哺乳类动物无法比拟的优势，为鱼类基因大规模敲除提供重要的技术支撑，从技术上分析，大部分鱼类基因突变体的产生只是个时间的问题，为鱼类实验动物在生命科学创新研究和规模化资源获得提供契机，极大地推动水生实验动物在生命科学创新研究的应用。

中国多家实验室通过优势联合，于 2013 年 2 月 29 日成立“斑马鱼 1 号染色体全基因敲除联盟（ZAKOC：Zebrafish All Genes KO Consortium for Chromosome 1）”，从 1 号染色体入手，以期实现斑马鱼所有基因的敲除。打造一个由中国科学家主导、多国科学家共同参与的国际项目。目前，斑马鱼 1 号染色体上的 1418 个基因已大部分敲除。项目意义在于将首次在多细胞模式动物中实现大规模、系统性的整条染色体基因敲除，或可成为模式动物资源快速发展的重要模式。基于斑马鱼基因组资源数据分析和基因敲除技术成熟的基础上，项目采用大规模、高效率研究模式，加快资源研制的步伐，充分体现基因工程动物资源研究的后发优势，不失为可借鉴的快速发展模式。

目前，斑马鱼1号染色体敲除计划以产生超过1000个的基因敲除品系。目前国内掌握鱼类基因敲除技术的实验室超过40个，除了1号染色体之外，各实验室还敲除了各自感兴趣的基因，估计目前国内基因敲除斑马鱼品系在1500个以上。

国内黄颡鱼、罗非鱼、文昌鱼等基因敲除技术也已成熟，但由于参与的实验室少，其品系资源较为有限。

三、国内外比较及问题分析

（一）实验动物资源不足，自主创新能力不强

虽然国家已建立了相关的种子中心、种源基地和遗传小鼠资源库，也培育出一些具有中国自主知识产权的动物品系，但还远远不能满足科技发展的需要。单从数量上讲，在基因剔除动物模型资源方面，中国和国际相比是1∶20，在用于重大疾病机制研究的动物模型方面，中国与国际比是1∶8，差距十分明显。

中国具有丰富的野生动物资源，一些资源在比较医学研究中取得了相当大的进展，例如东方田鼠在抗血吸虫方面，树鼩在人类乙型、丙型肝炎病毒研究方面，长爪沙鼠在脑缺血研究等方面都显现出良好的应用前景，急需系统研究，尽快实现实验动物标准化和繁育规模化，为人类健康和公共卫生安全发挥积极作用。

（二）实验动物资源研发力量薄弱

实验动物资源研发需要较大的投入和较长的周期，由于科研经费资助偏少、缺乏连续性；已培育成功的动物新品种品系因后续力量不足而夭折，令人惋惜。研发人员不稳定，流动性大，力量不强。致使许多有开发前景的资源无法进行系统研究和标准化，研究成果无法转化为有效资源，影响了中国生命科学的发展。

在SPF鸡研究方面，国外许多单位已开展了研究，建立了各种MHC单倍型鸡品系，如美国衣阿华州立大学、捷克布拉格分子遗传研究所、英国苏格兰爱丁堡家禽研究中心、英国国家家禽研究所、美国农业部地区家禽研究所、美国加利福尼亚大学等。而国内仅有中国农业科学院哈尔滨兽医研究所开展了研究。国外已经用红细胞凝集试验识别了11种常见的单倍型（B2、B4、B5、B6、B7、B12、B13、B14、B15、B19和B21）和17种不常见的单倍型（B1、B3、B8、B9、B10、B11、B17、B18、B22、B23、B24、B25、B26、B27、B28和B29），还有许多重组单倍型和同类系。国内仅有中国农业科学院哈尔滨兽医研究所通过分子生物学方法和血清学方法建立了6种单倍型（B13、B15、B2、B5、B21和B19）。

国外已将各种单倍型作为实验动物应用到各种领域进行研究，如基础免疫研究，疫苗评估，肿瘤学和传染病研究等。国内由于建立的单倍型较少限制了应用，仅有中国农业科学院哈尔滨兽医研究所部分课题组利用单倍型作为实验动物开展基础研究。国外已将培育成的单倍型鸡作为产业化进行保种应用。国内仅有中国农业科学院哈尔滨兽医研究所将 6 种单倍型进行保存，保种规模为每种单倍型 20 多只。国外同一种单倍型有多种品系，如来自白来航鸡、澳洲黑鸡、新汉普夏鸡、红原鸡、罗得岛红羽鸡和白洛克鸡等。国内 6 种单倍型均只有一种品系，来自京白鸡，属于白来航鸡的一种新品系。

（三）实验动物资源信息化和共享程度低

中国实验动物资源信息量不足，资源数据库不完善。实验动物种质资源数量不足和信息数字化程度不高，严重影响了实验动物种质资源的共享。

由于缺乏相关的政策法规、共享机制和技术标准，以及管理体系等方面的问题，多年来以国家投入为主研发、保存的有限实验动物资源难以实现最大程度的全社会共享，因有效利用率低导致资源浪费；重复引进和重复研究导致时间和资金的浪费。

（四）实验动物生产规模化和社会化程度不高

中国经过近三十年的发展，实验动物产业化逐步形成规模，虽然年供应量达 2000 万只以上，但总体上规模化、社会化程度低，自繁自用的居多。以常用的大小鼠为例，年产 100 万只以上的单位仅有几家，没有形成全国性的供应网络；猕猴的规模化生产是起步较早、以出口为主的产业化代表，目前存栏量在 1 万只以上的厂家不足十家，主要分布在广东、广西、云南、海南等地。

四、实验动物资源发展策略

（一）扩大实验动物资源的数量和种类，提高对生命科学支撑能力

实验动物种质资源十分丰富，从线虫、果蝇到黑猩猩，国际上已经具备的实验动物有 200 多个物种，中国经常使用的小鼠、大鼠、豚鼠、家兔、犬等 30 多物种类，疾病动物模型资源约 700 个品系。中国经过多年的实验动物资源建设，先后建立了国家啮齿类、兔类、禽类、犬类、非人灵长类，遗传工程小鼠资源库和数据资源中心等七个种质资源中心，初步建立了实验动物种质资源框架。应继续加强对这些种质资源中心的扶持力度，采取科学的评估激励机制，促进国家种质资源中心健康发展。同时，选择有基础、运行机制良好的实验动物繁育供应基地，逐步建立起包括水生动物、小型猪等的实验动物种子中心和种源基地，解决科学研究所需要的常用实验动物的种源问题。

进一步加强国家实验动物遗传资源库整合和共享，整合目前国内已有实验动物遗传资源，强化和完善常用实验动物品种资源的种子中心建设，建立以 7 ~ 10 个国家实验动物种

质资源中心及20～30个功能独特的实验动物种源单位共同形成的实验动物遗传资源共享服务体系。在此基础上，通过研究开发、自主创新、国际合作等不同方式，不断扩大资源种类。

在常用实验动物繁殖生产方面，重点扶持若干标准化实验动物产业化基地、社会化服务基地的建设，同时强化实验动物质量标准控制的研究。

在自发突变动物资源建设方面，着力加强动物表型和基因型分析以及高水平实验动物育种人才的培养和队伍建设。

在现有基础上加大资源研制国际共享资源积累和保存力度，实现每五年翻一番的增长。实验动物物种达到六十种以上，基因工程动物达到五千种以上，疾病动物模型2000种左右，解决实验动物资源贫乏的问题，基本满足中国生命科学与医药研究等领域的需求。

（二）加强特有动物资源标准化和应用研究，提升资源研究和应用水平

中国在特有资源研究方面取得一系列成绩，也是中国资源开发的突破口，今后重点应加强标准化、规范化和共享体系建设，提升资源研发和应用水平。

一是在前期研究的基础上继续深入开展小型猪、雪貂、土拨鼠、树鼩、果蝇、猫、羊、毛丝鼠、高原鼠兔、东方田鼠、长爪沙鼠、旱獭、裸鼹鼠、非人灵长类、鱼类、鸟类、昆虫、媒介生物等具有医学研究价值的各类实验动物资源的实验动物化以及生物学数据化研究，提高标准化程度，建立相应的资源开发与种质资源保存基地以及规范、高效的实验动物种质资源共享体系，丰富中国实验动物的物种资源，提高共享效率和标准化程度，促进中国生物医药产业和生命科学研究的迅猛发展。

二是结合人类重大疾病、器官移植、新药创制等生物医药研究迫切需求为导向，运用基因遗传修饰、诱发突变、现代遗传育种、基因组学、蛋白组学、表观遗传学等技术，以新型实验动物、小型猪、非人灵长类为重点，开展动物模型的制备、评价、表型分析，以及比较医学信息资源库，为医学研究、新药创制等提供多品种（系）、多病种、多病因、多表型的人类疾病动物模型资源。

三是结合疫苗生产和生物医药研究需要，开展MHC单倍型鸡的培育。由于SPF鸡的遗传背景模糊，对研究结果具有严重的干扰性，作为实验动物用于科学研究具有一定的局限性。MHC单倍型鸡以MHC基因作为特定基因，将其进行分类，排除了个体基因差异对试验造成的影响，其应用范围更广，因此建立特定的MHC单倍型鸡群在竞争激烈的市场上处于有利位置，具有巨大的市场需求。

（三）强化基因修饰动物研发和表型分析平台建设

1. 建立大小鼠表型分析平台和共享体系

尽管中国目前已经掌握了基因修饰小鼠模型制备的能力，并且模型的数量快速增加，但是在小鼠资源的统一管理和资源共享方面还没有完善的管理体系，严重影响了小鼠模型

在科学研究中的应用，特别是资源共享方面，没有统一的管理机构，造成了资源的极大浪费。大鼠基因修饰的研究方兴未艾，更需要统筹协调，建立分工与合作相统一的研发共享体系和表型分析平台，加快发展速度，形成国际领先的研发应用体系，引领世界基因修饰研究发展。另外，在人才培养方面也需要进一步加强，需要培养一大批相关专业的管理和技术支撑人员，从而保证基因修饰大小鼠模型在生命科学相关研究中的有效利用。

2. 加大支持力度确保大鼠和猪等特色动物基因修饰研究处于国际领先地位

大鼠已经成为新一轮基因工程模型资源国际竞争的热点。世界各国基本上在一个起跑线上，是我们发展的突破点，形成国际领先的大鼠基因工程研究，带领中国神经系统科学、脑科学和认知科学、代谢系统疾病和药物安全评价方面的创新。

猪作为器官供应和生物发生器的主要实验动物，也是农业“转基因新品种培育”重大专项研究的重点。在未来几年，实验动物科学与农业合作，加快建设“模式动物表型与遗传研究”国家重大科技基础设施，加大基因工程猪的研究，占领国际制高点。

实验动物的人源化是利用基因工程技术将人类基因导入动物替代动物本身的基因，使动物具有了一定的人的特性。中国在这方面具有一定的研究基础，需要持之以恒，才能结出硕果。动物人源化具有巨大的经济价值，是医药研究和相关产业的研究热点。

应继续加大这些研究的支持力度，保持领先优势，开创中国基因修饰动物资源开发新局面。

3. 强化非人灵长类动物在基因修饰研究上的不断创新

灵长类动物在生物医学研究领域所扮演的角色是其他物种所无法比拟的，灵长类基因编辑研究从最开始随机插入的荧光蛋白标志基因，到真正造成人类遗传性疾病的致病基因，从对单一位点的改造，到多位点的定点突变，先后经历十多年时间。在今天即使是 TALENs 和 CRISPR 技术，也尚处在研究初级阶段，有许多问题有待研究和改进，例如如何在灵长类动物上实现外源基因的定点敲入，或是进一步提高打靶效率以获得纯合的转基因后代。另一方面，运用核移植（nuclear transfer，NT）技术获得克隆的转基因动物是最为直接可靠的方法，这在一些物种已经是十分成熟的技术，但在灵长类动物尚无成功的报道。随着诱导性多能干细胞（Pluripotent stem cells，iPSCs）和一些细胞重编程方法的发展，目前科学家已经能够获得灵长类动物的克隆胚胎干细胞系，灵长类 iPS 细胞系也已经被建立。未来将基因定向编辑技术与核移植嵌合体等技术结合起来，将有望更加高效地建立灵长类动物模型，并逐步开展治疗性克隆等研究。同时，随着技术的不断更新和改进，人类疾病灵长类动物模型的建立终将为科学家们深入研究疾病机理和探索新的疾病治疗手段提供更多可能。国家应在这方面加大支持力度，推动技术创新，力争取得重大技术突破，做出令世界瞩目的成果，为人类攻克疾病提供强大的技术手段。

总之，在今后的工作中，我们要根据中国生命科学领域的整体需求，既要继续利用好从国外引进的实验动物资源并不断引进新的实验动物种系，更要积极开发利用中国特有的实验动物种质资源；不仅满足常规工作需要，而且积极适应和支持科学技术自主创新工作。未来一段时间至少需要五千到六千种基因敲出和转基因的大小鼠、斑马鱼、果蝇等模式动物资源，实验动物疾病模型资源引进 10 ~ 20 个物种，为生物医药科技发展和生命科学研究提供国际水平的支撑，为人类健康保驾护航。

—— 参考文献 ——

[1] 徐平. 实验动物资源开发、保存和共享利用 [J]. 中国比较医学杂志，2011，21（10，11）：48-56.

[2] 岳秉飞. 实验动物资源开发，引进，共享，供应 [J]. 中国比较医学杂志，2011，21（10，11）：45-47.

[3] 孙伟，汤球，赵善民，等. 裸鼹鼠人工饲养繁殖初步研究 [J]. 实验动物与比较医学，2013，33（4）：296-300.

[4] 赵善民，崔淑芳. 裸鼹鼠生物学特性的研究进展 [J]. 实验动物与比较医学，2013，33（5）：400-405.

[5] 张璐，袁子彦，赵善民，等. 裸鼹鼠生长发育指标及主要脏器系数正常参考值测定 [J]. 实验动物与比较医学，2013，33（6）：473-476.

[6] 赵善民，孙 伟，汤球，等. 裸鼹鼠血液生理生化及尿常规值的测定 [J]. 实验动物与比较医学，2013，33(6)：469-472.

[7] 袁子彦，赵懿宁，张璐，等. 裸鼹鼠心脏显微结构与超微结构观察 [J]. 实验动物与比较医学，2013，33(5)：383-387.

[8] 袁子彦，赵懿宁，张璐，等. 裸鼹鼠肝脏显微结构与超微结构观察 [J]. 实验动物与比较医学，2013，33(5)：373-377.

[9] 袁子彦，赵懿宁，张璐，等. 裸鼹鼠肺脏显微结构与超微结构观察 [J]. 实验动物与比较医学，2013，33(5)：378-382.

[10] 张璐，赵懿宁，袁子彦，等. 裸鼹鼠 I. C57BL / 6J 小鼠肾脏结构及超微结构比较 [J]. 实验动物与比较医学，2013，33（5）：388-394.

[11] 赵善民，赵懿宁，汤球，等. 裸鼹鼠胸腺、脾脏及淋巴结解剖学、组织学与超微结构研究 [J]. 实验动物与比较医学，2013，33（5）：395-399.

[12] 赵善民，肖邦，余琛琳，等. 裸鼹鼠骨骼标本的制作及其形态学观察 [J]. 实验动物与比较医学，2013，33（6）：493-498.

[13] 袁子彦，汤球，孙伟，等. 裸鼹鼠与 C57BL / 6J 小鼠骨骼肌结构与摄氧能力比较 [J]. 实验动物与比较医学，2013，33（6）：487-492.

[14] 林丽芳，王洪，赵善民，等. 裸鼹鼠生化位点的初步研究 [J]. 实验动物与比较医学，2013，33（6）：477-480.

[15] 顾为望，刘运忠，唐小江，等. 西藏小型猪血液生理生化指标的初步研究 [J]. 中国实验动物学报，2007，15（1）：60-63.

[16] 李洪涛，顾为望，袁进，等. 实验用西藏小型猪原代和第一代间部分血液指标比较 [J]. 郑州大学学报（医学版），2008，43（1）：63-65.

[17] 李洪涛，顾为望，袁进，等. 亚热带气候环境下西藏小型猪部分血液生理生化指标的比较 [J]. 中国实验动物学报，2006，14（4）：311-314.

[18] 曾昭智，刘运忠，任丽华，等. 西藏小型猪在广州地区生长繁殖性能的研究 [J]. 猪业科学，2006，(8)：76-77.

[19] 龚宝勇，刘运忠，曾昭智，等. 广州地区西藏小型猪的繁殖行为学表现 [J]. 中国实验动物学报，2006，14（4）：315-317.

[20] 赵乐，刘运忠，曾昭智，等．西藏小型猪 F1 代与 F0 代生长繁殖性能的比较［J］．中国实验动物学报，2007，15（1）：64-66.

[21] 顾为望，曾昭智，刘运忠，等．F1 代西藏小型猪早期生长发育特点［J］．中国实验动物学报，2006，14（4）：307-310.

[22] 李金泽，曹桂荣，岳敏，等．西藏小型猪 H-FABP 基因 PCR-RFLP 研究［J］．中国实验动物学报，2008，16（3）：201-205.

[23] 张建明，曹桂荣，王玉珏，等．西藏小型猪 SLA-DQ 基因外显子 2 的 PCR-RFLP 多态性分析［J］．实验动物与比较医学，2008，28（2）：90-94.

[24] 付艳艳，顾为望，刘运忠，等．西藏小型猪线粒体 D-loop 区及微卫星多态性的遗传学分析［J］．中国实验动物学报，2006，14（4）：318-321.

[25] 黄辉煌，杨列，陈卫军，等．中国版纳小型猪近交系肝脏的应用解剖［J］．第三军医大学学报，2004，26（3）：217-219.

[26] 施赫赫，陈淦，刘科，等．融水小型猪的实验动物化系列研究概述［J］．中国比较医学杂志，2015，25（3）：86-89.

撰稿人：岳秉飞　代解杰　顾为望　季维智　曲连东　高彩霞　崔淑芳　常　在
高　飞　刘恩岐　李凯彬　刘云波　陈振文　唐小江　刘起勇　李贵昌
陈　航　宋铭晶　孔　琪　朱德生

实验动物标准化及管理发展研究

一、引言

1988 年《实验动物管理条例》发布以来，我国实验动物行业开始实行统一的法制化、标准化管理体制。经过 20 余年的规范发展，我国实验动物质量和动物实验质量的法制化、标准化管理已经具备了较为完善的组织机构体系、法规标准体系和质量保障体系，建立了由中央政府主管部门和地方主管部门牵头分级管理的工作机制，围绕着提高实验动物质量这一中心工作，各级实验动物管理机构依法行政、按规管理，与技术质量检测机构、种源基地和社会化生产的提升有机结合，逐步形成了较为完备的实验动物质量保障体系。政府主导推动的管理模式有力地促进了我国实验动物质量和动物实验质量的迅速提高以及全行业的健康发展。

与实验动物发达国家相比，全国统一的实验动物质量法制化标准化管理体制是我国实验动物管理的特色和优势。然而，我国在实验动物福利伦理法制化标准化管理建设方面，较为薄弱，处于起步阶段，实验动物的福利伦理管理的法规、政策和标准体系和管理水平明显落后，与发达国家存在较大的差距。这将是我国实验动物学科及行业“十三五”期间发展的重点领域。

二、国家标准化体系

1994 年国家技术质量监督局首次颁布了啮齿类和兔类实验动的国家标准；1999 年，颁布了 SPF 鸡微生物学监测的国家标准，2001 年根据我国实验动物发展的实际需求，对该标准进行了修订，增加了实验用猫、犬、猴微生物学和寄生虫学监测等级标准；2008—2010 年，主管部门又颁布和修订了部分国家标准。目前，我国常用实验动物的国家标准体系框架已基本建立，这对推动我国实验动物科技能力发展和提升行业管理水平发挥了巨大的作用。

目前，我国现行实验动物标准主要关注实验动物的微生物、寄生虫、营养、遗传和环境质量的控制等方面。但对实验动物质量控制十分重要的病理学标准（学界称为实验动物质量判断的“金标准”），对实验动物直接接触的饮水、垫料、笼器具、动物玩器具等动态环境质量控制以及实验动物福利伦理因素，都缺少统一的国家标准，部分现行标准的质量控制指标仍缺乏科学的实验数据支持，大型实验动物和发展十分迅速的水生实验动物国家标准尚未建立，实验动物标准的上述缺陷亟待完善。

在国际上，实验动物的福利审查和实验动物的质量控制是实验动物行业管理的两大主题。在发达国家，实验动物的管理主要集中在实验动物的福利伦理的监管。而对于实验动物的质量管理他们强调由企业自行负责和发挥优胜劣汰的市场调控机制。

在中国，实验动物的微生物、寄生虫、遗传、营养和环境质量标准化，是行业管理的核心，由政府部门进行监管。而实验动物的福利伦理管理的标准体系的研究和管理水平明显落后，与发达国家存在较大的差距。

2008 年以来，我国实验动物质量国家标准发展和变化情况，详见表 1。

表 1　2008 年以来我国新颁布的及作废的实验动物国家标准

序号	标准号	标准名称
1	GB 14923-2010	实验动物 哺乳类实验动物的遗传质量控制（2011 年 10 月 1 日实施）
	GB 14924.3-2001	实验动物 小鼠大鼠配合饲料（2011 年 10 月 1 日作废）
2	GB 14924.3-2010	实验动物 配合饲料营养成分（2011 年 10 月 1 日实施）
	GB 14924.4-2001	实验动物 兔配合饲料（2011 年 10 月 1 日作废）
	GB 14924.5-2001	实验动物 豚鼠配合饲料（2011 年 10 月 1 日作废）
	GB 14924.6-2001	实验动物 地鼠配合饲料（2011 年 10 月 1 日作废）
	GB 14924.7-2001	实验动物 犬配合饲料（2011 年 10 月 1 日作废）
	GB 14924.8-2001	实验动物 猴配合饲料（2011 年 10 月 1 日作废）
	GB 14925-2001	实验动物 环境及设施（2011 年 10 月 1 日作废）
3	GB 14925-2010	实验动物 环境及设施（2011 年 10 月 1 日实施）
4	GB 50447-2008	实验动物设施建筑技术规范（住房建设部、国家质检总局联合发布）
5	GB/T 14924.10-2008	实验动物 配合饲料 氨基酸的测定
6	GB/T 14926.10-2008	实验动物 泰泽病原体检测方法
7	GB/T 14926.21-2008	实验动物 兔出血症病毒检测方法
8	GB/T 14926.46-2008	实验动物 钩端螺旋体检测方法
9	GB/T 14926.47-2008	实验动物 志贺菌检测方法
10	GB/T 14926.56-2008	实验动物 狂犬病病毒检测方法
11	GB/T 14926.57-2008	实验动物 犬细小病毒检测方法
12	GB/T 14926.58-2008	实验动物 传染性犬肝炎病毒检测方法
13	GB/T 14927.1-2008	实验动物 近交系小鼠、大鼠生化标记检测法
14	GB/T 14927.2-2008	实验动物 近交系小鼠、大鼠免疫标记检测法
15	GB/T 18448.2-2008	实验动物 弓形虫检测方法
16	GB 14922.2-2011	实验动物 微生物学等级及监测
17	GB/T 27416-2014	实验动物机构 质量和能力的通用要求

期间，还发布了部分行业标准和地方标准。

目前，我国《标准化法》正在修订中，就已经公布的修订草案，有两项重要的变化：一是国家将鼓励依法成立的社会团体可以制定发布团体标准，供社会自愿采用。二是对强制性标准的设立加强了管理，只有涉及安全等重大领域才可以设立国家强制性标准，而地方标准和行业标准不再设立强制标准。因此，中国实验动物学会今后将在制定和发布团体标准的新领域，有更大的作为；对原来实验动物国家标准中的强制性条款将面临着重要的研究和修订任务。

三、实验动物质量控制

（一）发展概况

目前，我国实验动物质量控制的标准化检测体系整体水平不高，检测能力有待提升。尽管我国已建立的国家级和21个省级实验动物质量检测网络，在实验动物质量评价、疾病诊断与预防控制等方面发挥了重要作用，但检测机构能力水平参差不齐，一些机构在检测设备、人员素质、管理体系、设施与环境、检测能力以及对新检验规则的适应性等方面存在着诸多问题。检测技术标准、规范指南等指导性文件仍然不够完善；新技术、新方法和新指标的更新和推行效率不高；检测方法、试剂标准化和商品化程度低，与发达国家相比存在巨大差距，检测结果的可信度和准确性差。因此，对具备资质的定点实验室组织周期性的能力验证和技术评估，对保证实验室检测结果的准确性、公正性和可比性，确保许可证管理制度实施的权威性至关重要。

（二）实验动物质量检测机构的能力提升

为了保持实验动物检测机构的能力，不断提高检测水平，目前是通过内部审核和外部检查进行验证，确保质量保障体系的有效运行。内部审核是一种自我检查的手段，通过定期或不定期对实验室检测活动进行全面或某一专项检查，旨在发现质量保障体系运行中存在的问题，及时进行纠正，避免检验结果的偏离或错误。外部核查分为主动的和被动的方式，无论是实验室资质认定还是实验室认可，在有效期间进行定期或不定期的监督评审，其目的是为了证实获准认可实验室在认可有效期内持续地符合认可要求，并保证在认可规则和认可准则修订后，及时将有关要求纳入质量体系。监督评审包括现场监督评审和其他监督活动。为保证检测和校准结果质量，实验室应制订质量控制计划，包括参加外部能力验证计划和内部质量控制计划。下面主要对实验室的复评审、国内外能力验证计划等进行阐述，这些是提升实验室能力水平的重要环节。

1. 检测实验室认可及复评审

实验动物检测实验室的能力，可通过评估及复评审进行认可。复评审是指中国合格评定国家认可委员会（CNAS）在认可有效期结束前对获准认可机构实施的全面评审，以确定是否持续符合认可条件，并将认可延续到下一个有效期。复评审的其他要求和程序与初次认可一致，是针对全部认可范围和全部认可要求的评审。评审组长应对纠正措施的有效性进行验证。复评中发现不符合时，被评审方在明确整改要求后应拟订纠正措施计划，提交给评审组，整改期限一般为两个月，对影响检测结果的不符合，要在一个月内完成。评审组长应对纠正措施的有效性进行验证。

其有效期约为 5 年。每个实验室在准备复评审时需要对检验参数进行全面梳理，提供各参数检验经历报告，以备审查。对检测较少的项目，应确定是否保留这些参数，如果继续保留检测能力，就要提供至少一次的检验报告。

监督评审是在一个有效期内的一个时点，通常是中间，进行检查，目的与复评审相同。复评审和监督评审均可以申请扩大范围，简称扩项。扩项时不仅要提供符合认可准则的相应条件，还要提供方法转移、验证的证据，提交检验报告。

按照《检测和校准实验室能力认可准则在实验动物领域的应用》之管理要求，特别对培养基和试剂提出要求：

实验动物质量检测实验室，应建立和保持有效的适合试验范围的培养基（试剂）质量控制程序。实验室不得使用不符合要求的培养基。关键培养基的评估，必须采取技术性验收，可参考 SN/T 1538.1《培养基制备指南第 1 部分：实验室培养基制备质量保证通则》。

实验室用于实验动物诊断的试剂，要提供所用试剂的说明，在使用前必须经过证实，证明能够满足检测方法规定的要求，检测报告中说明试剂盒的来源和批号。

目前，关于方法选择和确认，是按照“国际动物卫生组织（OIE）规定或推荐的方法和我国国家标准方法为实验室标准方法。有关国家或组织（如欧盟、美国、加拿大、澳大利亚和新西兰等）使用的官方（农业部或兽医部门）确认的方法、我国农业部或国家质检总局确认的方法为不须确认的非标方法。”

测量溯源性，实验动物质量检测实验室必须保存有满足试验需要的标准菌种或参照标本。实验室应有文件化的程序管理标准菌种（从原始菌种到日常工作用菌）。

标准物质（参考物质）实验室应尽可能使用有证标准物质，如果使用的菌种、毒种、血清、细胞和其他诊断试剂等无法溯源，实验室要有文件化程序确保其质量稳定。

检测和校准物品（样品）的处置，实验室制定的样品控制程序应包括对检测样品和验余样品的弃置规定，确保样品中病原微生物和寄生虫不会传播扩散。

样品贮存设备应足够保存所有的实验样本，并具备保持样本完整性和不会改变其性状的条件。在实验样本需要低温保存时，冷冻冷藏设备必须有足够的容量和满足样本保存所要求的条件。

检测和校准结果质量保证，实验室应制订质量控制计划，对外部质量控制和内部质量控制活动的实施内容、方式、责任人做出明确的规定；对内部质量控制活动，计划中还应给出结果评价依据。

2. 国内检测实验室间的能力验证

能力验证是指利用实验室间比对确定实验室的校准/检测能力或检查机构的检测能力。实验室间比对是指按照预先规定的条件，由两个或多个实验室对相同或类似被测物品进行校准/检测的组织、实施和评价。两者侧重点略有不同，都是实验室质量控制的重要手段。

为了增加实验动物质量检测实验室间的技术交流，提高检测质量水平，近些年来，不同实验室间开展了多项实验室间比对，取得了较好效果。其中以国家实验动物质量检测中心为主，连续3年开展比对实验，成为常态化质量控制活动，促进了实验动物行业发展，为今后实施质量公报制度奠定了坚实基础。2014年我们组织了三项经CNAS批准的比对项目，包括实验动物粪便中金黄色葡萄球菌检测、实验小鼠肾匀浆中酯酶-3检测、兔血清中兔出血症病毒抗体检测项目。参加单位28个，覆盖了我国实验动物行业的主要省市，地域分布见表2。表3是三项比对的结果汇总，从中可以看出金黄色葡萄球菌检测，有6个实验室不合格，占21.4%；兔出血症病毒抗体检测有3家单位不合格，占15%；遗传中酯酶-3检测有1个实验室不合格，占10%。

结合历年来的结果，可以看出我国实验动物检测机构检测能力参差不齐，检验报告不规范，技术人员经验与水平有待提高，检测网络体系尚不完善。这些问题一方面需要主管部门的大力支持，另一方面需要我们不断创新工作方式，积极进取，提高检测技术水平。

表2　2014年实验动物质量检测实验室间比对参加单位地域分布情况

地区	单位数	地区	单位数
北京	4	河南	1
辽宁	1	四川	2
湖北	2	山东	2
江苏	3	黑龙江	1
上海	2	湖南	1
广东	2	陕西	1
河北	1	浙江	1
新疆	1	云南	1

表3　2014年实验动物质量检测实验室间比对结果汇总

项　目	参加单位	满意结果	不满意结果
实验动物粪便中金黄色葡萄球菌检测	28	22	6
实验小鼠肾匀浆中酯酶-3检测	10	9	1
兔血清中兔出血症病毒抗体检测	20	17	3

3. 与国际参比实验室的能力验证

目前，除国内实验室间比对外，国际实验动物科学协会（International Council for Laboratory Animal Science，ICLAS）每年组织各国实验动物检测实验室进行能力验证，完善质量检测网络，以推动全球实验动物质量水平的提高。国际比对是检验实验室能否达到国际水平，进入国际实验动物检测网络的前提条件。我国先后有实验室参加国际参比实验室的能力验证项目，既检验了实验室的能力水平，又显示了我国实验动物质量检测实验室参与国际检测网络的积极性，成为国际实验动物质量检测网络一员，从而在国际竞争中占有一席之地。据不完全统计的结果，我国参加的实验室均取得了较好的成绩。ICLAS 能力验证计划是自愿参加，可选病毒学、微生物学项目或者组合项目，收取成本费。按要求及时反馈结果，组织方对所有参加实验室的结果进行汇总评价，并反馈给参加的实验室。样品可以是血清、动物组织、粪便等，也可以是 DNA 或 RNA 样品。不指定检测方法，参加的实验室进行盲检，难度比较大。虽然 ICLAS 给出了能力验证的样品库，但并不完全局限于这些样品，需要检测实验室全方位考虑样本可能是哪种病毒或细菌。

表 4 是 2012 年大小鼠微生物学能力验证样品库，供实验室相关人员参考。与国际实验室相比，我们的检测标准和项目不同，许多项目我国国标中不要求检测；检测方法和技术水平有一定差距；需要我们积极跟踪国际动物质量检测技术的发展，加强能力建设，提高检测水平。

表 4　ICLAS Laboratory Animal Quality Network ICLAS PEP SPECIMEN LIBRARY 2012

Mouse			
Agent		Sera	Micro.
Normal	中文名	☑	
MPV	小鼠细小病毒 Mouse Parvovirus	☑	☑
MHV	小鼠肝炎病毒 Mouse hepatitis virus	☑	☑
Ectromelia	鼠痘病毒 Ectromelia virus（Ect.）	☑	☑
LCMV	淋巴脉络丛脑膜炎病毒 Lymphocytic Choriomeningitis Virus	☑	☑
Sendai	仙台病毒 Sendai virus（SV）	☑	☑
M. pulmonis	肺炎支原体 Mycoplasma pulmonis	☑	☑
Helicobacter	螺杆菌		☑
P. pneumotropica	嗜肺巴斯德杆菌 Pasteurella pneumotropica		☑
Salmonella	沙门氏菌		☑
C.bovis	牛棒状杆菌 Corynebacterium bovis		☑
S.aureus	金黄色葡萄球菌 Staphylococcus aureus		☑
MNV	鼠诺沃克病毒 Murine norovirus	☑	☑
Hantaan	汉坦病毒汉坦型 Hantavirus Hantaan	☑	
MVM	小鼠微小病毒 Minute virus of mouse	☑	☑
S. choleraesuis	猪霍乱沙门氏菌 Salmonella choleraesuis		☑
H.hepaticus	肝螺杆菌 Helicobactel hepaticus		☑
Streptococcus agalactiae	无乳链球菌		☑
B. bronchiseptica	支气管鲍特杆菌 Bordetella bronchiseptica		☑
C. rodentium	柠檬酸杆菌 Citrobacter rodentium		☑

续表

Mouse			
Agent		Sera	Micro.
Normal	中文名	☑	
A. muris	小鼠放线杆菌 Actinobacillus muris		☑
GD7	小鼠脑脊髓炎病毒 Theiler's mouse encephalomyelitis virus（TMEV/GDV II）	☑	
Citrobacter freundii	弗氏柠檬杆菌		☑
Serratia marcensens	粘质沙雷氏菌		☑
Staphylococcus xylosus	木糖葡萄球菌		☑
Klebsiella oxytoca	产酸克雷伯菌		☑
Pneumocystis murina	小鼠源肺孢子菌		☑
REO3	呼肠孤病毒 III 型 Reovirus-3	☑	
P. multocida	多杀巴斯德杆菌 Pasteurella multocida		☑
Staphylococcus sciuri	松鼠葡萄球菌		☑
CARB	呼吸道鞭毛杆菌 Cilia-associated respiratory bacillus（CARB）	☑	
Polyma	多瘤病毒 Polyoma virus（POLY）	☑	
Burkholderia cepacia	洋葱伯克霍尔德菌		☑
RTV	大鼠疑似泰勒氏病毒 Theiler's-like virus of rats	☑	
Adenovirus	腺病毒	☑	

Rat			
Agent		Sera	Micro.
Normal	中文名	☑	
RPV	大鼠细小病毒 Rat Parvovirus	☑	☑
RMV	大鼠微小病毒 Rat minute virus	☑	☑
SDAV	大鼠涎泪腺炎病毒 Rat Slalodacryoadenitls Virus	☑	☑
Sendai	仙台病毒 Sendai virus	☑	☑
M. pulmonis	肺支原体 Mycoplasma pulmonis	☑	☑
Toolan H1	大鼠细小病毒 H-1 株 Rat parvovirus（H-1）	☑	☑
E. cuniculi	脑胞内原虫 Encephatitazoon cuniculi（ECUN）	☑	
A. hydrophila	嗜水气单胞菌 Aeromonas hydrophila		☑
P. multocida	多杀性巴氏杆菌 Pasteurella multocida		☑
B. bronchiseptica	支气管鲍特杆菌 Bordetella bronchiseptica		☑
C. rodentium	柠檬酸杆菌 Citrobacter rodentium		☑
A. muris	小鼠放线杆菌 Actinobacillus muris		☑
KRV	大鼠细小病毒 KRV 株 Kiham rat virus	☑	
Clostridium piliforme	泰泽病原体	☑	
Corynebacterium kutscheri	鼠棒状杆菌		☑
Klebsiella oxytoca	产酸克雷伯菌		☑
Streptococcus agalactiae	无乳链球菌		☑
RCV	大鼠冠状病毒 Rat Coronavirus	☑	
Stenotrophomonas mal-tophila (ATCC strain)	嗜麦芽寡养单胞菌		☑

（三）实验动物质量检测方法的研究

实验动物质量控制，目前包括对实验动物进行临床、遗传、微生物、寄生虫、病理、营养等健康指标检测及环境保障，予以确认其质量是否合格。通常主要进行遗传检测保证品种、品系质量以及微生物、寄生虫检测保证相应等级和避免人员感染的风险。实验用动物遗传控制尚未健全，其微生物、寄生虫质量控制重点应是动物自身病原和人兽共患病病原。同时充分考虑动物源性新发或再发人兽共患病病原的控制，如雪貂感染的流感病毒，禽类来源的 H5N1、H7N9，猪来源的 H1N1 等病原。

目前国家标准中，病毒性病原主要通过血清学检测，方法主要为酶联免疫吸附剂测定（ELISA）、免疫荧光法 (IFA)、免疫酶染色法（IEA），同时有血凝试验、血凝抑制实验等；细菌、寄生虫检测大多使用病原学检测，如培养、生化等方法，寄生虫主要是直接采样观察。这也是它们生物学特性决定的。在 2008—2011 年修订国标中，加入了少数成熟的聚合酶链式反应（PCR）检测方法，遗传检测也做了调整。

实验动物质量检测，遗传上确保每个个体保持品系、品种不变，其检测方法随着分子生物学技术的发展也越来越精密；微生物和寄生虫的检测应该是动态的，是通过检测达到监测的目的。检测技术的敏感性、特异性、适应性是检测方法的重点，同时，随着新病原的发现，相应检测技术的开发和应用也是重要组成部分。

1. 微生物检测新方法的研究

（1）病原微生物的核酸检测技术

随着生命科学技术的发展，有越来越多的技术被应用于实验动物的微生物检测。分子生物学技术的应用展现了其特殊的适用性。基于聚合酶链式反应的核酸扩增技术是病原检测的基础。传统的病原分离技术时间周期长，分离难度大，检测的灵敏性较差。而同样是针对病原的检测，由于 PCR 技术特有的灵敏度，对于微量的病原体就可以实现检出。如今应用核酸探针的实时定量 PCR 技术提高了检测的特异性，灵敏度等可以更好的得到评估，目前在欧美等国家的实验动物生产机构核酸检测技术已经被应用于实验动物致病微生物的初步筛查，以及对检疫期动物的检测。

美国 Charles River 公司将核酸检测方法应用于动物微生物的检测，开发了 PRIA（PCR Rodents Infectious Agent）体系，其原理仍为基于探针的实时定量 PCR 技术。该方法具有高通量的特点，是实验动物生产机构以及专业从事实验动物质量检测机构的高效检测方法。使用核酸检测方法可以对动物的粪便、皮毛、口腔拭子以及环境采集样品进行检测，采样方便，可以减少动物的牺牲，减少动物的使用，也更加符合实验动物的福利要求。我国对该项技术的开发与应用相对落后，但在技术上却没有壁垒。我国的科学家应该有能力建立自己的高通量快速核酸检测体系。

基于核酸的检测技术也包括一些芯片检测，其原理同样的是基于核酸的互补与杂交。这些技术具有高通量的特点，在系统的敏感性和特异性的方面也能有效评估，是今后检测技术的发展方向。

我国近5年在实验动物微生物核酸检测方法领域开展了一系列研究。使用百度学术搜索对“实验动物微生物核酸检测”进行检测，2009年之后国内发表的文章近2000篇：国内的研究机构针对不同动物、不同病原体进行了核酸检测方法的研究，中国药品生物制品检定所针对猴B病毒、小鼠肝炎病毒、小鼠诺如病毒等进行了核酸检测技术的研究，也与其他检测方法进行了比对，对核酸检测方法的敏感性和特异性进行了评估；中国医学科学院医学实验动物研究所应用环介导等温扩增等新技术进行了尝试。我国的实验动物国家标准已将将核酸检测方法作为推荐手段用于弓形虫等病原体的检测（GB/T 18448.2—2008 实验动物——弓形虫检测方法）。

（2）高通量的血清学检测技术

病原微生物经典的检测方法为微生物的有效分离和鉴定。然而这种方法检测周期长，特别是对病毒病原体，检测灵敏度相对较低。核酸检测方法是针对病原核酸物质的病原检测，较之病原分离的方法其检测周期短，由于聚合酶链式反应的应用其检测灵敏度也大幅提高。然而大部分实验动物感染的大多数病原体为一过性感染，动物多不发病，或是感染后及时自愈。病原体呈现潜伏感染状态，即使应用灵敏度高的核酸检测方法，也无法有效检测。这种感染状态一方面影响动物的质量，特别是对动物免疫应激状态的影响，而且潜伏感染的忽视容易引起群体性感染。但是动物感染致病微生物，体内的免疫应答会导致动物体内在相当长的一段时期内存在针对该病原的特异性抗体。因此血清学检测技术在实验动物微生物感染评估中的作用仍不可替代。动物感染动物的初期免疫应答的抗体水平低，无法有效检出(窗口期)。血清学检测可以对感染窗口期之后的样品做出评估。

经典的血清学检测技术有免疫凝集、免疫凝集抑制、酶联免疫法、免疫酶法以及免疫荧光法等。这些方法在检测方法的敏感性和特异性方面存在差异，在检测的适用性上各有特点，在实际应用中互为补充。但是面对众多的被检测样品，人们希望能够有高通量的检测技术。ELISA检测技术具有一定的高通量处理能力，但是一次检测仅能针对一项病原。而近年国外开展了应用发光微珠的检测技术，对不同的病原体抗原物质使用不同颜色的发光微珠，从而可以实现对同一样品多个病原体的检测一次实现，也可对同一类病原不同株系的病原进行检测：经典的ELISA方法过去对MHV检测时MHV仅作为一项指标，而MHV存在不同的病毒株，现在Charles River公司开发的MFIA方法可以对MHV的三个不同的病毒株在一次测试中实现分辨。

该项技术，并不对我国的检测机构开放，存在一定的技术壁垒。我国的科学家也在试图开发该项技术，但是这些工作仍处于早期阶段，而开发新的抗原物质是克服技术壁垒的关键。我国的科研人员对实验动物微生物检测方法的也进行了探索，使用天然病毒颗粒抗原、重组表达抗原、合成多肽类抗原进行了抗原稳定性、抗原的敏感性和特异性的研究。同时也在尝试使用光化学技术建立新的微生物检测方法。例如中国医学科学院医学实验动物研究所针对仙台病毒的NP蛋白应用跨叠多肽阵列的技术筛选出来敏感性高、特异性强的仙台病毒多肽类抗原物质。类似技术积累将有助于我国高通量血清学检测技术的突破。

2. 遗传质量控制检测新方法的研究

我国对于实验动物的遗传性状通过国家标准的形式进行了要求。在过去的 5 年，新版的《实验动物哺乳类实验动物的遗传质量控制》GB 14923—2010 颁布实施，代替 GB 14923—2001。在新版的国家标准中增加了对染色体置换系、核转移系等特殊近交系、遗传修饰动物的说明，并对封闭群动物提出检测要求。在遗传检测方法上除了生化标记检测，还提出使用免疫标记检测，同时准许使用毛色基因测试、下颌骨测量、染色体标记、DNA 多态性以及基因组测序的方法进行检测。

（1）小鼠 H-2 单倍性微量细胞毒检测技术

早在 2004 年，岳秉飞等就对小鼠 H-2 单倍性微量细胞毒检测技术进行了研究。该技术利用了免疫遗传学中主要组织相容性复合体的系统，不同品系近交系小鼠在 H-2 复合体组成不同，其 H-2 的单倍型可被特异抗体识别，而通过微量细胞毒法对 H-2 复合体的 D 区和 K 区进行鉴别。在国家标准《实验动物近交系小鼠、大鼠免疫标记检测法》GB 14927.2—2008 中增加了小鼠 H-2 单倍性微量细胞毒检测技术。

（2）微卫星新的遗传标记

对于实验动物的遗传稳定性评估，经典的检测方法是针对同工酶的检测。这些方法目前仍被国际大多机构应用。同时，分子生物学方法已经开始广泛用于传遗传标记。这些遗传标记被应用于遗传作图。同样的，由于一些实验动物采用近交或是封闭群繁殖技术，人们也可是使用这些遗传学标志对近交系及封闭群的动物的遗传性状进行评估。分子标记广泛存在于基因组的各个区域，通过对随机分布于整个基因组的分子标记的多态性进行比较，就能够全面评估研究对象的多样性，并揭示其遗传本质。利用遗传多样性的结果可以对物种进行聚类分析，进而了解其系统发育与亲缘关系。分子标记的发展为研究物种亲缘关系和系统分类提供了有力的手段。在实验动物领域应用较多的是微卫星标记。我国的科学家已经尝试使用微卫星标记对实验动物的遗传性状进行评估，陈振文等利用 PCR 扩增技术采用 39 个多态性微卫星 DNA 位点对近交系大、小鼠和封闭群猕猴群体进行了 DNA 多态性的分析，对比了恒河猴和食蟹猴群体间等位基因数目的差异。同时我国科学家也对犬、家兔等动物进行了微卫星遗传性状的研究。这些技术也将成为实验动物遗传质量控制的备选方案。

3. 其他相关的进展

（1）对于环境微生物的检测以评估实验动物的质量

实验动物的设施设备在我国的国家标准中在一定条件下对微生物水平有一定要求。比如对于屏障设施的静态检测对于沉降菌要求在 30min 直径 90mm 培养皿检出菌落数要低于 3 个，而隔离环境不能有沉降菌检出。但在设施运行之后，由于有动物的活动，对于沉降菌的检测就不合理了。对于实验动物使用的水和饲料在使用前多做灭菌处理，然而，在于实验动物接触后，实验动物周围的环境就受到动物本身生活的影响。实验动物外周环境的微生物一定程度上可以反映实验动物自身携带的病原体情况。实验动物使用过的垫料、粪便以及笼架具就成为微生物采集的对象。

某些消化道传播的病原体，可对动物粪便以及垫料等进行检测，减少样品采集造成的动物牺牲。并不是所有的病原体都可以通过外界环境采样进行检测。一些病原体在体外存在时间短，在一定的检测周期中可能被漏检，而且有些病原体并不会在体外环境中存在。因此针对环境的微生物检测不能完全替代动物样品的检测。但是一旦在环境中发现了致病微生物，实验动物的微生物质量就极可能受到影响。因此环境微生物的采样和检测是实验动物质量控制的又一窗口。

（2）哨兵动物

为了对实验动物的微生物质量进行监测，需要对活体动物进行采样。我国国家标准规定了生产繁殖群体在进行微生物监测时抽检样品采集的方法。在采样频率、动物年龄、采集数量、采样位置等做出了较为详细的规定。但是，对于实验动物的使用机构，以及一些特殊的实验动物生产设施，当没有足够动物（如：仅有少量动物且全部用于实验）用来做检测时或同一个饲养单元中没有合适的动物用于做检测（如：免疫缺陷动物的血清学检测会导致漏检）的情况下，如何采集活体动物样品就成为一个问题。

此时，哨兵动物是较为合适的监测方法。实验动物学中所指的哨兵动物来源于实验动物，其使用目的不是用于动物实验，而是为了监测实验动物群中病原微生物。选取合适哨兵动物，将其放置在一定条件下或被饲养在特定位置，而这些位置最有可能是病原传染的区域，使哨兵动物感染疾病的概率增加。此时哨兵动物作为检测样本，其微生物状况可以反映群体中病原传播。

目前由于独立送风笼架具（IVC）的使用越来越广泛，在此环境中的实验动物自身微生物质量的检测就成为一个问题。设置哨兵动物在 IVC 设施内动物微生物质量监控中是一个不可替代的方法。对哨兵动物用旧垫料方法、废气方法或是同时使用两种方法可以对 IVC 系统中的微生物感染情况做出监测。

目前哨兵动物的设定没有统一施行的国际标准，我国更是没有在质量控制标准的角度进行相关研究。哨兵动物其使用和设置需根据实验而定，哨兵动物本身的微生物质量、动物的遗传背景、与免疫应答能力相关的年龄等因素，监测方法如何选择（间接接触或是直接接触）等都必须考虑。我国在此领域研究相对较少，急需进行相关方法的测试和方法学研究。

对于实验动物的微生物质量控制，一方面，科学家在努力开发准确高效的检测方法；另外，科学家对动物的病原感染情况也在开展一些调查。有些病原体在较长的一段时期内在某一地区不再检出，就可以降低该病原体的检测频率，例如过去小鼠对仙台病毒实施每季度进行一次检测，而在欧洲实验动物科学联合会（FELASA）在 2014 年发布的建议中，仙台病毒的检测频度降低至每年进行一次检测。随着科学研究的发展，也有一些新发现的病原体，比如小鼠诺如病毒。我国制定的实验动物国家标准实际上是一个对实验动物的基本要求，或是最低要求。每个实验动物生产和使用单位应结合经济因素、科学因素等，根据需要制定各自的实验动物检测方案。我国在实验动物产业发展过程中在此领域也应积极摸索。

（四）资源动物的实验动物化和质量标准化

1. 资源动物的概况

开发和培育实验动物目前主要采用两策略，一是利用现已广泛使用的标准化实验动物，采用传统的遗传育种技术和现代的基因工程技术，培育具有新的生物学特性的实验动物与人类疾病实验动物模型，二是通过野生动物等资源的实验动物化，从野生动物资源中筛选出具有潜在生物医学研究应用价值的品种，进行实验动物化培育，建成新型的实验动物。

野生动物和经济动物是人类很多传染病重要的来源，某些动物存在感染人类的传染病的可能性，这些动物可能提供了十分有价值的人类传染病动物模型；野生动物许多独特生物学性状也为制备新型的人类疾病实验动物模型提供了可能。因此一些野生动物具有在科学研究应用的可能性，这些动物被认作资源动物，以期培育成实验用动物、实验动物。实验动物资源是国家生命科学领域研究、开发的重要科技资源，特别是我国特有的野生动物。实验动物资源的合理利用是生命科学领域包括生物医药科技创新的基础和保障。

然而对于大部分资源动物，对其基本性状的研究较少，远未达到标准化实验动物的水平。对资源动物自身基本特性的研究，以及实验动物化的研究十分重要。

2. 资源动物实验动物化的研究

目前实验动物化水平较高的仍然只有啮齿类动物的大鼠和小鼠。这两种动物研究历史悠久，通过近交品系、封闭群的培育，其自身的遗传性状相对稳定，人们对其微生物的质量控制已经形成相应的体系。虽然我国国家标准将其他的几种啮齿动物以及家兔、犬以及猴列为实验动物，但是由于动物背景资料积累仍较少，动物的不均一性在实验动物微生物控制中带来一定阻力。

资源动物的实验动物化主要包括对其遗传质量的控制和对其携带微生物的控制。许多动物其生态位与人类既有交集，又存在差别，其自身携带的微生物可能对其自身健康没有影响，但是在与人类接触后一旦传播给人类可能造成人类严重疾病；有一些微生物可能对人和动物均存在致病性，被称作人兽共患的病原体；也有一些是只对动物自身致病的微生物；还有一些微生物，对动物没有明显危害，但会干扰动物自身生理、生化指标的稳定性。这些微生物在资源动物的实验动物化过程中都需要进行有效控制。

尽管存在如此多的困难，我国资源动物的微生物感染谱的调查仍在前行中，近年小型猪的微生物控制标准是有代表性的成果。

（1）小型猪的实验动物地方标准制定

2001 年制定的上海地方标准（DB31/T 240—2001）中，对于普通级要求控制的微生物包括了口蹄疫病毒、布氏杆菌、体外寄生虫、弓形虫，清洁级动物增加伪狂犬病毒，无特定病原体的动物增加支气管败血波氏杆菌和猪痢疾螺杆菌。

2011 年北京市制定了小型猪地方标准（DB11/T 828.1—2011），普通级的小型猪需要排除口蹄疫病毒（Foot and mouth disease virus）、猪瘟病毒（Classical swine fever virus）、猪繁殖与呼吸综合征病毒（Porcine reproductive and respiratory syndrome virus）、乙型脑炎病毒（Japanese encephalitis virus）、布鲁氏菌（Brucella spp）、皮肤病原真菌（Pathogenic dermal fungi）、钩端螺旋体（Leptospira spp）。而清洁级动物增加排除伪狂犬病病毒（Pseudorabies virus）、猪痢疾蛇样螺旋体（Serpul- Mahyodysenteriae）、支气管败血波氏杆菌（Bordetella bronchiseptica）、多杀巴氏杆菌（Pasteurella multocida）和肺炎支原体（Mycoplasma hyopneumoniae）。而 SPF 级小型猪增加排除猪细小病毒（Porcine parvovirus）、猪圆环病毒 2 型（Porcine circovirus type 2）、猪传染性胃肠炎病毒（Porcine transmissiblegastroenteritis virus）、猪水泡病病毒（Swine vesicular disease virus）、猪胸膜肺炎放线杆菌（Actinobacillus pleuropeumoniae）、沙门氏菌（Salmonella spp）猪链球菌 2 型（Streptococcus suis type 2）。

江苏省和湖南省近年也制定了小型猪的地方标准。这些标准的制定以及执行对我国小型猪的微生物质量控制以及实验动物化进程有积极意义。

（2）雪貂在流感病毒研究中的应用

雪貂（Mustela putorius，furo ferret），又名地中海雪貂，属鼬科，首次用于流感病毒感染动物模型是在 1933 年，之后被用于研究流感病毒的各个方面，是目前为止已知的对流感病毒较为敏感的动物模型。我国将雪貂应用于科学研究较晚，近年禽流感等疫情促使我国科学家应用雪貂开展了一系列研究。建立了 H5N1、H3N2、H7N9 等流感病毒株的雪貂感染动物模型。对于雪貂作为实验动物的质量控制，我国也对雪貂动物微生物质量进行了初步调查，例如对雪貂葡萄球菌和空肠弯曲杆菌的分离和鉴定等。然而在欧美等国家，雪貂的实验动物化，特别是微生物质量控制相对领先。美国对于雪貂自然条件下感染的传染性病原体包括螺杆菌、细胞内细菌、结核分枝杆菌等细菌性病原体；阿留申病毒、犬瘟热病毒、流行性卡他肠炎冠状病毒等病毒性病原体以及一些真菌和寄生虫均作为控制的项目，而用于流感研究的动物还必须排除各类流感病毒。

随着雪貂在生命科学研究中的应用越来越广，我国急需开展雪貂实验动物化过程中对其自身微生物质量以及遗传稳定性的研究工作。

（3）重要的实验动物化进展

我国是世界上野生动物种类最为丰富的国家之一。进行实验动物化研究较有代表性的动物包括：树鼩、布氏田鼠、东方田鼠、长爪沙鼠、灰仓鼠、非人灵长类动物、小型猪等。我国还有许多野生动物资源具备成为人类疾病动物模型的特质，野生动物实验动物化研究将长期成为我国实验动物科学发展中的重要内容之一。

1）树鼩实验动物化研究进展

树鼩 (Tupaia belangeris，Tree Shrew) 是食虫目动物，进化上与灵长类动物关系密切。

树鼩在我国云南、广西、广东、海南以及东南亚等地自然分布。它可以感染某些人类致病病原体，成为“实验动物的新星”，已被广泛应用于人类医学实验研究的诸多领域。一些危及人类生命健康与安全的重大疾病的预防研究，已经离不开树鼩的这个特殊动物模型的作用，如人类丙型肝炎病毒 (Hepatitis C Virus , HCV) 的动物模型。树鼩的许多病毒感染特性与人类相似，树鼩能感染人类甲肝、乙肝、丙肝、轮状、疱疹、腺、棒状及副粘等病毒。2014 年中国医学科学院医学实验动物研究所建立了树鼩结核分枝杆菌感染动物模型。然而树鼩本身的实验动物化水平仍相对滞后。

中国科学院昆明动物研究所在 1991 年就出版了《树鼩生物学》。昆明动物研究所通过对树鼩饲养环境及设施、微生物、寄生虫和配合饲料等的不断探索改进，已形成规范的饲养管理体系，实现了树鼩的标准化人工驯养繁育，并于 2012 年 10 月通过树鼩生产和使用许可证认证。2010 年实验动物树鼩的云南省地方标准颁布《实验树鼩云南省地方标准》——《DB53/T 328.1-328.5—2010 实验树鼩》。然而研究中使用的树鼩大多来自野外或驯化后代，它们的年龄和遗传背景等因素导致个体差异，创建遗传背景清晰、稳定的树鼩品系十分重要。2013 年，中科院昆明动物所与华大基因研究院等单位合作完成的破译树鼩基因组，通过树鼩（Tupaia belangeri chinensis）全基因组测序及比较基因组分析，阐明了其系统分类地位和相关生物学特征的遗传基础，尤其是树鼩用于若干重要疾病如 HBV、HCV 感染以及抑郁症模型创建的遗传学基础。该研究将能推动树鼩应用于生物医药的系统研究。

2）布氏田鼠的实验动物化研究

布氏田鼠（Lasiopodomys brandtii）又名布兰特松田鼠，在分类上属于啮齿目的松田鼠属，是典型的草原鼠种。此前对于布氏田鼠的研究主要侧重于生理和生态方面，国内实验室曾建立布氏田鼠的普通级实验室种群。布氏田鼠携带鼠疫耶尔森氏菌、巴斯德菌、沙门氏菌病、土拉伦菌病和多种病毒性病原体，对其进行实验动物化，要进行微生物、寄生虫以及遗传控制。

布氏田鼠是我国特有实验动物资源，中国医学科学院医学实验动物研究所建立了布氏田鼠封闭群。对该种群布氏田鼠的生物学、解剖学、组织学、血液学以及生殖，繁殖学和遗传学性状进行了初步研究。对布氏田鼠封闭群进行净化，建立了 SPF 级布氏田鼠的生长发育指标以及血液学及血液生化指标；对布氏田鼠进行了初步的病理学分析，探索该鼠的自发性病变；建立了布氏田鼠个体遗传标记；建立 25 个繁殖笼，核心种群数量为 100 余只的 SPF 级布氏田鼠室内封闭群。

3）长爪沙鼠实验动物化的研究进展

长爪沙鼠（Meriones unguiculatus）属于啮齿目、沙鼠属（Gerbillus）动物，主要分布在我国内蒙古及其毗邻省区和国家，包括西北、华北以及蒙古的干旱及半干旱地区的草原地带。长爪沙鼠应用前景广阔，是研究神经学、病毒学、寄生虫学、脂类和糖代谢的良好模型动物。

我国近年对长爪沙鼠实验动物化主要做了剖宫产净化研究，发现剖宫产和代乳技术能有效减少长爪沙鼠携带的微生物和寄生虫。对长爪沙鼠的基本生理指标进行监测，发现不同日龄长爪沙鼠的体质量增长速度不同，多数血液生理生化指标受年龄和性别的影响。因此在应用长爪沙鼠进行研究时，要充分考虑性别和年龄对实验动物血液生理及生化指标的影响。

我国参照实验动物哺乳类实验动物的遗传质量控制（GB 14923—2001），根据群体遗传学理论，采用微卫星标记分析技术，参考小鼠微卫星位点对长爪沙鼠基因组 DNA 进行分析，找到 135 个长爪沙鼠微卫星位点，并优化出适于封闭群长爪沙鼠遗传检测的微卫星位点组合，初步建立了封闭群长爪沙鼠遗传质量标准和检测方法。

开发我国的资源动物，包括对野生动物的驯化，例如对树鼩、布氏田鼠和长爪沙鼠以及小型猪的实验动物化研究；也包括对一些新的引进物种资源动物研究，比如雪貂的微生物质量控制标准的研究；当然也应该包括已经列入我国实验动物范围的一些动物的研究，例如猴。科学研究常用的实验猴品种繁多，仅仅制定单一的实验动物标准很有可能以偏概全。不同种类的非人灵长类动物其生活习性、生理生化指标、自然感染谱均存在差异。因此对各类资源动物的实验动物化研究是一个持续性的工作。

（五）实验动物质量追溯体系的建立

实验动物质量追溯体系是一种新型的质量管理体系，它的建立为实验动物资源质量控制提供了有效的管理手段，能够监管从出生到死亡的整个过程，包括实验动物出生、建档、无线射频识别技术（Radio Frequency Identification，RFID）标签植入、饲养、销售、接收、科研生产和动物处理。同时，质量追溯体系的建立为行业管理部门提供了行业数据统计分析的综合平台，便于统计分析行业的整体发展趋势。因此，该体系的研发与推广对实验动物行业的发展具有重要的理论意义和实践意义。

质量追溯体系依托现代信息技术和通讯技术，为实验动物生产与使用单位的各项业务提供了标准的信息管理模式与方法。该体系包括实验动物生产单位信息管理应用软件，实验动物使用单位信息管理应用软件，实验动物信息综合管理平台，实验动物生产和使用单位 RFID 标签及 RFID 标签读写软件。

1. 实验动物电子芯片识别技术

无线射频识别技术（RFID）是一种非接触式的动物电子芯片自动识别技术。它通过射频信号自动识别目标对象并获取数据信息。识别过程无须人工干预，可工作于各种恶劣环境，操作快捷方便。RFID 技术一方面可满足实验动物行业对个体动物的唯一标识和质量追溯要求，另一方面 RFID 可携带个体动物从出生到死亡整个生命周期所有关键信息，满足实验动物信息化管理需求，实现有效监控实验动物质量的目的。

与现在广泛应用的二维码技术相比，电子标识存储的信息量大，具有防水、防磁、耐高温、使用寿命长、数据可加密等优势。采用 IP65 等级标准设计的芯片外壳，具有抗撞击能力和防水能力强的特点，结合激光封装技术和 EO 消毒技术，为芯片质量提供了可靠保证。另外北京市动管办主持开发的电子芯片外围采用生物凝胶包裹，能够将芯片固定在注射部位，解决了芯片在动物体内游走的问题。

实验动物电子芯片读写器的外形设计经改进后，符合实验动物行业特点和安全性需求，具有读取距离远和可识别移动目标的特点。低功耗设计增强了读写设备的可用性，具有高抗干扰性，能够满足不同环境的需求。读写器的接口丰富，采用 USB 和 2.4G 蓝牙技术与电脑相连，具有广泛的系统兼容性，可读写多种类型的国际通用的 RFID 芯片，能够满足不同国家和地区的市场需求。

2. 实验动物质量追溯体系的研发与初步应用

（1）实验动物质量追溯体系的研发

我国的实验动物质量追溯体系的研发与初步应用是近年在北京地区开始进行试点的。

本系统以实验动物信息数据支撑为核心，充分考虑行业未来发展需求，利用实验动物生产与使用单位现有的软硬件资源，采用技术成熟、安全稳定的以互联网为总线的混合三层架构模式，有效提高了系统的兼容性和开放性。

该体系的企业用户采用 Client/Server 结构体系进行基础数据的采集和整理，监管部门采用 Browse/Server 结构体系进行数据分析挖掘的多平台集成方式。即生产与使用单位数据采集平台由专业的数据采集软件组成，可在线与离线方式对数据进行采集。远端服务器为数据仓库，可接收多种数据库传送的数据，并进行整合和有效分时的存储。监管部门通过调用生产和使用单位的产生的基础数据，统计和挖掘北京地区实验动物生产环节和使用环节中的行业整体动态数据。

1）北京市实验动物生产单位动物生产信息管理应用软件

实验动物生产单位动物生产信息管理应用软件主要应用于实验动物的生产单位，用于提升实验动物生产单位的信息化管理水平。该软件包括动物档案管理、日常饲养记录管理、饲养室管理、兽医护理管理、动物销售管理、统计报表管理、数据申报管理和系统设置管理，共计 8 部分功能模块。

该软件具有初始化实验动物生产数据的功能，可以预设实验动物生产数据的相关数值。实验动物的生产数据可以通过该软件直接输入，也可以通过读写器应用软件扫描或者直接输入相关数据。单位负责人可以设定需要上传的数据，选用定时自动上传或手动不定时上传的方式，将相关数据上传至实验动物信息远程管理平台的服务器。另外，该软件可以实时统计本单位实验动物生产和管理的相关信息，按照不同的需求统计分析相关数据，以报表或图形的形式输出，并可实现实时打印功能，便于相关数据的及时归档。

生产单位基本信息是由本单位自行维护的，可对远程信息平台内的单位基本信息进行同步。通过本地系统软件，可直接反馈信息给主管单位的综合管理系统平台，便于及时与主管单位交流沟通，有效提高实验动物生产单位的管理效率。

2）北京市实验动物使用单位动物信息管理系统应用软件

实验动物使用单位动物信息管理应用软件主要应用于实验动物的使用单位，用于提升实验动物使用单位的信息化管理水平。该软件与实验动物生产单位动物信息管理系统应用软件的功能模块和模块的功能基本相同，包括动物档案接收管理、日常饲养记录管理、饲养室管理、兽医护理管理、动物实验管理、实验室工作计划管理，统计报表管理、数据申报管理和系统设置管理，共计 9 部分功能模块。

针对实验动物使用单位的实验动物管理特点，增加了动物实验管理和实验室工作计划管理模块，删除了动物销售管理模块，其他模块与实验动物生产单位动物信息管理系统应用软件中的模块相同。该软件同样具有实验动物使用数据的初始化和数据采集功能，可以自动或手动上传指定数据至实验动物信息远程管理平台的服务器，可以分析统计本单位实验动物使用和管理的相关信息，能够实时打印统计分析产生的报表和图表等功能，便于实验室管理人员及时归档相关信息。

使用单位基本信息同样是由本单位自行维护的，可对远程信息平台内的单位基本信息进行同步。通过本地系统软件，可直接反馈信息给实验动物主管单位的综合管理系统平台，便于及时与主管单位交流沟通，有效提高实验动物使用单位的管理效率。

3）北京地区实验动物 RFID 标签读写应用管理软件

北京市实验动物生产单位和使用单位的 RFID 读写器应用软件完全相同。实验动物电子芯片读写器在安装该软件后，与实验动物电子芯片配合使用，可以有效实时输入或采集实验动物的生产和使用单位的相关信息或数据，为实验动物生产和使用单位以及实验动物管理部门的管理工作提供及时有效的相关信息和数据的支撑。

该软件的架构是采用模块化方式设计的，可以根据生产或使用单位的需求，增加或者删除相应的功能模块。该软件具有实验动物生产数据的实时采集功能，在与安装了实验动物生产或使用单位动物管理软件的计算机连接后，可对采集的数据进行批量的导入导出。此实验动物电子芯片读写器带有屏幕显示功能，可对本单位的动物信息进行浏览与查询。

4）北京地区实验动物基础数据信息管理综合平台

实验动物基础数据信息管理综合平台主要应用于实验动物管理部门，为管理部门提供行业数据管理与各种级别的统计服务。该平台是基于网络和数据库技术构建的，以微软的 NET2 构架作为支撑和开发环境，通过 XML 方式，实现了统计报表的标准化描述。

该平台所能实现的功能包括复杂汇总表的定义功能，数据的审核功能，报表数据的再加工功能，从多个数据源提取数据参与运算和任意查询检索功能，以及针对实验动物行业数据挖掘具有不同层次报表、数据的管理功能。为了加强数据的安全性防护，该平台提供数据备份、恢复和导入导出机制，可以根据各类综合管理单位的需求设定用户权限，对用户和报表任意分组。该平台还具有实时或批量接收单位系统软件提报数据的功能，并针对可能产生的并发业务设计了相关的解决方案。

（2）实验动物质量追溯体系的初步应用

北京地区实验动物质量追溯体系的试点工作已经展开，主要应用于体型较大的实验动物，并取得了阶段性的成果。实验动物生产和使用信息管理应用软件和实验动物信息综合管理平台运行良好，各项业务能够正常开展，操作流程顺畅，达到了预期目标。与 RFID 硬件厂商相结合，共同试点应用的 RFID 数据采集软件系统达到了设计要求，能够满足生产和使用单位的需求。目前根据试点反馈的信息，实验动物质量追溯体系得到了进一步的完善，为在北京地区全面推广质量追溯体系奠定了基础。

（六）实验动物质量监测与评价工作发展的战略需求和发展方向

1. 快检技术的研发

实验动物质量检测是确保实验动物质量的有效措施之一。实验室检测主要分为血清学诊断和病原学检查，目前国内外实验动物质量检测多采用血清学检测方法。由于方法简便快速，对仪器设备要求不高，测定成本低廉等优点，被广泛应用于实验动物微生物和寄生虫检测工作中。

生物医药技术的发展对实验动物的质量提出了更高的要求，在质量检测方面，建立一种高度特异、敏感和简便的方法，能同时将需要鉴别诊断的病原体快速检出，成为目前各个检测实验室研究的热点。

PCR 技术被广泛应用于生命科学的各个领域，成为应用最为广泛的分子生物学技术之一。随着该技术的不断发展和创新。目前已建立了适用于不同目的的 PCR 技术，如原位 PCR、反向 PCR、重组 PCR、免疫 PCR、不对称 PCR、多重 PCR 等。其中多重 PCR 技术因具有高效快捷、高度特异敏感、实验成本低等优点而得到广泛应用。

多重 PCR 技术是在同一 PCR 反应体系里加入两对或两对以上引物。同时扩增出多个核酸片段的 PCR 反应，其反应原理、反应试剂和操作过程与一般 PCR 相同。在许多领域。包括基因缺失分析、突变和多态性分析、定量分析等，多重 PCR 技术已经显示出它的价值，成为识别病毒、细菌、真菌和寄生虫的有效方法。利用一次多重 PCR 反应，可同时检测、鉴别出多种病原体。在临床混合感染的鉴别诊断上具有独特的优势和极高的实用价值。多重 PCR 技术已经广泛应用于人类生物医学、动物生物学、植物生物学、海洋生物学、法医学、食品卫生等各个方面。

在实验动物质量快检技术研发方面，国家给予了较大力度的支持。“十一五”和“十二五”期间，都通过科研立项，推动实验动物质量检测关键技术的研究。通过科研工作者的不断努力，以不同种动物（小鼠、大鼠、兔、犬、禽类、灵长类等）或以引起临床上出现疾病症状相同或相似的病原体为分类依据，研究建立了多项实验动物病原体 PCR 快检技术和多重 PCR 快速鉴别诊断技术。在病毒病原体检测方面，建立了豚鼠淋巴细胞脉络丛脑膜炎病毒和仙台病毒二重 PCR、大鼠细小病毒 H-1 株和 KTV 株二重 PCR、禽腺病毒Ⅰ型和Ⅲ型二重 PCR、大鼠巨细胞病毒和小鼠巨细胞病毒二重 PCR、牛副流感病毒 3 型和牛病毒性腹泻二重 PCR、猴免疫缺陷病毒和猴 D 型逆转录病毒二重 PCR、小鼠细小病毒 MPV 株和 MVM 株二重 PCR、禽流感病毒和新城疫病毒二重 RT-PCR、鼠肝炎病毒和鼠痘病毒二重 PCR 等多重 PCR 方法。在细菌病原体检测方面，建立了皮肤病原真菌多重

PCR、金葡和肺炎克雷伯菌和绿脓杆菌三重 PCR、嗜肺杆菌和肺支原体和仙台病毒三重 PCR、耶氏菌和志贺菌和钩端螺旋体三重 PCR、禽多杀性巴氏杆菌和沙门氏菌二重 PCR、禽空肠弯曲杆菌和禽结肠弯曲杆菌二重 PCR、猪产毒性大肠杆菌多重 PCR、沙门菌和单核李斯特菌二重 PCR、沙门菌和泰泽病原体二重 PCR 等多重 PCR 方法。

此外，科研工作者还将多重 PCR 技术与其他新型检测技术相结合，如液态芯片技术、变性高效液相色谱技术、流式荧光微球技术等，以期提高实验效率。

2. 风险分析与预警机制的建立

在实验动物疫病预防与控制领域，危害实验动物及人类生命和健康的风险一直未中断。加强对疫病的检测与监管，已成为我国实验动物管理领域亟待解决的热点问题。

诸多因素直接或间接影响实验动物健康，包括人为因素（设施运行与饲养管理等）；物理因素（温度、湿度、气流、光照、噪声、笼具、垫料等）；化学因素（饮用水、臭气、杀虫剂、消毒剂、各种有毒物质等）和生物因素（细菌、病毒、寄生虫等）。其中，影响最大的还是由病原微生物和寄生虫造成的各种感染性疾病。如多种人兽共患病病原的感染，不但造成动物种群的感染发病，而且直接影响因职业因素接触实验动物的人员健康；一些隐性感染的动物作为病原携带者，因“体征正常”而进入使用环节，造成病原扩散和传染病流行；一些动物（如实验用斑马鱼等）已用于科学实验，但由于没有质量控制标准，缺少检测方法，无法对其进行疾病控制和质量评价，使这些动物的生产与应用处于规范化管理之外；因行政许可后的再评价机制不健全，市场监管存在短板，给利用动物的组织和细胞生产的生物技术药物带来极大的安全隐患。

我国开展动物疫病风险分析工作起步较晚，与其他发达国家相比还有较大差距，主要表现为管理手段不足、管理职能模糊、缺乏配套的法律法规、缺乏财政保障等，特别是在对实验动物疫病的监测与控制方面还是空白，对某些重大动物疫病的发生与流行难以做到准确预警，及早、采取防范措施，常常不是预防在前，而是处理在后，往往造成不可挽回的损失。因此，建立和完善我国实验动物质量检测体系和疫病监测系统，开展实验动物质量评价和疫病风险评估与预警，对保证实验动物质量十分重要。

“十二五”期间，在国家科技支撑项目支持下，将实验动物突发疫病作为实验动物行政许可后风险评价技术体系的一部分，开展高风险指标（人畜共患病病原和实验动物重大传染病）的靶向监测、重点监测和日常监测相结合、监测信息在线化、安全性评价分析与预警和处置工作机制的研究，进一步建设与完善实验动物质量监测及规范管理体系。

3. 质量抽验、评价与质量公告制度的建立

实验动物质量的抽查检验是实验动物主管部门综合应用抽查和检验两种方式评价、判断实验动物质量的行政行为。根据目的不同，将原有的实验动物质量检测分为评价抽检和监督抽检两类，统称为抽查检验。其中，评价抽检是监督管理部门为掌握、了解全国实验动物质量总体水平，根据有关规定和计划下达任务，由检测机构依据标准而进行的抽查检验工作；监督抽检是监督管理部门对监督检查（和评价抽验）中发现的质量问题，指派检

测机构进行了有针对性的抽验。通过质量抽验，可以较为客观全面地评价全国实验动物质量总体水平与状态，及时发现实验动物质量问题，在最大程度上防止"非标"动物进入市场，防止使用实验动物的不端行为的发生。

在实验动物质量监测体系中，标准是依法管理的科学依据，许可证制度是依法管理的主要措施，检测机构和监测网络是依法管理的技术载体，而质量监测则是质量标准能够得以落实、许可证制度得以实施的技术支撑条件。我国有些地区（如北京、广东）已经开展了定期检查和实验动物质量公告工作，但在国家层面上还没有建立起规范、科学的抽查检验机制和质量公告制度，没有建立全国统一的监测工作和信息报送管理系统，各地区监测工作模式各异，水平参差不齐。由于检测机制不完善，使得一些在检测中发现的问题没有得到重点跟踪；没有明确规定，使得有些地方出于各种利益的考虑，对本地区出现的较严重问题也不上报，失去检测工作在实验动物质量评价和防控传染病流行、保证人员健康和科研工作质量方面的意义。

4. 质量监测与评价领域的战略需求和发展趋势

（1）加强标准的基础性研究，开展标准实施效果的跟踪性评价

针对现行标准本身和实施过程中存在的问题，加强标准的基础性研究，将新标准的制定和现行标准的修订作为一项长期的科技工作。强化标准科学性、合理性及可操作性研究，提高标准的权威性和严肃性，提高我国实验动物标准的国际化水平。要克服以往采用不连续的科研项目形式来完成标准的制修订任务，建立起标准制修订的长效机制，通过有组织、有步骤的系统性和基础性研究，积累丰富翔实的科学数据，为标准的制修订做好技术储备。

建立标准的评估机制，收集标准实施后的信息，开展对标准的科学评估，认识标准执行的现状，找出标准规定内容与确保实验动物质量之间存在的差距，明确质量控制的关键点和标准提高的方向，提出解决问题的思路和技术方案，推动实验动物标准工作整体水平的提升。

（2）建立评价性抽检中的质量分析研究机制

在实验动物质量评价性抽检中引入质量状况分析，是改变目前把检测后出具报告作为检测工作终点逐步引向对动物质量和检测工作质量全面分析与评价的标志，是改进和完善实验动物质量抽检机制的重要步骤和关键内容，也是适应科技发展对实验动物质量提出的高标准而不断丰富评价性抽检目的的必然结果，以期达到国家实验动物质量评价性抽检的目标一通过提高评价性抽检的质量和效能，为保证实验动物质量提供参考依据，为实验动物行政许可监管提供强有力的技术支撑。

加强实验动物质量评价性抽检分析方法的研究与推广应用，能促进质量标准及检测水平的提高，有利于实验动物质量评价体系的建立，体现真正意义的技术监督。

（3）建立科学完善和行之有效的抽查检验机制

在建立和完善覆盖全国的实验动物质量监测网络基础上，逐步建立科学完善和行之

有效的抽查检验机制，开展实验动物质量抽查检验工作。要注意克服因属地化管理而弱化统一执法力度和质量抽查检验不同步的倾向，要发挥国家检测机构对省级检测机构的业务指导作用，要充分利用省级监测机构的资源，开展本省或所属地区实验动物的抽查检验工作。利用评价性抽检，探索建立同一个（或几个）项目由一个检测机构集中检测，全国（或几个省市）抽取的某种动物的某一样品汇集一个检测机构进行检测的模式。

建立监督抽检和评价性抽检相结合的抽查检验机制，重点加强对国家种子中心、规模化生产厂家，以及主要的实验动物技术平台所保存的动物质量和设施环境的监督检测，重点加强应用过程中的监督抽检和安全性再评价。重点加强高风险指标（人畜共患病病原）的安全性监测、评价分析与安全预警。强化应急评价、检测等技术体系的建设。建立应急监测制度和重大疫病紧急处理工作机制。

（4）提高实验动物抽查检验的信息化程度

开发和完善实验动物质量监管信息系统，重视面向全国的实验动物质量检测基础数据库的建设，实现与检测工作相关的基础数据资源共享。建立实验动物质量发布平台和公告制度，定期发布质量公报，为用户提供实验动物质量信息。同时，为提高检测工作效率，国家应建立实验动物统一抽查检验管理平台，随时了解抽查检验的各种信息，及时掌握全国范嗣内实验动物质量动态，避免重复抽检，节省检测资源，提高抽检工作的效能。

四、实验动物政策法规

（一）法制化管理发展概况

1. 我国实验动物管理组织机构体系

1）国家主管部门：科学技术部主管全国实验动物工作，统一制定我国实验动物的发展规划、相关政策规章，起草有关法规。2015 年，科技部由原条件财务司调整为基础研究司管理实验动物工作。但是，该司并未设专门管理实验动物的处室，其管理力度和科技投入与发达英国等国家形成鲜明的对比。

2）行业部门：国务院各有关部门，负责管理本部门的实验动物工作，依其职责负责管理实验动物的相关工作 。

3）地方主管部门：地方科技厅（委、局），主管本辖区的实验动物工作，是实验动物许可证发放、管理的实施机关。

4）地方各有关门部：依其职责负责管理实验动物的相关工作 。

5）动管办、动管会：地方或有关部门设立，具体负责本地区或本部门的实验动物日常管理工作。

6）单位动管会：从事实验动物工作的法人单位设立，负责制定本单位的实验动物发展规划及具体的管理工作。

我国目前实行国家、地方和从业单位的三级管理体系。

2. 实验动物政策法规体系及《实验动物管理条例》的修订进展

目前，我国尚无完整的实验动物政策法规体系。但是，我国较为完整的实验动物标准化管理体系正在开始形成。实验动物和动物实验质量正在提高，在部分领域例，如标准化的实验动物设施有的甚至超越了其他先进国家。但是，我国法制不健全、不同地区、不同领域发展极不平衡，重视质量、忽视实验动物福利伦理的问题仍普遍存在，在整体水平上，我国实验动物的标准化水平仍落后发达国家 20 ~ 30 年。国家依法规范化管理的法律和相关标准依据仍亟待加强和完善，专业化的系统研究十分薄弱，科技投入也严重不足，难以适应我国快速增长的实验动物科技的重大需求。

在国家管理层面，相对于技术标准体系建设，我国实验动物管理的法制体系建设严重滞后。1988 年经国务院批准，由国家科委发布的《实验动物管理条例》是当前我国实验动物管理的法律地位最高的规范性文件，已经严重不适应我国现行的管理体制和实验动物行业快速发展要求。但是，十余年来，在各级实验动物管理部门、实验动物学会和专家学者的积极呼吁和努力下，北京、广东等 5 个实验动物科技发展较快、管理较为规范的省市地区，先后由当地人大立法颁布了实验动物管理的地方性法规。然而，2000 年启动的国家实验动物管理行政法规修订工作，尚没有完成。

3. 地方法制化管理的进展

目前，有五个省市颁布了实验动物管理的地方法规。

1)《北京市实验动物管理条例》：北京市人大常委会立法最早，于 1996 年在全国率先颁布《实验动物管理条例》，并于 2004 年予以修订。为了便于《条例》的实施，北京市科学技术委员会同时发布了配套规章。包括：①《北京市实验动物许可证管理办法》；②《北京地区实验动物质量监督员工作守则》；③《关于加强北京市实验动物行政执法工作的实施办法》。

为了依法规范实验动物的日常管理与监督工作，北京市实验动物管理办公室也发布了配套的系列实施细则。主要包括：①《北京市实验动物许可证验收规则》；②《北京市实验动物行业信用信息管理办法（试行）》；③《北京市实验动物从业人员培训考核管理办法》；④《北京市实验动物从业人员健康体检管理办法》；⑤《北京市实验动物福利伦理审查指南》；⑥《北京市实验动物执法档案管理办法》。

2)《湖北省实验动物管理条例》：2005 年由湖北省人大常委会颁布。

3)《云南省实验动物管理条例》：2007 年由云南省人大常委会颁布。

4)《黑龙江省实验动物管理条例》：2008 年由黑龙江省人大常委会颁布。

5)《广东省实验动物管理条例》：2010 年由广东省人大常委会颁布。

上述五部实验动物地方法规，都明确规定了当地实行实验动物的行政许可证制度和质量监督制度。此外，对实验动物的质量控制、福利伦理审查、从业人员、环境设施以及相关的生物安全等方面都做了明确的和新的规定。这对推动国家实验动物立法工作有一定的推动和示范作用。

此外，还有十多个省级地方政府颁布了规章：①上海，1987；②山东，1992；③河北，1993/1998/2007（修订）；④辽宁，2002；⑤天津，1998/2004（修订）；⑥甘肃，2005；⑦重庆，2006；⑧福建，2007；⑨江苏，2008；⑩浙江，2009；⑪ 陕西，2011；⑫ 湖南，2012。

（二）实验动物管理研究和进展

1. 实验动物及相关产品生产许可管理信息化

2001 年，科技部会同卫生部、质检总局等七部委（局）联合发布了《实验动物许可证管理办法（试行）》（国科发财字［2001］545 号），文件的发布是继《实验动物管理条例》（1988 年）和《实验动物质量管理办法》（1997 年）后对实验动物管理重要的规范性文件；实验动物许可证制度自 2003 年起在全国各地先后实施，自 2004 年 7 月 1 日《行政许可法》颁布实施以来，经过从中央到地方的清理，实验动物行政许可仍然予以保留并实施至今。由于各地实验动物行政许可的管理方式不一。

2011 年科技部委托华中科技大学开发了全国统一的实验动物许可证管理信息系统（图 1），2012 年经 8 个省、自治区和直辖市试用、完善后初步形成了全国统一的信息化管理系统即“国家实验动物行政许可管理服务平台”（http://sydw.most.gov.cn/），2013 年以后，各地科技主管部门相继建立、接入了与此相关的系统，按照科技部的部署和要求：《关于做好正式启用国家实验动物行政许可管理服务系统工作的函（国科财便字［2013］66 号）》，各地均以实验动物公共服务平台的方式实行实验动物许可证管理信息化（图 2）并对当地许可证单位相关人员进行了培训，对接国家实验动物行政许可管理服务平台，涵盖 31 个省、自治区和直辖市。国家实验动物行政许可管理服务平台界面相当简单，仅提供 31 个省、自治区和直辖市的接入口；点击所需地区即可；目前实验动物行政许可信息化管理的统一格式初步形成，但原先存在的多样式将共同存在。各地服务平台板块均包含：

1）通知新闻，发布当地的有关实验动物通知，如从业人员上岗培训、实验动物许可证到期复评审、许可证单位年检、年度抽查等重要信息和新闻。

2）法规标准，包括政策法规、质量工作站、结果公告、检测标准和检测流程等。

3）许可证管理板块包括：许可证申请、单位查询、年检记录和信用记录，其中单位查询包含了年检和信用记录，目前实验动物许可证尚无信用方面的规定等内容，有待于进一步完善。

4）学习园地板块包括动物实验、实验动物、环境与设施、国际动态和国外标准等，这些内容各地均是空白，有待于进一步完善。

5）培训考试是从业人员关注点，其内容是报名流程（点入有详细步骤）、考生注册（有相关内容，填入即可）、培训公告牌和题库资料（目前尚无资料）等。

6）供求信息板块提供了供应和求购信息，包括实验动物及相关产品，如饲料、垫料，等等，没有在线交易或者电子商务的相关内容。

此外，网站还开通了专家答疑和其他便捷点击栏（图 3 左边框内）

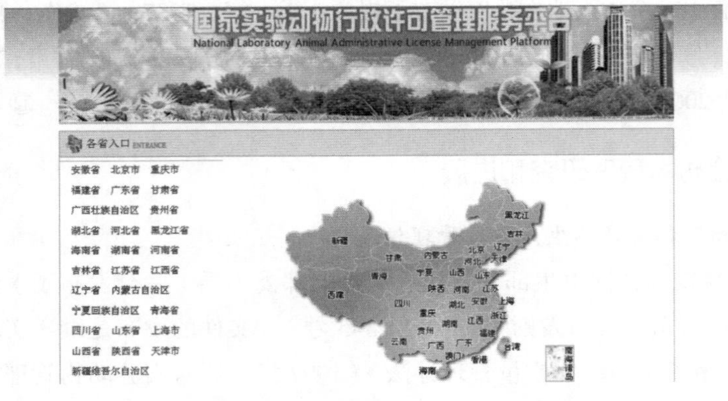

图 1 国家实验动物行政许可管理服务平台

图 2 湖北省实验动物公告服务平台

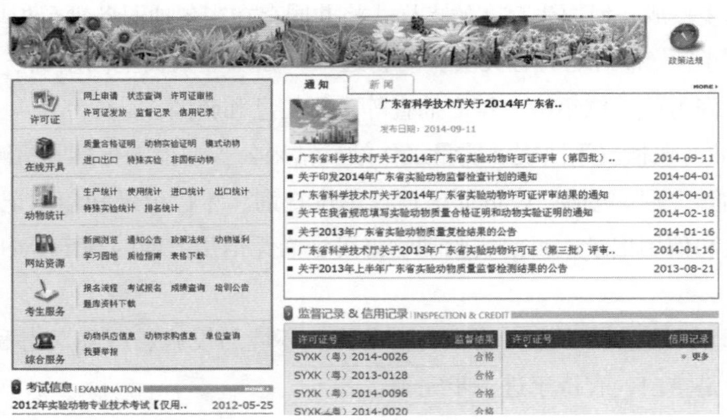

图 3 专家答疑与便捷点击栏

2010 年由国家科技部批准成立的国家实验动物数据资源中心，其门户网站为中国实验动物信息网（http://www.lascn.net 或 http://www.lascn.com），主要是承担国家实验动物资源库建设和中国实验动物信息网建设以及运行管理。其中国家实验动物资源库主要收录、整合、保存国家各实验动物种子中心提供的实验动物生物学特性数据信息，提供完善的实验动物数据资源库及其查询管理系统，是国家自然科技资源平台科学数据的重要组成部分；中国实验动物信息网主要为生命科学、医学、药学以及相关学科的发展提供数据资源、技术服务和信息资源共享服务。同时，为更好地提供针对性、特色性的行业服务，国家实验动物数据资源中心先后建立了国家实验动物质量检测管理平台、实验动物在线产品中心、实验动物许可证查询管理系统等多个应用管理系统网上模块，为行业人群和企业提供特定服务。

中国实验动物信息网（图4）包括：

资讯频道：了解国内外最新要闻、业界动态、前沿技术、热点关注、会议通知等，掌握新动向，提供信息源，把握商机。及时报道行业内各机构在实验动物、动物实验、疾病动物模型、生物医药、前沿技术等方面的研究及获得成果，有助于行业机构之间优势互补、增强研究合力，开展战略合作，实现共建双赢的目标。

管理频道：提供国家各级实验动物种子中心、省级实验动物机构查询服务；提供最全面的国内外/地方颁布出台的质量标准、政策法规查询服务；提供全国各省的实验动物质量检测数据、实验动物生产和使用许可证单位数据、质检动态等查询服务，确保质量合格，进一步提升我国实验动物质量监督管理水平。

产业频道：面向行业企业提供产品展示平台，包括常用实验动物、疾病动物模型/基因工程/转基因动物、仪器设备、笼器具、专用饲料/垫料、耗材试剂等系列产品的发布与展示、查询服务。设置企业展示专区，由企业自行发布企业动态、宣传企业形象及推广业务服务，也为行业间搭建了桥梁。

知识频道：提供海量的实验动物基础知识以及实验方法与技术（包括饲养管理、模型制备、检测技术、实验攻略、质量控制、生物安全）、期刊、书籍推荐、科普、实验动物组织学/解剖学分类图谱等海量的专业知识，开展知识传播服务。

公众互动频道：以人物访谈、专家讲座、视频/课件、微话题、微信、在线咨询、发表评论、经验交流、观点探讨等形式为业内用户群体之间提供互动交流平台。

中国实验动物学会网站（www.calas.org.cn）的板块组成：首页包含最重要的、最新信息；关于学会板块包括学会简介、组织机构、学会规章、分支机构、大事记等；学术交流板块含学术动态、学术会议、历届年会、学术论文交流平台和项目成果交流平台等，教育培训板块由知识讲座、技术培训、科普园地和政策犯规等组成；期刊图书板块为特色之一，包含了《中国实验动物学报（双月刊）》《中国比较医学杂志（月刊）》、学会编辑出版图书、专业图书和科普图书等相关信息；对外交流板块由学术动态、国际动态、科技要闻和行业资讯等组成；会员中心由入会指南、会员注册、会员单位、会员服务、学科发展报告、会讯和信息等相关内容组成；评审奖励包括中国实验动物学会设立的“中国实验动物学会科学技术奖”、“中国实验动物学会终身贡献奖”、“中国实验动物学会国际青年科学家奖”等奖项，表彰在我国实验动物科学技术领域取得突出成绩和做出突出贡献的广大实验动物科技工作者、对中国实验动物科学发展做出突出贡献老专家和科技工作者以及亚洲地区实验动物科学优秀青年科学家；服务之窗面向国内外同行或感兴趣者，此栏目的主要内容包括供求信息、实验动物机构名录和介绍、科技咨询、实验动物品系、求职招聘和主要实验动物机构、组织链接等内容；在线办公包括通知公告、表格下载等内容；学术在线是响应科协有关加强在线学术交流的号召而建立的，目的是推动各位同行方便快捷的了解实验动物知识，栏目设置了学术讲座、学术沙龙、学术援助、BBS 论坛、学术博客等方式欢迎大家参与和浏览。

图 4　中国实验动物信息网

除了国家和地方统一管理的相关网站外，目前各地有十一个省级地方信息网或服务平台（网站），即：河北实验动物信息网、浙江省实验动物信息网、山西省实验动物信息网、山东省实验动物信息网、福建省实验动物信息网、江苏省实验动物信息网、广东省实验动物信息网、上海市实验动物资源信息网、北京实验动物信息网、广西实验动物信息网、吉林省实验动物信息服务平台等。国内实验动物相关机构和团体也建立了各自的网站。

综上所述，实验动物行政许可管理信息化和网络（平台）在国家、地方和机构（团体）三个层面已初步形成，数据信息化将经积累后形成共享层面，特别是国家实验动物行政许可管理服务平台与国家实验动物数据资源中心（网站）平台形成互补，前者侧重于行政许可管理，后者侧重于数据资源、技术服务和信息资源共享平台，而中国实验动物学会网站将在学术层面在行业发挥作用。地方信息网将以地方特色在行政许可管理和数据信息化共享与国家网站平台互补，例如地方标准、地方许可证管理等。实验动物行业的大数据时代将有望来临。

（三）实验动物执法监督

1. 全国实验动物管理执法情况

1988年颁布的《实验动物管理条例》还一直作为国家、地方与行业开展实验动物依法管理的依据。由于实验动物行政许可业务量大小不一，各地投入好配备的专职人员也大不一样，管理水平和方式差异也很大。目前，地区之间、行业之间和部门之间发展水平不一。科技部和省级科技主管部门缺少专门的实验动物行政执法队伍和专门的管理机构。

20多年来，实验动物科学法制化管理特别是依法监督和严格执法正面临进一步发展的瓶颈，除了法制体系不健全、依法行政许可监督管理依据不足，标准体系有待完善和市场机制不健全以外，法制观念淡薄、日常监管和处罚不力也是重要原因，尤其是重视行政许可的发放而疏于日常有效的监管。近年来，部分省的实验动物行政许可证管理被下放，或委托其他机构，实验动物质量监督多数流于形式。实验动物法规亟待完善，全行业的管理亟待规范和加强。

2. 从业单位的实验动物管理和使用委员会

近年来，国内不少科技成果希望在一些国际著名学术刊物上发表。权威杂志多数要求作者提供所在单位"实验动物伦理委员会"的审查意见，否则不予受理，这已成为一种国际惯例。2006年9月，国家科技部下达了《关于善待实验动物的指导性意见》，对实验动物饲养和实验过程中操作规程进一步明确。促进了各单位成立本单位的实验动物福利伦理委员会（IACUC）及规章制度建设。国内一些规模较大的机构也纷纷成立了IACUC等组织来加强实验动物使用和管理工作。这些组织的名称多为三种：实验动物管理和使用委员会（Institutional Animal Care and Use of Committee，IACUC，例如中国医学科学院实验动物研究所等）、实验动物管理委员会（例如北京大学、北京中医药大学）、实验动物伦理委员会（例如复旦大学、辽宁医学院）、实验动物科学专家委员会（例如上海交通大学医学院）等。这些机构的职能一般是监督和评定研究机构有关动物的计划，操作程序和设施条件，以保证符合相关的法律和标准的要求。这些机构的建立，多数为了加强各自单位对实验动物和动物实验工作的管理、便于参与国际合作和向国际期刊发表文献设立。多数机构的IACUC建立时间不长，存在缺乏严格的内部审查制度，工作机制不健全，缺乏相应教育培训等问题。

五、实验动物福利伦理和替代

（一）国外实验动物福利伦理现状和发展趋势

1. 实验动物福利

实验动物福利是指人类保障实验动物健康和快乐生存权利的理念及其所提供的相应的外部条件的总合，其核心是保障动物的健康、快乐。目前，国际较为公认的：

1）动物五项基本权利：① 生理福利方面：享有不受饥渴的权利；② 环境福利方面：享有生活舒适的权利；③ 卫生福利方面：享有不受痛苦伤害和疾病的权利；④ 行为福利方面：应保证动物表达天性的权利；⑤ 心理福利方面：享有生活无恐惧和悲伤感的权利。这也是目前国际上公认的动物福利的五大标准或称为五大自由。

2）动物实验的 3R 原则：Replacement，Reduction，Refinement。

2. 实验动物伦理

伦理原指处理人们相互关系所应遵循的道德和标准。当代社会伦理除了指人们相互关系所应遵循的道德和标准外，已扩展到人类处理与实验动物相互关系应遵循的道德和标准：形成实验动物伦理原则。

3. 国外实验动物福利伦理审查的依据

目前，国外有关实验动物福利伦理审查的依据有如下法规。

英国：《马丁法》1822 年，世界首部动物福利保护法；《防止动物虐待法》1849 年，《动物保护法》1911 年；《动物（科学方案）法》1986 年，《动物福利法》2007 年。

美国：《动物福利法》1966 年；《动物福利法实施条例》（*AWAR*，农业部；范围：活的、死的温血动物但不包括实验用繁殖的鸟、大小鼠、非实验用马和其他家畜，包括所有犬）；《卫生部人道照料和使用实验动物的规定》PHSP（范围：实验用活脊椎动物：政府拨款的项目）；《动物福利法》（*Animal Welfare Act*，*AWA*），1966 年国会首次通过与实验动物管理及使用有关的第一部法律，规定 USDA（农业部）为该法令监督及执行机构。1966 年以前，无联邦法规定实验动物的福利。

立法起因：1966 年，生活杂志以一系列专栏文章及照片，报导有关动物被弃置、虐待及供货商窃取宠物供应实验室使用的文章。文中建议政府有必要去制定管理规则及监督执行机制，以保障动物权利，尤其是被用于研究的狗及猫。由此催生了美国第一部实验动物福利法。

经多次修订，目前已涵盖动物运输、水生哺乳类动物及实验设施内的动物等部分的内容。现行的 USDA 法令规范并不包含较常使用的实验大鼠及小鼠、鸟类及用于农业生产研究的农用动物。

所有与实验动物管理使用有关的 PHS 政策规定，主要源于 1971 年 NIH 颁布的《实验动物的管理及处置》。该规定参考了 NIH 及 PHS 颁布的其他有关“管理及人道处置实验动物”的文件和 IACUC Guide。首次提出 IACUC 作为评价各单位动物管理及使用是否规范合法的一种制度。

日本：《动物爱护及管理法》1973 年。

德国：《动物保护法》1972 年。

荷兰：《兽医法》1954 年；《动物实验法》1977 年。

法国：《格拉蒙法案》1850 年，反对虐待动物的法案；《应用活体动物实验和科学研究法案》1968；《动物保护法 》1972 年。

韩国:《家畜生产和卫生法》1975年,《动物保护法》1991年。

新加坡:《畜鸟法》1965年。

菲律宾:《实验动物管理与使用规章》1993年;《动物福利条例》1998年。

澳大利亚:《实验动物管理和实验法》1999年;《动物福利保护法》2000年。

新西兰:《动物保护法》1960年;《动物福利法》2000年。

欧盟:

1)欧盟2010/63/EU试验用动物指令:2013年1月1日起欧盟将实施2010/63/EU,取代实施26年的86/609/ECC(提倡减少)。

新指令提出了27国对实验动物使用和管理的最新理念:①以3R为原则;②全覆盖的审查制度;③灵长类动物的使用;④加强执法及协作。其附件3,为2007年欧盟发布的实验动物饲养和照料指南2007/526/EC(最终替代)。

2)欧盟76/768/EEC化妆品指令第7次修正案(2003/15 EC):从2009年3月11日起,禁止使用动物进行化妆品的急性毒性、眼刺激和过敏试验;从2013年3月11日起,禁止使用动物进行化妆品的慢性毒性、生殖毒性和毒性代谢动力试验。

在实验动物福利伦理审查管理方面,不同国家有不同的特色,对我国有一定的借鉴意义。

英国:依据的三项重要原则,The Three "Key Principles":① Justify animal use—必要性原则:Perform a harm-benefit analysis—进行利害的分析;② Focus on alternatives—注重替代原则:Promote and implement the 3Rs—促进3R的实施;③ Achieve Balance—实现平衡原则:Assure public confidence—确保公众的信任。

印度:实验动物福利伦理法规及审查依据:《防止虐待动物法案》*Prevention of Cruelty to Animals Act*, 1960;《动物繁育与实验规章》*Breeding of and Experiments on Animals*(*Control & Supervision*)*Rules*,1998(环境与森林保护部)。

管理框架:Government 政府;Scientific community 科学界;Animal welfare groups and 动物保护组织;Veterinarians 兽医。

目标:Ensure humane and ethical treatment of animals,4R原则:Reduction 减少;Refinement 优化;Replacement 替代;Rehabilitation 复原:Rehabilitation of animals 的具体规定包括:实验者应负责术后动物护理和恢复;术后恢复应至动物完全康复并照料终生;动物实验单位应获得正当的许可和动物福利组织的批准,以保障动物实验后的复原。

4. 发展趋势

现今实验动物管理的发展趋势突出表现在对实验动物福利伦理和动物替代研究的重视愈发引起国际各界的关注。实验动物管理和应用方面的伦理与福利问题已成为社会和科技界共同关注的热点问题纳入实验动物管理之中。发达国家相继制定了相关的法律法规,加强对设施设备和操作管理的科学认证,在符合动物实验伦理和动物福利要求的基础上,达到推动科学研究水平不断提高的目的。

为了满足公众的动物保护需求和获得科学的实验数据,西方发达国家积极鼓励开展动物实验的替代方法研究。欧洲议会与欧盟决定“从 2009 年起在欧盟范围内禁止使用动物进行化妆品急性毒性、眼刺激和过敏实验，2013 年禁止使用动物进行化妆品的慢性毒性生殖毒性和毒物替代试验，逐步禁止成员国从外国进口和销售通过动物实验研发和生产的化妆品”。减少动物使用量、寻找实验动物替代品、减少和 / 或避免给动物造成与实验目的无关的疼痛和不安是科学的实验动物福利学重要组成部分。相关的动物试验替代方法研究是目前国际实验动物领域的研究重点。经过 50 多年的发展，国际动物试验替代方法研究工作在法规建设与管理、研究机构的运行、方法的研究和验证认可、培训教育与咨询、学术交流与合作、经费投入等方面已自成体系，并取得了显著成果。

5. 动物福利与极端动物保护主义的区别

一些国家受极端宗教势力和极端动物保护组织影响，动物福利立法呈现明显的动物保护主义趋向。动物福利已经覆盖了饲养、繁育、运输、使用、控制处死等贯穿动物一生的方方面面，包括生理层面和精神方面的福利要求，对动物实验的伦理审查及实验动物从业人员的要求尤其严格。“实验动物是人类的替身，是生命科学不可替代支撑条件”的学科根基开始经受挑战，“动物与人类具有同样地位和尊严”的理念正在被越来越多的人所接受或理解 ，他们强调动物和人具备平等的法律地位，他们反对一切动物实验，更不接受安乐死，与国际社会公认的 3R 理念不同，他们强调的是“1R”，即完全的替代，一些实验动物设施受到了极端动物保护组织袭击和恐吓，甚至正常的畜牧业都被列入反对的目标，国外这些情况应引起我们的警觉和思考，并积极地予以应对。

（二）我国实验动物福利伦理现状和发展趋势

1. 现行实验动物福利伦理审查的法规依据

目前，我国没有专门的法律保障实验动物的福利伦理。仅在现行的《实验动物管理条例》二十九条中规定，从事实验动物工作的人员对实验动物必须爱护，不得戏弄和虐待。但在现行的部分地方法规中已明确了实验动物福利伦理的相关要求。

《北京市实验动物管理条例》是北京市实验动物福利伦理审查的法律依据。北京作为国际性大都市，实验动物福利伦理的法规建设在我国起了到示范作用。2004 年修订的《北京市实验动物管理条例》率先提出了“应当维护动物福利”（第七条），“对动物实验进行伦理审查”（第十条）的新要求。2005 年，北京市实验动物管理办公室组织专家学者制定和发布了《北京市实验动物福利伦理审查指南》，这也是我国首个行业性审查指南。

《湖北省实验动物管理条例》第五章对生物安全与动物福利做出了明确的规定。第二十九条规定“从事实验动物工作的单位和个人，应当关爱实验动物，维护动物福利，不得戏弄、虐待实验动物。在符合科学原则的前提下，尽量减少动物使用量，减轻被处置动物的痛苦，鼓励开展动物实验替代方法的研究与应用”。

《云南省实验动物管理条例》第五章也对实验动物生物安全与实验动物福利进行了规范。第二十七条“涉及动物实验伦理问题和物种安全的工作，应当符合国家有关规定”，

第二十八条“从事实验动物工作的单位和个人，应当善待实验动物，维护动物福利，不得虐待实验动物；逐步开展动物实验替代、优化方法的研究与应用，尽量减少动物使用量。对不再使用的实验动物活体，应当采取尽量减轻痛苦的方式妥善处置”。

《黑龙江省实验动物管理条例》第一条：为加强实验动物管理，保证实验动物和动物实验的质量，维护公共卫生安全和实验动物福利，适应科学研究和社会发展的需要，根据有关法律、行政法规，结合本省实际，制定本条例。第五条：动物实验设计和实验活动应当遵循替代、减少和优化的原则。从事实验动物工作的单位和人员应当善待实验动物，维护实验动物福利，减轻实验动物痛苦。对不使用的实验动物活体，应当采取尽量减轻痛苦的方式进行妥善处理。第三十二条：从事实验动物工作的单位和个人有下列情形之一的，由省科学技术行政部门责令限期改正；拒不改正的，处二千元以上二万元以下罚款；情节严重的，并处暂扣实验动物生产或者使用许可证；在动物实验过程中虐待实验动物，未采取尽量减轻痛苦的方式处置不再使用的动物活体的；

《广东省实验动物管理条例 》在附则中规范了下列定义：实验动物伦理，是指在实验动物生产、使用活动中，人对实验动物的伦理态度和伦理行为规范，主要包括尊重实验动物生命价值、权利福利，在动物实验中审慎考虑平衡实验目的、公众利益和实验动物生命价值权利。实验动物福利，是指善待实验动物，即在饲养管理和使用实验动物活动中，采取有效措施，保证实验动物能够受到良好的管理与照料，为其提供清洁、舒适的生活环境，提供保证健康所需的充足的食物、饮用水和空间，使实验动物减少或避免不必要的伤害、饥渴、不适、惊恐、疾病和疼痛。安死术，是指以人道的方法处死动物的技术，使动物在没有惊恐和痛苦的状态下安静地并在尽可能短的时间内死亡。

2. 行业管理规定

《国家科技计划实施中科研不端行为处理办法（试行）》——科技部令第 11 号（2006 年 11 月 7 日）为部门规章。第三条：本办法所称的科研不端行为，是指违反科学共同体公认的科研行为准则的行为，包括：①在有关人员职称、简历以及研究基础等方面提供虚假信息；②抄袭、剽窃他人科研成果；③捏造或篡改科研数据；④在涉及人体的研究中，违反知情同意、保护隐私等规定；⑤违反实验动物保护规定；⑥其他科研不端行为。

3. 实验动物福利伦理国家标准研究与制定的进展

2014 年，国家标准化委员会立项制定实验动物福利伦理国家标准，对实验动物福利伦理审查原则、内容进行规范性要求。其中包括：实验动物饲养和使用有关的项目建议书、实施方案、动物实验新技术、项目实施情况和项目验收等涉及福利伦理内容的审查，项目必要性及动物可能受到的所有不适或伤害、从业人员相关资质、实验动物饲养、运输和实验设施条件、实验动物来源和质量、饲养和使用及安乐死操作规范、人员安全以及项目实施中涉及实验动物福利伦理问题的其他必要审查的内容。

福利伦理审查原则：

1）必要性原则：实验动物的饲养、使用和任何伤害性的实验项目必须有充分的科学意义和必须实施的理由为前提。禁止无意义滥养、滥用、滥杀实验动物。禁止无意义的重复性实验。

2）保护原则：对确有必要进行的项目，应遵守 3R 原则，对实验动物给予人道的保护。在不影响项目实验结果的科学性的情况下，尽可能采取替代方法、减少不必要的动物数量、降低动物伤害使用频率和危害程度。

3）福利原则：尽可能保证善待实验动物。实验动物生存期间包括运输中尽可能多地享有动物的五项福利自由，保障实验动物的生活自然及健康和快乐。各类实验动物管理和处置，要符合该类实验动物规范的操作技术规程。

4）伦理原则：尊重动物生命和权益，遵守人类社会公德。制止针对动物的野蛮行为，防止或减少动物不必要的应激、痛苦和伤害，采取痛苦最少的方法处置动物；实验动物项目要保证从业人员的安全；实验动物项目的目的、实验方法、处置手段应符合人类公认的道德伦理价值观和国际惯例。

5）利益平衡性原则：以当代社会公认的道德伦理价值观，兼顾动物和人类利益，在全面、客观地评估动物所受的伤害和使用者由此可能获取的利益基础上，负责任地出具实验动物项目福利伦理审查结论。

6）公正性原则：审查和监管工作应保持独立、公正、公平、科学、民主、透明、不泄密，不受政治、商业和自身利益的影响。

7）合法性原则：项目目标、动物来源、设施环境、人员资质、操作方法等各个方面不应存在任何违法违规或相关标准的情形。

8）符合国情原则：与国际接轨应坚持动物与人法律地位不能平等和坚持分类分步实施的基本原则，反对极端的动物权利保护主义。与国际接轨，应遵守我国法规、规定，应符合我国国情，反对盲目效法和崇洋媚外的各类激进的做法。

4. 我国实验动物福利伦理发展趋势

随着我国科研道德水平的不断提升，实验动物福利伦理和动物实验替代方法研究日益受到重视。2006 年，科技部发布了《关于善待实验动物的指导性意见》，结束了我国在国家层面上没有对实验动物福利要求的历史，明确提出了在生产、运输和使用等环节保障实验动物福利的要求，该意见的发布对推动我国在实验动物福利发展方面起到了至关重要的作用，也使我国在实验动物管理方面与国际接轨的脚步向前迈出了可喜的一步。

为推动实验动物福利保障工作的具体实施，一些地方科技管理部门也相继制定了实验动物福利伦理审查的规章制度，实验动物生产和使用单位根据相关要求开展福利伦理审查，使实验动物福利得以落实。同时，通过学术会议对实验动物福利伦理理念进行广泛宣传，使我国实验动物福利伦理工作稳步发展。

近年来，在化妆品检验领域，动物实验替代方法研究与验证工作发展较快，主要体现在以下方面：一是主管部门重视，加大相关科研工作的支持力度；二是通过科技创新建立了一些化妆品毒理学体外实验方法，并在不同的范围内开展了不同形式的验证活动；三是系列国家标准和行业标准的发布，初步形成了化妆品体外实验标准体系基础；四是通过开展与国外权威机构的学术交流加快了该领域的技术发展等。

（三）实验动物福利伦理管理面临的主要问题

近年来，在国家主管部门、地方政府、行业协会、科研院所等部门单位的共同推动下，我国实验动物福利伦理管理制度逐步规范、水平不断加强、人才队伍有所壮大，但发展速度仍不及欧美发达国家水平，难以满足国家相关科技领域的飞速发展带来的巨大需求。主要体现在以下几个方面。

1. 实验动物福利伦理和动物实验替代方法研究仍是瓶颈

尽管国家和地方政府不断对实验动物管理法规进行完善，但我国实验动物福利的内涵和外延尚不清晰，导致实验动物福利伦理指导性法规和配套章程不够完善，同时由于实验动物行业的特殊性，使得依法监管存在较大困难；科技发展方面，我国实验动物福利产品和相关技术研究仍是处于空白状态，科研项目主管部门对 3R 技术与实验动物福利提升如何有机结合还缺乏顶层设计和整体考虑，使得实验动物福利不能“落地”。

2. 实验动物领域科研投入和标准规范相当滞后

在实验动物福利评价体系建设方面，如何通过福利问题结构的分解、确定每种福利问题的权重、构建评估指标表、指标归一化和计算福利问题的综合值等，对实验动物福利水平作出评价，发现存在的问题，对影响程度作出判断，对多个影响因素进行排序、为制定提高和改善福利水平的有效措施提供依据，还需要做大量的科学探索。

3. 实验动物福利伦理研究领域的科技投入严重不足

实验动物福利伦理领域的科研机构、科研能力、专业人才队伍都十分薄弱，与国外形成巨大的反差。例如，英国有国家专门的研究机构“国家 3R 研究中心”，国家每年拨付的研究经费保证在 800 万英镑以上。

如何积极发挥实验动物学会、行业协会、从业人员在推动实验动物福利伦理工作方面作用值得思考。

（四）实验动物实施安乐死和仁慈终点的有关技术要求

1. 国外实验动物实施安乐死的有关技术要求

安乐死（Euthanasia），在《The IACUC Handbook—Euthanasia》，Peggy J. Danneman，NIH 2007，规定了安乐死审查及实施细则。

其依据和参考：① 2000 年 AVMA 美国兽医协会安乐死专门小组报告；② APHIS/AC 美国农业部动植物健康检疫局政策 3 ——兽医保健要求；③加拿大动物保护协会实验动物保护及使用指南——安乐死。

安乐死审查及实施细则：

1）不用干冰作为实施安乐死 CO_2 的来源：不能精确地控制流量，动物直接接触干冰很容易受伤。

2）安乐死室内鼠密度：CO_2 可以自由流通、所有的动物都能同样暴露于气体中。每一只动物都可以四肢着地。

3）不使用 CO_2 对新生动物实施安乐死。

4）兔子实施 CO_2 法安乐死，应进行固定。

5）成年鼠类包括垂死鼠安乐死，通常二氧化碳窒息法更适合；断头法或颈椎脱臼法必须由经过专门培训熟练的人员适当操作，否则动物必须事先镇定或者麻醉。使用颈椎脱臼法或者断头法必须有科学需要的正当理由，必须获得 IACUC 的允许。

6）动物进入无意识状态后，可以使用放血法安乐死。麻醉比镇静更适合使动物处于无意识状态。

7）垂死的兔子放血法安乐死，如果有意识，也应对其进行麻醉。

8）对大鼠（200g 以上）和兔子（1Kg 以上）等体型大、肌肉多的动物不鼓励使用颈椎脱臼法安乐死。

9）建议用“锋利的刀刃”（剪刀或铡刀）对新生的或者是已经被重度镇静或麻醉的成年啮齿类动物实施断头安乐死。对于成年鼠，要求操作者技术熟练并使用重型的、锋利的剪刀或铡刀实施安乐死。

10）抓着鼠尾快速的旋转，然后将其头部打在桌子边缘的击晕法是安乐死方法中一个不能接受的方法。尽管击晕可能是一个让动物进入无意识状态的有效方法，但是不能依靠该法使动物死亡。因此，击晕后要靠其他技术使其死亡。

11）对小鼠进行颈椎脱臼或者断头法实施安乐死，没有经验的人员应接受培训并受有经验人员的直接监督。IACUC 和主管兽医应该提供这种培训并监督实施安乐死的人员。

12）啮齿类常用的麻醉剂三溴乙醇（阿韦坦，Avertin）由于致死剂量要求大，或在动物死亡之前造成抽搐，不应用于安乐死。多数用来抑制、固定、镇痛和麻醉的药物制剂在动物死亡之前造成抽搐的，则不建议用于安乐死。戊巴比妥较适用于安乐死。

13）乙醇被提倡用来对两栖动物和无脊椎动物进行浸泡麻醉。小鼠可以用 50% ~ 100% 的酒精注入实施安乐死，但目前很少使用。使用 100% 的酒精，不良反应显著，50% ~ 75% 的则没有不良反应出现。

14）禁止使用神经肌肉阻断剂对没有麻醉的动物实施安乐死。中小体型鸟类，当其他安乐死方法不能使用的时候，胸加压法是一个可有条件接受的技术。不建议对小的啮齿类动物使用胸加压法安乐死。

15）氮气和氩气仅作为有条件接受的实施安乐死的气体，可以对几种动物，包括啮齿类动物和兔子使用。因为氮气或和氩气不像二氧化碳那样可直接作用于大脑造成动物在组织缺氧之前的昏迷状态，而氮气、氩气有可能造成焦虑。建议只有当动物处于深度镇静或麻醉时才使用这些气体，气体流速应该足够使室内氧气浓度快速小于 2%。

16）通过灌注福尔马林固定液，对深度麻醉的猴子实施安乐死是可以接受。但是灌注后必须有物理方法保证动物死亡。

17）由于更耐缺氧和更能应付高浓度二氧化碳环境，刚出生小于10天的小鼠、大鼠最人道的安乐死的方法是使用重的锋利的剪刀快速进行断头，如果操作熟练就不必事先进行镇静或麻醉。

18）产前动物实施安乐死，二氧化碳窒息法、过量巴比妥、过量氟烷、注射氯化钾（用氟烷或异氟醚进行母畜麻醉）或者颈椎脱臼法（麻醉或者不麻醉）均不能在20分钟内有效地造成小鼠胎儿（14～20天的妊娠期）心脏骤停。建议使用重型锋利的剪刀由熟练技术人员逐个实施断头，这是对晚期胎儿实施安乐死迅速有效的方法。

19）对于没有呼吸或只有受到刺激才呼吸的新生小动物，如果实施安乐死，可用重型锋利的剪刀进行断头。确认幼小的生物生命特征停止需要有高水平的专业知识，新生动物有较强的耐受缺氧和恢复的能力。

20）安乐死应包含“快速、无意识”和程序性的死亡。判断一个实验过程是属于安乐死还是无生还手术，可以考虑以下几点：①实验程序的长度：过程较长的更可能属于无生还手术；②实验程序的深入：越深入性的操作，尤其那些要求复杂手术操作的，更可能属于无生还手术；③实验程序的目的：如果主要的目的是杀死动物，更可能属于安乐死。如果动物的死亡是次要的目的或者是主要目的后果（例如：为了体内或体外研究摘除重要的器官），应归为无生还手术。

21）对有意识的青蛙实施穿髓，为一种“有条件接受”的安乐死方法，穿髓要求技术熟练。过量麻醉剂法比起穿髓法更适合。

22）实施击昏、穿髓和二氧化碳窒息法安乐死后，必须确认动物已经死亡，才能处理动物尸体。可见的呼吸运动结束后，还可能存在持续的心脏功能，以及潜在的复苏可能性。

23）室外安乐死方法的要求：①适合在实验室使用的安乐死技术一般同样也适用于室外饲养场。枪击法在室外饲养场可能是“有条件的接受”（AVMA专门小组）或“最能接受”（加拿大动物保护协会）。这种方法要求操作人员应该是个熟悉正确、安全、合法使用枪支的射手。子弹必须穿透动物大脑，立即造成失去意识，随即死亡。②对于搜集和处死室外自由散养的小动物，当其他方法已经失败时可实施猎杀陷阱方法，应确保以最人道的结果并避免抓到非目标物种，每天应去检查各个陷阱，对受伤的和活的动物应该快速人道的杀死。③室外动物意外受伤时，研究人员有道德上的义务人道地杀死严重受伤的动物，同时应保证人员的安全和其他动物的安全。

24）受伤的动物若遭受严重或慢性疼痛与焦虑而且无法减轻时，应在实验程序最后或在适当的程序中，将其无痛地杀死。

2. 我国实验动物实施安乐死的有关技术要求

由于我国缺少有关实验动物实施安乐死的有关技术的研究或技术评估，只有一些原则性的规定，目前主要照搬国外的做法。

中国实验动物学会实验动物福利伦理专业网站的网页（Website humane endpoints）在建设中。

3. 动物实验仁慈终点的确定及技术要求

关于仁慈终点：如果在得到实验结果之前，动物生命被终止，研究的价值就会打折并造成浪费；如果在得到实验结果后，仍让动物继续经受痛苦，完全没有必要，也不人道；理想的仁慈终点：应于在痛苦和 / 或伤害开始前结束实验，而且不影响研究目标。除极少数情况外，伦理审查不容许以死亡（安乐死除外）作为终点的实验计划。理想的处理方法：是在实验过程中确定一个点，在这个点介入（停止操作）能够减少疼痛和焦虑且不会对科学目的造成不利影响。

仁慈终点（Humane endpoint）严格的定义是：指动物实验过程中，按照福利伦理的原则，在可以获得实验结果的前提下，或者已经无法获得实验结果的情况下，选择尽早终止动物的伤害或不适实验的时间点。

由实验动物兽医负责判断并提出终止建议。实验动物兽医负责仁慈终点建议：

在制定项目方案时和动物实验前，兽医负责咨询和协商，确定如何实施仁慈终点。仁慈终点实施为伦理审查的一部分内容。兽医有权根据需要采用安乐死或采取其他措施减轻疼痛和压力，除非根据科研目的和伦理审查文件明确不允许这样做。

目前，国外先进做法：研究中实施（Implementation in research）；Research protocol；Responsibilities；Education and training；The continuous 4+1R cycle。

收集资料，为以后研究确定实施动物安乐死的合适时机，以加强动物的福利又不影响实验目标的完成。

要求实验者提供充足的正当理由，“以死亡为终点”（例如非麻醉致死）才有可能会接受，但应努力避免垂死动物的额外痛苦。除非安乐死可能会干扰实验目标，否则在动物变成垂死之前应该被杀死。

已经出结果、无法出结果、继续饲养动物会死亡、数据会丢失——人道终点。

当自然死亡和垂死状态都不能接受为终止点的情况下，必须实施安乐死。

1）决定安乐死的合适时机为两个有所重叠的临床征兆：①在治疗是禁忌或治疗已失败的动物身上将出现痛苦的征兆。②预示着濒死的征兆（啮齿类）：体重减轻、体温过低、昏睡、共济失调、皮毛竖起、姿势驼背、呼吸困难 / 发绀、腹部或面部浮肿、正常反射消失、不能走动、后肢麻痹。

2）当没有必要知道什么时候会发生死亡的情况下，下面的临床征兆就可以用来确定安乐死的适当时机：物种特有的慢性疼痛迹象；快速或严重的肿瘤生长（通常以肿瘤的大小和重量来定义）；肿瘤或者其他组织溃疡；慢性器官下坠；顽固性腹泻；天然孔的异常渗出排泻；持续流血；大面积或深度皮肤溃疡；持续的自我伤害；严重的肌肉消耗；跛行、瘫痪，或者其他干扰吃、喝或正常活动的中枢神经性症状；消瘦；昏睡；失控；腹胀；厌食；持续的呼吸系统症状（喘息，咳嗽，呼吸困难，鼻腔分泌物）；体温过低。

如果兽医对动物实施安乐死是因为临床的原因而不是研究需要，那么安乐死的方法最好与IACUC审查协议中规定的相一致。所有方法都应该与AVMA安乐死专门小组的建议一致。如果安乐死的方法对实验目标不重要，或者协议中要求使用的方法以动物的临床条件来说是禁忌的，那么应由兽医临床判断并选择最人道的方法。

对动物实施安乐死时，其他动物最好不要在场，尤其应避免目击同物种安乐死。例如采取以下措施可减少“目击者”动物的恐惧或痛苦：①视觉和听觉的防护；②被执行安乐死的动物被带到房间的其他地方或不同的房间。

（五）不同国家福利伦理理念和原则的特色

美国：重视心理福利（Psychological Welfare）。

①社会群体性：保护弱者，老弱病残单养，维护族群、隔离不相容动物；②环境富足：玩具、家具、器具，可自由表达典型行为（吃喝玩乐安全卫生）；③特殊关照：婴幼期、苦恼、郁闷、孤单者和被限制或实验处置期 、体形巨大者；④限制装置：1/12 小时自由；⑤免除情形：福利伦理委员会或兽医有权。

泰国：重视伦理委员会的审查职能；重视与研究经费提供机构的沟通，发表论文必须有伦理报告；国家佛教文化背景。

日本：保护范围定在哺乳和鸟类。

印度：3R+ 恢复 =4R。

WHO/CIOMS: 三项基本原则：尊重、慈善、正义。

（六）从业人员职业道德及生物安全与实验动物福利伦理

1. 职业道德（professional virtue）

1）职业道德概念：是指在职业范围内形成的比较稳定的道德观念、行为规范和习惯的总和。它是调整职业群体内部人员的关系以及与社会方面关系的行为准则，是评价从业人员的职业行为的道德标准，对该行业的从业人员具有特殊的约束力。

2）职业道德的主要内容：①职业道德意识，包括职业道德原则、规范、范畴、观念、情感、意志、信念等。②职业道德活动，包括个人职业道德行为和职业道德评价、教育、修养等。

职业道德意识和活动两个方面的内容密切联系、互相影响。职业道德往往通过公约、守则等形式，促使职工忠于职守，遵守规程，钻研技术和业务，服从领导，团结协作，体现社会公德的要求。

3）职业道德特点：职业道德对人们的思想和职业行为有着一种内在的约束力量，人们遵从职业道德是一种经过内化的、自觉的行为。职业道德比法律、规章制度等对人们行为的控制更为深刻和广泛；职业道德是社会道德的一个重要组成部分，它构成个人思想品德的一部分内容，成为个人的价值观、人生观乃至世界观的重要因素，对个人的思想意识和思想觉悟的形成有着重大的影响；实验动物从业人员职业道德水平的提升对行业的健康发展有重要作用。

2. 科技工作者应遵守的职业道德

中国科学技术协会 2007 年 1 月 16 日发布了《科技工作者科学道德规范》(试行),旨在推动中国科技界科学道德和学风建设的规范化、制度化,为建设创新型国家营造良好学术环境。该规范也是实验动物从业人员应遵守的基本要求。

3. 国家科技计划实施中科研不端行为处理办法(试行)

2006 年 9 月 14 日,经科学技术部第 25 次部务会议审议通过,自 2007 年 1 月 1 日起施行,其中规定的科研不端行为为 6 条:其中第 5 条为“违反实验动物保护规范”。

4. 实验动物从业人员应遵守的职业道德

我国实验动物职业教育工作起步较晚,与其他相关学科相比条件设备落后,工作环境艰苦,技术和管理要求较高,实验动物从业人员社会地位相对较低,要保证实验动物与动物实验质量,促进我国实验动物科学发展,就要求所有实验动物从业人员加强自身职业修养,树立良好的职业道德风范,培养一丝不苟的工作作风和勇于奉献的敬业精神。严格遵守职业道德规范,树立良好的职业道德,具体要求如下:①能够正确认识和对待实验动物科学技术工作,热爱实验动物事业;②自觉遵守实验动物各项法规、标准和管理规定;③自觉遵守科技工作者应遵守的职业道德;④爱护实验动物、善待生命,注重实验动物福利要求,遵守动物实验伦理规范;⑤认真钻研业务,具有扎实的专业基础理论和熟练的实际操作技能,积极参加相关的职业培训,信守诺言,承担能够胜任的工作,并积极避免工作失误;⑥在实验动物生产和管理工作中,实事求是、注重信誉、不生产或销售假冒伪劣实验动物及相关产品,不发布虚假信息广告、欺诈用户、侵害消费者合法权益;⑦在动物实验工作中认真负责、精益求精、不隐瞒过失,不伪造技术数据;⑧工作中团结协作、互相帮助、方便他人、不拆台;⑨重视人员防护、注重生物安全、防止环境污染、遵守社会公德。

5. 从业人员的生物安全与职业防护

目前,安全防护主要指在实验过程中可能对实验人员造成的危害和对公共环境造成的污染等各种不安全因素进行的防护。这些不安全因素主要来自化学、物理和生物等方面。动物实验一定根据实验的性质选择实验设施,设施内设备和防护装置应该完善,严格遵守各项规章制度和操作规程。

动物实验中的安全防护包括防火、防毒、防爆、防触电、防辐射、防外伤等,还包括防动物咬伤、防动物传染,特别要预防来自动物的气溶胶吸入感染。

目前,我国《实验动物从业人员上岗培训教材》(2011,孙德明等主编)把安全防护已经列入实验人员的培训内容。对实验中各类不安全因素要有阐述。让实验人员掌握必要的防范技能。要经常对实验人员进行安全教育,不断提高安全意识,一旦出现突发事件,能够迅速冷静地处理和排除事故。

实验动物作为与从业人员接触最密切的动物种类之一,其活动过程与人员的健康息息相关。因此,为防止在实验动物生产繁育过程和动物实验过程中威胁人员健康,应采取行之有效的措施对人员健康进行管理。

关心实验动物从业人员的健康并进行严格管理是保证实验工作人员安全的基础。对每一个人要建立安全健康医务监督检查登记制度，并有针对性地对上述危险因素做好防御工作。

工作人员上岗前除了技术培训外，必须进行健康检查，确认没有传染病（含微生物和寄生虫）和其他影响工作的疾病者才能上岗。上岗前对其抽血，留血清低温保存，以备后用。

工作中必须定期（每年至少一次）进行健康检查。对于健康状况不适于直接接触实验动物的人员应及时调整工作岗位。每日上班前测量并记录体温，超过 37.5℃或有明显不适者不能进行传染性实验。有明显的过敏反应人员亦应考虑更换工作岗位。

如果进行已知的传染性实验，要对工作人员进行特异性血清抗体检测并留存，以后要进行定期特异抗体检测，以便了解工作人员是否在工作中受到了感染。

进行传染性特别是强传染性工作，有条件者要进行药物和血清抗体预防治疗或备用，有相应疫苗的要进行预防免疫。

进行传染性特别是强传染性工作，要聘请或指定传染科专家对实验室工作人员进行医疗监督，一旦实验室感染能够及时发现并进入指定医院或备用医疗病房进行有效治疗。

6. 加强职业道德教育的紧迫性

实验动物工作对于从业人员的健康和环境会有不同程度的影响或危害。因此加强实验动物从业人员及管理者的责任感和职业道德修养至关重要。作为从事生命科学研究的工作者应该清楚，进行动物实验、进行科学研究的目的是造福人类，而不是给人类安全带来威胁，在任何实验中都要把人的安全放在首位。目前，我国实验动物的职业道德工作相对薄弱，不适应实验动物科技的快速发展。专门的教育和培训不足，专门的研究更是空白。

综上所述，只要科学合理地设计动物实验，考虑动物福利，使用优质标准化地实验动物、控制实验动物与动物实验环境、由具有渊博知识、职业道德素质高、操作规范、技能熟练地实验者进行实验，实验动物从业人员加强健康管理，就可以最大程度将实验动物对人类的威胁降到最低，最大限度地保障人员健康，更好地维护实验动物的福利。

（七）善待实验动物的技术要求

1. 国外善待实验动物的技术要求

国外有专门的善待动物组织（People for the Ethical Treatment of Animals, PETA），拥有超过 200 万名成员及支持者，是全球最大的动物权益组织。善待动物组织成立于 1980 年，致力于建立和保护所有动物的权益；善待动物组织奉行简单的原则，即动物不是供人类食用、穿戴、实验或娱乐的原则。

在世界多数国家和国际实验动物界，实验动物的 3R 原则，动物的 5 项权利理念均较为广泛的接受。避免不必要的伤害，手术动物有效的麻醉、止疼、护理，以及推行仁慈终点和安乐死，所有可能伤害动物的实验项目都要经过实验动物福利伦理委员会或 ICUC 组织的审查。所有这些，均被视为重要的善待实验动物的技术要求。

2. 国内善待实验动物的技术要求

《关于善待实验动物的指导性意见》，国科发财字（2006）第 398 号文件，是我国第一个专门关于实验动物福利伦理管理的规范性文件。该文件规定：善待实验动物是指在饲养管理和使用实验动物过程中，要采取有效措施，使实验动物免遭不必要的伤害、饥渴、不适、惊恐、折磨、疾病和疼痛，保证动物能够实现自然行为，受到良好的管理与照料，为其提供清洁、舒适的生活环境，提供充足的、保证健康的食物、饮水，避免或减轻疼痛和痛苦等。

其核心有两条：一是避免不必要的伤害，二是提供舒适的生活条件。这与《实验动物管理条例》第二十九条“对实验动物必须爱护，不得戏弄或虐待”的规定较为接近，但内涵有一定的区别。

（八）我国实验动物福利伦理学科的新进展

1. 目前的发展趋势和取得的新进展

由于生物医学等现代科技的快速发展，大量实验动物被用于各类实验，实验动物福利伦理和安乐死问题成为公众、特别是动物保护组织越来越关注的敏感问题。这些问题直接影响着实验动物行业的健康发展，对于相关领域的科学研究及国际交流、经济贸易也均产生越来越明显的影响，其国际化色彩日趋明显。

我国在国家层面，法规不完善，缺少质量控制标准。应加快法制标准和管理体制的建设步伐，通过法律标准体系规范和维护科研人员和实验动物的利益，推动实验动物福利在我国的健康可持续发展。

2012 年，中国实验动物学会实验动物福利伦理专业委员会成立。标志着我国实验动物福利伦理事业进入了一个新的发展阶段。该全国性委员会，一开始就面临着迅速加强与国际交流与合作，努力树立实验动物大国的良好的国际形象，承担应尽的国际义务的艰巨使命和任务。实验动物福利伦理专业委员会开展了一系列获得，包括举办全国性技术培训班，建立实验动物福利伦理专业网站，并在全国推行和提倡：①实验动物行业和单位：应该按国家有关法规标准和管理规范，尽快建立实验动物福利伦理审查的体系，为实验动物单位和全行业健康快速发展提供强有力的支撑和保障。②实验动物从业人员：应全面了解和自觉遵守实验动物福利伦理法规标准和规定，是基本的职业道德和必备的职业技能。③科研动物实验：应尽一切可能减少和避免导致动物的伤害、死亡特别是非安乐死亡。

2. 启动对外重大国际合作交流项目

（1）《中英首届实验动物福利伦理国际论坛》在北京召开

由中国实验动物学会实验动物福利伦理专业委员会和英国内政部共同主办、北京实验动物行业协会承办的“中英首届实验动物福利伦理国际论坛”于 2014 年 3 月 25—27 日在北京举行。论坛由英国全球合作基金项目资助。

论坛以“提升实验动物福利伦理管理规范和科技水平”为宗旨，从实验动物福利伦理管理法规与技术标准、人员培训和技术资质认定、善待实验动物、动物保护和3R理念实践等相关的国际合作议题进行广泛而深入的探讨，通过借鉴国际公认的管理经验和先进的科技成果，以期推动我国实验动物福利伦理管理和科技水平的快速提升。

论坛特邀了十余名国际知名专家和多位国内专家进行专题报告，并与与会者进行交流。首届论坛的主要议题包括：①中国实验动物福利伦理及审查国家标准的建立和研讨；②促进药物安全评价善待动物的指南和发展规划研讨；③停止化妆品不必要动物实验的战略研讨。

2014年3月25日，与会代表和专家首先参观了丹麦Novo Nordisk在北京的符合欧洲标准的现代化实验动物设施。晚上，应英方的邀请，论坛代表参加了英国驻华大使馆在大使官邸举行的盛大冷餐招待会。中方包括台湾共计80多名与会专家学者和10多名来自英国、丹麦、美国、新加坡、荷兰等国的专家应邀参加。英国大使馆公使Andrew Key和论坛中方执行主席，中国实验动物学会实验动物福利伦理专业委员会主任孙德明研究员先后发表了热情洋溢的讲话，对中英双方进一步加强科技交流，推动国际实验动物福利伦理事业的健康发展和科技文明进步，都充满了信心。

2014年26—27日，论坛大会学术报告正式举行。英方组委会主席，内政部实验动物监管部门负责人JudyMacArthur Clark博士；中方组委会主席，中国实验动物学会理事长秦川教授；论坛执行主席：国家卫生计生委科研所孙德明研究员；北京大学朱德生教授；全国政协委员，中国食品药品检定研究院实验动物资源研究所岳秉飞研究员；论坛承办方，北京市实验动物管理办公室主任李根平研究员；AAALAC全球总监Kathryn Bayne博士；英国大学动物福利联盟副理事长Robert Hubrecht博士；论坛秘书长，赛诺菲全球研发中心药物代谢、安全评价和动物实验部动物实验和福利亚太区总监庞万勇博士；论坛副秘书长，英国驻华大使馆一等秘书兼科技创新处长Karen Maddocks等都亲临论坛指导。来自国内外科技、教育、农业、医疗卫生、生物医药、化工、环保、质量认证和管理以及军事医学等相关行业的专家学者共计120余人参加了论坛。

在我国召开如此大规模、高水平的实验动物福利伦理的国际论坛尚属首次。论坛取得了丰富的科技交流成果和圆满的预期效果。中英双方对首届论坛均给予了高度评价，并决定继续进行更深入的交流合作，英方将予以论坛继续的支持，并商定：“中英第二届实验动物福利伦理国际论坛”将于2015年继续在北京举办。

（2）《中英第二届实验动物福利伦理国际论坛》在京召开

由英国全球合作基金项目（UK Government funds：2014-15 Prosperity Fund arranged through FCO）等资助，中国实验动物学会实验动物福利伦理专业委员会与英国内政部共同主办的，以“提升实验动物福利伦理管理规范和科技水平”为宗旨的“中英第二届实验动物福利伦理国际论坛”，于2015年3月17—19日在北京召开。这是继“首届中英实验动物福利伦理国际论坛”之后的又一次盛会，显示了中国作为实验动物生产和使用大国良好的国际形象，也展示了我国对推动实验动物福利伦理事业发展应尽的国际义务。

本次论坛的召开受到中英双方的高度重视。中国实验动物学会福利伦理专业委员会主任、论坛组委员会执行主席、国家卫生计生委科学技术研究所实验动物中心主任孙德明研究员和英方组委会主席、内政部科技司副司长实验动物监管处负责人 Judy MacArthur Clark 博士共同主持了论坛开幕式。中国科技部农村技术中心贾敬敦主任、英国驻华大使馆科技创新处 Karen Maddocks 处长、中国实验动物学会宋晶副秘书长代表理事长出席并发表重要讲话，对中英双方在实验动物福利伦理科技和管理方面的交流合作给予高度评价。

全国政协委员、中国食品药品检定研究院实验动物资源研究所岳秉飞研究员，北京大学实验动物中心朱德生教授，AAALAC 全球总监 Kathryn Bayne 博士，英国大学动物福利联盟理事长 Robert Hubrecht 博士，论坛秘书长庞万勇博士分别主持专题论坛。来自英国、美国、丹麦、挪威等国和中国国内科技、教育、农业、医疗卫生、生物医药、化工、环保、质量认证和管理以及军事医学等相关行业的专家学者和官员共计近 200 名代表参加了本次国际论坛。

英国政府十分重视本论坛的举办，3 月 17 日英国驻华大使馆邀请参加本次论坛的 100 多名中外来宾代表，出席在大使官邸举行的盛大冷餐招待会。招待会上，英国新任驻华大使吴百纳（Barbara Woodward）女士用流利的中文发表了热情友好的讲话，对中英双方的论坛组委会委员和各国专家学者表示真诚的欢迎和感谢，对中英两国在实验动物福利伦理方面的科技交流合作取得的成绩表示祝贺。孙德明主任代表中国实验动物学会福利伦理专业委员会及论坛组委员会发表了热情洋溢的讲话，介绍了中国实验动物学会福利伦理事业的发展状况，回顾了中英两国在实验动物福利伦理方面的科技交流合作历程，对英国政府、内政部、英国驻华大使馆和中国实验动物学会以及各位海内外朋友的大力支持表示感谢，同时也对“第二届中英实验动物福利伦理国际论坛”的成功举办充满信心，并希望中英两国在实验动物福利伦理领域继续展开更加广泛深入的合作，加强双方的人员往来和学术交流，共同推动国际实验动物福利伦理事业的快速健康发展。

本次国际论坛与会专家学者分别就实验动物福利伦理管理法规与技术标准进展、善待实验动物、动物保护和 3R 理念的实践、实验动物的疼痛管理、麻醉镇痛、福利伦理审查中的利弊分析、仁慈终点、替代技术、环境丰富、福利伦理审查及认证的国际合作等相关议题和技术细节进行了广泛而深入的交流研讨，部分专题还采取了互动的形式。本次论坛共计进行 19 个大会专题报告。会前，代表还参观了具有国际实验动物福利高标准的诺华诺德犬类实验动物设施、维通利华屏障实验动物设施及检测中心。

与会代表一致认为，论坛的成功举办，对于充分了解世界各国实验动物福利伦理的发展历程，借鉴国际公认的管理经验和先进的科技成果，在继承和发扬中国传统核心价值理念的基础上，推动中国实验动物福利伦理管理和科技水平的快速提升，共同促进国际实验动物福利伦理事业的健康和快速发展具有重要意义和深远影响。

两次国际论坛的成功举办，显示了中国作为实验动物生产和使用大国良好的国际形象，也展示了我国对推动实验动物福利伦理事业发展应尽的国际义务。

中英双方对本届论坛的成果均给予了积极评价，并决定继续进行更深入的交流合作。中英双方商定"中英第三届实验动物福利伦理国际论坛"将于 2016 年 3 月继续在中国举办。

—— 参考文献 ——

[1] 徐林，张云，梁斌，等. 实验动物树鼩和人类疾病的树鼩模型研究概述 [J]. 动物学研 究，2013，34（2）：59-69.

[2] 邓巍，许黎黎，鲍琳琳，等. 雪貂感染 H7N9 禽流感病毒动物模型的建立 [J]. 中国比较医学杂志，2014，24（1）：68-71.

[3] 张丽芳，佟巍，刘先菊，等. 雪貂葡萄球菌的分离与鉴定 [J]. 中国比较医学杂志，2010，20（8）：50-52.

[4] 张丽芳，佟巍，代小伟，等. 雪貂空肠弯曲杆菌的分离与鉴定 [J]. 中国畜牧兽医，2010，37（10）：159-160.

[5] 潘思丹，张曼，施海霞，等. 布氏田鼠剖腹产净化技术的建立 [J]. 中国卫生检验杂志，24（3）：352-354.

[6] 赵士海，杨林，代路路，等.SPF 级长爪沙鼠生长指标及血液学指标正常参考值的研究 [J]. 实验动物科学，2014，31（6）：21-25.

[7] 李薇，江其辉，杜小燕，等. 封闭群长爪沙鼠遗传标准的建立 [J]. 实验动物科学，2011，28（2）：31-36.

[8] 孙德明，李根平，陈振文，等. 实验动物从业人员上岗培训教材 [M]. 北京：中国农业大学出版社，2011.

[9] Kenneth Henderson，Cheryl Perkins，Richard Havens，et al.Efficacy of Direct Detection of Pathogens in Naturally Infected Mice by Using a High-Density PCR Array [J]. JAALAS，2013，52：763-772.

[10] Wunderlich M L，Dodge M E，Dhawan R K，et al. Multiplexed Fluorometric ImmunoAssay Testing Methodology and Troubleshooting[J]. J. Vis. Exp，2011（58），e3715，doi：10.3791/3715.

[11] Zhiguang Xiang，Wei Tong，Yuhan Li，et al. Three unique Sendai virus antigenic peptides screened from nucleocapsid protein by overlapping peptide array [J].Journal of virological methods，2013，193（2）：348-352.

[12] 马丽颖，刘双环，岳秉飞. 微量细胞毒法在近交系小鼠遗传检测中的应用 [J]. 实验动物科学与管理，2004，21（4）：6-8.

[13] 李雨函，魏强. 哨兵动物概述 [J]. 中国比较医学杂志，2012，22（10）：72-75.

[14] 中国实验动物学会实验动物福利伦理专业委员会. 中英首届实验动物福利伦理国际论坛会议资料集，2014.

[15] 中国实验动物学会实验动物福利伦理专业委员会. 中英第二届实验动物福利伦理国际论坛会议资料集，2015.

撰稿人：孙德明　岳秉飞　李根平　高　诚　孙荣泽　刘云波　魏　强　巩　薇　向志光　胡建华

比较医学的发展战略

比较医学是对人类与动物、动物与动物之间的健康与疾病状态进行类比研究的科学，主要任务是通过建立实验动物疾病模型来研究探索了解人类的相应疾病。与实验动物相关的科研论文和成果大部分属于比较医学成果。比较医学与实验动物科学的联系非常紧密，比较医学的发展历程和水平表明现阶段它是实验动物科学的一个分支学科。比较医学在全世界的发展极不平衡，目前只有少数发达国家形成了比较完整的比较医学体系。比较医学在中国刚刚起步，实验动物科学行业内对比较医学的内涵认识还不统一，具备医学、兽医学、动物学、药学等学科知识结构的复合型人才严重不足，比较医学还缺乏知识结构的系统性和对生命科学前沿问题研究的参与能力，学术水平不够高。近年来，基于动物实验的转化医学的迅猛发展对比较医学的发展起到了一定的推动作用。

一、引言

比较医学（Comparative Medicine）是对人类与动物、动物与动物之间的健康与疾病状态进行类比研究的科学，它的主要任务是以动物的自发性和诱发性疾病为模式，建立各种人类疾病的动物模型，观察研究不同物种对同一病原所致疾病的发生、发展和转归，是一门综合性基础学科。

动物和人类一样会生病，有些疾病例如严重急性呼吸综合征（Severe Acute Respiratory Syndromes，SARS）、禽流感、猪链球菌、肺结核、狂犬病等对人类的健康极其有危害，约 200 余种人畜共患病不仅病原体相同，而且病原体的生物学特性、传播方式、疾病发展过程、症状等均极为相似。利用动物疾病来研究人类疾病可以克服人体作为医学研究对象所面临的伦理和法律等方面的局限性，很多人类自身疾病如肿瘤、糖尿病、冠心病、高血压等的潜伏期长、病程长，受年龄、性别、营养、遗传等干扰因素多，因此，选择生命周期短的动物建立人类疾病模型是医学研究的重要手段。但是，由于进化程度、生活习性、解剖结构等差异，动物模型的结果不能直接应用到人类身上，还需对各种动物的生长发育、生理解剖结构、器官系统功能等多方面进行专门研究，比较其与人类相应结构与功能之间的异同。在此基础上，才能正确建立造模方法、掌握模型特点和应用范围，消除动物模型与人类间种属差异对实验结果引起的偏差。完成实验结果从动物模型到医学应用的桥梁就是比较医学和动物模型的分析技术。

“比较医学”是中国科学技术信息研究所于2007年7月发布的科技新词汇，确定比较医学是探讨医学比较研究方法及其应用的一门医学科学研究的方法学，隶属于医学科学范畴的分支学科，不是独立的医学体系，主要是对动物和人类的基本生命现象、尤其是各种疾病进行类比研究。比较医学首先是从现代生物学的角度对各种动物与人体进行比较研究，形成了比较解剖学、比较生理学、比较组织学、比较胚胎学、比较遗传学、比较心理学、比较行为学、比较基因组学、比较蛋白组学等分支学科；其次是从现代医学的角度研究动物自发或诱发疾病的病理发生过程和特征，并与人类相同、相似或相近疾病进行比较，形成了比较免疫学、比较流行病学、比较药理学、比较毒理学、比较病理学等分支学科。

二、比较医学的国内外进展

（一）学科设置

比较医学在全世界的发展极不平衡，目前只有少数发达国家设有规模大、水平高、设施和环境条件现代化的比较医学中心或比较医学系或部。例如，美国目前大概有30多所院校设有比较医学系或部（Department of comparative medicine），绝大多数设在医学院内，与传统的药物学、儿科、麻醉、心血管、皮肤等学科并列，如哈佛大学、耶鲁大学、哥伦比亚大学、麻省理工大学、斯坦福大学、约翰霍浦金斯大学、马里兰大学等。少数设在兽医学院内，如密苏里大学。耶鲁大学医学院比较医学系包括了动物资源中心、动物医学部、病理学部和生物技术部。美国加州大学戴维斯分校（UCD）比较医学中心就是最具代表性的人医、兽医联合教学科研中心，该中心跨学科研究引领世界学科发展前沿，由来自医学院和兽医学院11个学科带头人（Principle Investigator，PI）、共计200多研究人员组成。20世纪80年代，当人类首次遇到艾滋病时科研人员首先在恒河猴和家养猫中发现了类似的疾病。他们敏锐地觉察到这是研究人类艾滋病的绝好机会，因为这些动物完全可以替代人类用来进行艾滋病研究。参与的24位科学家体会到了大学科联合的优势，竭力推动加大戴维斯分校医学院和兽医学院成立研究中心，展开跨学科研究，由此加州大学戴维斯分校比较医学中心（CCM）应运而生。从最初的艾滋病及其他慢性传染病研究，扩展到现在的癌症、小鼠生物学及人类疾病动物模型研究。该中心聚焦实验性动物模型及自发性疾病动物模型的研究，实现了人医和兽医的大学科联合，适应了整合生物学及“大医学”的发展趋势。特别是在比较医学、感染性疾病、癌症生物学、小鼠生物学等学科资源整合方面实现的重大突破，带动了整体科研的创新发展。

比较医学系或部在这些大学的职能主要有三个方面：一是学术研究，具备独立的学术队伍和实验条件，开展独立的研究项目，重点研究重大疾病如感染性疾病、神经退性疾病等动物模型；二是教学和职业培训，培养研究生、博士后以及具有资格的兽医师；三是提供服务，如按照法规对从事动物实验的人员进行培训、监督检查动物福利状况、从伦理角度审查涉及动物实验的研究方案、帮助订购各种实验动物、提供动物代养场地和设施、提供动物疾病预防和治疗、协助研究人员进行手术等。

国外比较医学发展至今已将常规实验动物的生产和供应交付专业化社会化公司来承担，如美国的 Charles River Laboratories International, Inc. 和 Taconic Co.，大学、医学中心和研究机构主要承担各种基因修饰动物、新品系动物的培育和应用；同时围绕生命科学发展的需要，加大人类疾病动物模型的制备研究，特别是利用各种先进的方法和生物技术手段开发理想的疾病动物模型。

美国杰克逊实验室是全球最大的小鼠资源中心，近年来开办了一系列大型比较医学研究扩展项目，涵盖了脂肪形成和肥胖症、衰老生物学、糖尿病、动脉硬化、自身免疫病、血液学、遗传和寿命、遗传毒理、比较基因组学、肿瘤免疫学、高血压、心脏病、器官移植、干细胞和干细胞的治疗、生物信息学、比较病理学、传染病学等近 100 个研究方向。

国内目前从事比较医学研究的单位仍然主要是各大学和科研院所的动物中心、模式动物中心以及医院的动物实验科。学科门类设置较多的院校的动物中心主要承担了实验动物生产、繁殖和供应，模式动物中心主要承担了动物模型的制备和研究，而医院的动物实验科（室）更多的是提供动物实验的场所。各个专业学科建立的比较医学研究平台主要是筛选满足自身科研需求的基因修饰动物。只有少数比较医学开展得较早或者较好的动物中心才同时冠有体现比较医学的另一名称，如中国医学科学院实验动物研究所的“比较医学中心”、国家卫生计生委科学技术研究所的“比较医学及实验动物资源研究部”、南方医科大学和第三军医大学的“比较医学研究所”、扬州大学的“比较医学中心”、浙江中医药大学的“比较医学研究中心”等院校。

公司化的实验动物运营模式近几年发展较快，无论从啮齿类动物、还是小型猪或是非人灵长类实验动物，中国均有了专业化的公司。北京维通利华实验动物技术有限公司作为美国 Charles River Laboratories 在华合资企业，是国内唯一核心全部来自美国 Charles River Laboratories 的实验动物供应商。

（二）专业队伍

从事实验动物科学和比较医学的主体绝大多数来自农业院校和综合大学的兽医、畜牧、动物学、生物学等专业，培养这个领域高学历人才的硕士点主要设在临床兽医学、预防兽医学和动物学等几个二级学科专业。部分资深专家来自医学、药学、中医学等专业。

近年来，逐渐有医学、药学等背景的新生力量加入实验动物科学和比较医学行业。扬州农业大学和首都医科大学在国内较早开设比较医学方向大专和本科生培养的大学。

（三）学术研究

目前比较医学学术研究的重点是开发和建立中国若干重要人类疾病的实验动物模型，如肝炎动物模型、艾滋病动物模型和各种癌症动物模型等；通过人类疾病实验动物模型进行发病机理、药物疗效、药理作用机制、毒性安全的比较医学研究；展开对具有独特意义和新品系实验动物的培育；筛选若干具有特殊模型性状和独特生物学特征的水生或是野生动物；利用简单的模式生物例如果蝇进行比较功能基因研究，为人类基因功能的鉴定研究提供有益的借鉴。现代实验动物科学技术打破了中间壁垒，不同物种间可以进行遗传物质交换，实现了基因水平、细胞组织水平和整体水平研究的统一，特别是转基因技术和基因敲除技术实现对动物基因组的改造和操作，能够主动设计制备多种疾病的动物模型，利用这些模型研究疾病的发生发展机理和各种治疗方案。当前国内比较医学发展的当务之急是进行资源整合，优化配置，进行专业化和规范化建设，密切结合生命科学的重大问题，做好基础创新研究。

（四）学术著作

最早、最有影响力的比较医学著作是第四军医大学施新猷教授主编的《比较医学》（陕西科学技术出版社，2003），该书内容包括比较医学概论、比较医学研究中的实验动物选择应用和影响因素、现代实验动物与比较医学、生物高技术与比较医学、比较药理学、比较毒性理学、比较环境卫生及中医证型模型与比较医学等 9 章。近年来，中国医学科学院实验动物研究所主编出版了比较医学丛书，已经出版《常见和新发传染病动物模型》《小鼠基因工程与医学应用》《比较行为学基础》。西安交通大学刘恩岐主编的国家卫计委“十二五”规划教材《人类疾病动物模型》（人民卫生出版社，2014）按照人体系统分类，重点介绍了影响人类健康的 85 种重要疾病动物模型制作原理、制作方法、模型特点、模型来源、模型评估和应用等。此外，国内学者编写的《脊椎动物比较解剖学》《动物比较生理学》《比较组织学彩色图谱》《人类疾病动物模型》以及翻译的《比较基因组学》《比较内分泌学》等是常用的参考书。

三、动物模型及分析技术

通过动物模型研究和了解人类疾病发生、发展规律是比较医学研究的核心内容。近年来，由于新技术、新方法的不断涌现，生命科学得到了快速发展，特别是随着基因敲除、微阵列及分子影像等技术的出现，使得模式动物制备成为可能，模式动物在生命科学多个领域显现出明显的优势，为比较医学研究提供了重要的工具。综合近年来动物模型的发展，有以下工作值得从事实验动物相关科技人员重点关注。

（一）动物模型制作

1. 基因修饰动物模型（Gene modified animal model）

随着显微操作技术和体内打靶技术的不断发展，基因修饰动物已成为比较医学研究的重要工具，转基因动物和基因敲除动物的应用为人类疾病致病机理研究和药物筛选研究奠定了良好的基础。目前的生物技术可以实现外源基因在实验动物体内时空表达，利用该技术制备的转基因动物在生物医学研究中得到了广泛的应用。随着锌指酶技术、TALEN 技术及 CRISPR/Cas9 技术的发展，基因敲除动物制备已突破以前的技术壁垒，使得基因敲除动物制备变得简单易行，基因敲除动物已成为基因功能研究、转化医学等领域的重要工具。特别是基于 TALEN 和 CRISPR/Cas9 的基因敲除技术可在局部实现非同源重组与同源重组，获得基因敲除小鼠或在人源化的细胞上实现定点敲除。2014 年 *Nature Methods* 首刊将 TALEN 和 CRISPR/Cas9 技术列为 2014 年值得关注的技术。

常用的基因修饰动物模型制备技术包括了 RNAi 技术、Cre/LoxP 技术、锌指酶技术、TALEN 技术和 CRISPR/Cas9 技术。

（1）RNAi 技术

RNA 干扰（RNA interference，RNAi）是指在进化过程中高度保守的、由双链 RNA（double-stranded RNA，dsRNA）诱发的、同源 mRNA 高效特异性降解的现象。RNAi 机制依赖于 siRNA 反义链与靶序列之间严格的碱基配对，所以具有很强的特异性，RNA 干扰是正常生物体内抑制特定基因表达的一种现象。由于使用 RNAi 技术可以特异性剔除或关闭特定基因的表达，所以该技术已被广泛用到包括功能基因组学、药物靶点筛选、细胞信号传导通路分析、疾病治疗等。RNAi 技术较传统的转染实验简单、快速、重复性好，克服了转染实验中重组蛋白特异性聚集和转染效率不高的缺点。

（2）Cre/LoxP 技术

一种条件性基因敲除技术，该系统包括 Cre 重组酶和 LoxP 位点两部分，Cre 重组酶由大肠杆菌噬菌体 P1 的 Cre 基因编码，由 343 个氨基酸组成，它不仅具有催化活性，而且跟限制酶相似，可识别特异的 DNA 序列如 LoxP 位点，引起重组。LoxP 位点是 Cre 重组酶作用的特异性重组位点，由 34bp 组成。Cre 重组酶有 70% 的重组效率，不借助任何辅助因子，作用于多种结构的 DNA 底物，Cre 重组酶通过与 DNA 上 LoxP 位点的结合，发挥其重组作用。这两个系统都是位点特异性重组酶系统，已发展成为在体内、外进行遗传操作的有力工具。

该系统具有诸多优点，包括：① Cre 重组酶与具有 loxP 位点的 DNA 片断形成复合物后，可以提供足够的能量引发之后的 DNA 重组过程，因此该系统不需要其他辅助因子；② loxP 位点是一段较短的 DNA 序列，非常容易合成；③ Cre 重组酶是一种比较稳定的蛋白质，可以在生物体不同的组织、不同的生理条件下发挥作用；④ Cre 重组酶的编码基因可以置于任何一种启动子的调控之下，从而使这种重组酶在生物体不同的细胞、组织、器官，以及不同的发育阶段或不同的生理条件下产生，进而发挥作用。相对于传统的基因突变技术，Cre/LoxP 系统借助于 Cre 重组酶表达的特异性，条件性敲除基因，大大降低了小鼠的死亡率。

（3）锌指酶技术（ZFN）

一种对基因组 DNA 实现靶向修饰的新技术。锌指核酸酶（Zinc-finger nuclease，ZFN）是一类人工合成的限制性内切酶，由锌指 DNA 结合域（zinc finger DNA-binding domain）与限制性内切酶的 DNA 切割域（DNA cleavage domain）融合而成。ZFN 通过作用于基因组 DNA 上特异的靶位点产生 DNA 双链切口，然后经过非同源末端连接或同源重组途径实现对基因组 DNA 的靶向敲除或者替换。它们能够识别并结合指定的位点，高效且精确地切断靶 DNA。随后细胞利用天然的 DNA 修复过程——“同源定向修复”或“非同源末端连接”来治愈靶的断裂。

研究者根据靶 DNA 序列设计特异性的锌指蛋白，然后用锌指蛋白核酸酶定点突变 DNA，并引入外源基因，该技术具有非常高的基因整合效率。2006 研究人员利用锌指核酸酶技术，成功培育出首只靶基因敲除大鼠。突变后的大鼠后代同样带有基因突变，这证明该修饰是永久可遗传的。此外，将锌指核酸酶技术和胞内 DNA 修复机制结合起来，研究者还可在生物体内对基因组进行自如编辑。目前，在大量植物、果蝇、斑马鱼、蛙、大、小鼠及牛等物种中，ZFN 技术已被广泛应用于靶向基因的突变，通过人工修改基因组信息可以产生遗传背景被修改的新物种。

（4）TALEN 技术

TALENs（transcription activator-like effector nucleases）为转录激活因子样效应物核酸酶，是基因组编辑核酸酶三大类之一。其中的 TAL 效应因子（TAL effector，TALE）最初是在一种名为黄单胞菌（Xanthomonas sp.）的植物病原体中作为一种细菌感染植物的侵袭策略而被发现的。这些 TALE 通过细菌 III 类分泌系统（bacterial type III secretion system）被注入植物细胞中，通过靶定效应因子特异性的基因启动子来调节转录，来促进细菌的集落形成。由于 TALE 具有序列特异性结合能力，研究者通过将 FokI 核酸酶与一段人造 TALE 连接起来，形成了一类具有特异性基因组编辑功能的强大工具，即 TALEN。它是实现基因敲除、敲入或转录激活等靶向基因组编辑的里程碑。TALENs 具有比锌指核酸酶（ZFNs）更优越的特点，现在成为了科研人员用于研究基因功能和潜在基因治疗应用的重要工具，是目前较有发展前景的基因修饰技术。

2011 年北京大学的 Zhang 等首次使用 TALEN 技术在斑马鱼中成功实现了定向突变和基因编辑；Iowa State University 的 Wang 等人在 2012 年首次使用 TALEN 技术在斑马鱼体内完成了特定 DNA 的删除、人工 DNA 插入等操作。随后 TALEN 技术被广泛应用于植物、大小鼠的基因组改造等方面。2013 年 Zhang 使用 TALEN 诱导了 DNA 双链断裂，提高了同源定向修复效率，在斑马鱼中实现了同源重组基因打靶。近年来，TALEN 已广泛应用于酵母、动植物细胞等细胞水平基因组改造，以及果蝇、斑马鱼和小鼠等各类模式研究系统。2011 年 *Nature Methods* 将其列为年度新技术，2012 年 *Science* 则将 TALEN 技术列入了年度十大科技突破。

（5）CRISPR/Cas 技术

CRISPR/Cas 系统最早是在细菌的天然免疫系统内发现的，其主要功能是对抗入侵的病毒及外源 DNA。该系统由 CRISPR 序列元件与 Cas 基因家族组成。其中 CRISPR 由一系列高度保守的重复序列（repeat）与同样高度保守的间隔序列（spacer）相间排列组成。而在 CRISPR 附近区域还存在着一部分高度保守的 CRISPR 相关基因（CRISPR-associated gene，Cas gene），这些基因编码的蛋白具有核酸酶活性的功能域，可以对 DNA 序列进行特异性切割。该系统的工作原理是 crRNA（CRISPR-derived RNA）通过碱基配对与 tracrRNA（trans-activating RNA）结合形成 tracrRNA/crRNA 复合物，此复合物引导核酸酶 Cas9 蛋白在与 crRNA 配对的序列靶位点剪切双链 DNA。而通过人工设计这两种 RNA，可以改造形成具有引导作用的 sgRNA（short guide RNA），足以引导 Cas9 对 DNA 的定点切割。

TALEN 技术和 ZFN 技术的定向打靶都依赖于 DNA 序列特异性结合蛋白模块的合成，这一步骤非常繁琐费时。而 CRISPR/Cas 技术作为一种基因组编辑工具，能够完成 RNA 导向的 DNA 识别及编辑，通过使用一段序列特异性向导 RNA 分子（sequence-specific guide RNA）引导核酸内切酶到靶点处，从而完成基因组的编辑。该系统的开发为构建高效的基因定点修饰技术提供了全新的平台。CRISPR-Cas 技术是继锌指核酸酶（ZFN）、ES 细胞打靶和 TALEN 等技术后可用于定点构建基因敲除大、小鼠动物的第四种方法，且有效率高、速度快、生殖系转移能力强及简单经济的特点，在动物模型构建的应用前景将非常广阔。

近年来，CRISPR/Cas9 技术被广泛应用于各类体内和体外体系的遗传学改造和转基因模式动物的构建。中国科学院动物研究所周琪研究员利用 CRISPR-Cas9 技术在大鼠中实现了多基因同步敲除；而怀特海德研究所（Whitehead Insititute）利用 CRISPR-Cas9 技术构建了条件敲除的小鼠转基因模型；杜克大学 Pratt 工程学院基因组科学研究所的 Gersbach 研究组则已经开始尝试使用 CRISPR 技术进行基因治疗；北京大学生命科学学院的瞿礼嘉教授课题组利用 CRISPR-Cas9 系统成功地实现了对水稻特定基因的定点突变。武汉大学模式动物中心李红良课题组利用 CRISPR-Cas9 技术建立了完善的转基因和基因敲除技术平台，在国内首先开展基因敲除大鼠的研发工作，建立了大鼠资源的开放共享平台，自主研发基因敲除大鼠 300 多个品系，自主研发基因敲除兔 7 个品系，主持或合作研发基因敲除与转基因小鼠 600 多个品系。

通过基因修饰动物复制人类疾病动物模型可以克服传统动物模型的缺点，尤其在感染与免疫领域、肿瘤学研究、基因功能研究、人源化抗体制备等方面具有很大的应用前景。未来发展应充分利用分子生物学技术、细胞培养技术、组织工程技术等制备的基因修饰动物，重点在转基因动物、基因敲除动物及人源化动物等领域建立具有独立知识产权的实验动物。

2. 人源化个体化肿瘤模型（Patient derived xenograft）

肿瘤动物模型分为细胞系移植瘤模型、人源化肿瘤模型等。传统的人体肿瘤模型是将人类肿瘤细胞在体外筛选，经过传代培养建立的稳定的细胞株，然后注射到免疫缺陷小鼠体内而建立的模型。这种模型使用连续传代的肿瘤细胞株因为适应了培养皿的环境，缺乏肿瘤微环境例如非肿瘤基质细胞、细胞外基质、肿瘤微环境因子等，这些细胞株种植到免疫缺陷小鼠后形成的肿瘤是同质性的，丢失了原发肿瘤的特性，特别是不能准确反映肿瘤的异质性，往往导致许多化疗药物临床前治疗发现和临床试验中疗效间的相关性较差。将病人来源的肿瘤移植于免疫缺陷小鼠建立的模型 PDTX（Patient derived tumor xenograft）较好地解决了上述问题。该模型是将病人的新鲜肿瘤组织移植到免疫缺陷小鼠上建立的异种荷瘤模型，这种模型较好地复制了病人肿瘤的异质性，保留了原发肿瘤的微环境和基本特性。PDX 模型与人原发肿瘤相似度高，保持了肿瘤组织中间质和干细胞的成分，有利于肿瘤组织中生物标志物的评估，可用于测试抗肿瘤药物的敏感性和预测病人的预后，实现肿瘤个性化治疗，为肿瘤研究提供了一个很好的体内模型。但是 PDTX 模型成本高，制备时间长，影响因素多。未来发展应以免疫缺陷动物为工具，建立不同组织来源的人肿瘤 PDX 动物模型，为肿瘤发病机制、药物筛选提供良好的研究工具。

人源化小鼠在使用以往免疫缺陷动物基础床上，类型日趋多样化，根据实验需求，人们相继研发出 NOD（non-obese diabetes）、Prkdc^{scid}、IL2rg^{null} 和 Rag2-/- 等重度联合免疫缺陷小鼠。根据基因缺失的不同，小鼠的 T 细胞、B 细胞和 NK 细胞表现为不同组合的缺失，缺失程度越高，体内携带的人体组织或细胞就越多。敲除一些免疫相关基因可获得重度联合免疫缺陷小鼠，适合人源细胞移植，是良好的移植宿主，如，敲除人 IL-2 受体 γ 链的小鼠 IL2$r\gamma^{-/-}$-KO，其机体免疫功能严重降低，尤其是 NK 细胞生物活性几乎丧失；Rag2-/- 小鼠缺乏成熟 T、B 细胞小鼠，也没有 NK 和 NKT，经常被用来做人源化小鼠模型；将 NOD/SCID 小鼠的 IL-2 受体 γ 链敲除获得 NOG 小鼠是目前免疫缺失程度最高的小鼠，最适合做人体肿瘤标本的移植。

中国自主研发的 NPG/Vst，与国外的 NSG 或 NOG 一样，均为 NOD-Prkdc^{scid} IL2rg^{null} 小鼠，是目前国际公认的免疫缺陷程度最高、最适合人源细胞移植的工具小鼠。NPG /Vst 小鼠是迄今世界上免疫缺陷程度最高的工具小鼠；与 NOD-scid 小鼠相比寿命更长，平均长达 1.5 年；对人源细胞和组织几乎没有排斥反应；少量细胞即可成瘤，依赖于细胞系或细胞类型；无 B 淋巴细胞泄漏。

3. 人源化动物模型（Humanized animal model）

人源化动物是指体内携带有人体组织或细胞的实验动物。传统的通过化学方法、物理方法诱导的动物模型尽管已经为人类疾病研究做出了很大的贡献，但仍有许多人类疾病难以在实验动物中复制。通过 TALEN 技术、CRISPR/Cas9 技术及遗传育种技术建立的人源化小鼠克服以往实验动物诸多弊端，一些难以复制的疾病模型可利用人源化小鼠进行复制。与传统动物模型相比，人源化小鼠在感染与免疫领域、肿瘤研究及基因工程抗体制备等领域有非常独特的优势，可以说人源化动物的研究是未来实验动物的发展趋势。利用转基因或同源重组的方法，将人类基因“放置”在小鼠模型上所制备的人源化小鼠模型，大大提高了这类小鼠模型作为模拟某些人类疾病的有效性。主要应用在艾滋病、癌症、传染病、人类退化性疾病、血液病研究领域等都有广泛的应用。药物临床前模拟实验。

目前较常用的人源化小鼠模型包括，将人肝细胞移植到肝损伤的免疫缺陷小鼠体内建立的人肝嵌合小鼠模型，称为人源化肝脏小鼠（Humanized liver mice）。小鼠肝脏人源化可以解决乙型肝炎病毒（Hepatitis B virus，HBV），丙型肝炎病毒（Hepatitis C virus，HCV）和疟疾（Malaria）等人类传染病缺乏动物感染模型的难题，为这些疾病的病理研究、疫苗和新药研发以及人肝细胞代谢功能的体内研究提供可靠的研究平台。肝损伤免疫缺陷小鼠模型（URG™），该模型借助 Tet-on 基因表达调控系统，可以通过强力霉素（Dox）诱导，在小鼠肝脏特异表达尿激酶（Urokinase plasminogen activator，uPA），引起小鼠肝脏损伤，是可调控的高效肝损伤模型。Tet-uPA 小鼠与免疫缺陷小鼠 $Rag2^{null}\gamma c^{null}$ 或 NOD-scid γc^{null} 交配，获得免疫缺陷的诱导型肝损伤模型，这种小鼠通过移植人的肝脏细胞，可以获得真正意义上的人源化肝脏小鼠模型。人源化造血 / 免疫系统小鼠（Humanized hematopoiesis/immune system mice）即移植了人的造血干细胞的免疫缺陷小鼠，通过联合移植人的造血干细胞和胸腺组织，还可以获得具有功能性免疫系统的人源化小鼠模型。人源化小鼠的发展已成为国外公司、研究机构竞逐的目标。尤其是将人源化小鼠与 PDX 模型结合起来复制人类肿瘤，将会在肿瘤学研究中具有举足轻重的作用。

4. 基因修饰家兔资源（Genetically modified rabbit）

家兔是最常用的实验动物之一，由于其体型大小适中、繁殖周期短、容易进行各种手术，因而被广泛用于生物医学研究。家兔对高胆固醇饮食敏感，是第一个用于研究人类动脉粥样硬化的动物模型。由于其心脏肌原纤维蛋白（Sarcomeric protein）组成与人类相似，家兔也有被用来研究人类心肌疾病发病机理。家兔在进化上比啮齿类动物更接近人类，成年家兔也有足够血容量（100 ~ 150mL）来完成多个生化分析和反复测试。

自 1980 年起，基因修饰（Genetically modified，GM）动物研究和应用发展迅速。1985 年，世界上第一例转基因家兔模型培育成功。真正利用转基因家兔模型开展人类相关疾病研究起始 1994 年，Fan 等报道了家兔过表达人肝酯酶（Hepatic lipase, HL）影响血脂和动脉粥样硬化以来，过表达人类 15-lipoxyenase、ABCG 1、apo(a)、apoA-I、apoA-II、apoB-100、apoC-III、apoE2、apoE3、CETP、CRP、LCAT、LPL、MMP-12、PLTP、VEGF、U-II 以及过表达家兔 apoB mRNA 编辑蛋白等基因的转基因家兔模型相继培育成功。通过杂交育种技术，已成功将人类 apo(a)、LCAT、LPL、MMP-12 等基因转移到低密度脂蛋白 (LDL) 受体缺陷的家族性高脂血症 (Watanabe heritable hyperlipidemic, WHHL) 家兔背景下。此外，双表达人 HL 和 apoE、apo(a) 和 apoB、HL 和 apoB 基因的双转基因家兔及同时表达

apoA-I/C-III/A-IV 的 3 个基因转基因家兔模型也培育成功，用于研究这些基因在人类脂质代谢和动脉粥样硬化疾病发生和发展中的作用。

在心脏病研究方面，世界上两个研究小组分别构建转基因家兔模型来研究心血管生理、模拟人类肥厚性心肌病 (Hypertrophic cardiomyopathy，HCM)。一个研究小组构建了 β 肌球蛋白重链 (β-myosin heavy chain, MyHC) 缺陷的转基因兔模型，发现其表型表达人类 MyHC 突变型患者几乎相同：心肌肥大、肌细胞和肌原纤维排列紊乱、间质纤维化、过早死亡。另一个小组的 James 等使用小鼠 α 和 β MyHC 作为启动子、制作了过表达肌球蛋白轻链突变体 (m149v) 的转基因家兔，来探讨这种突变与 HCM 关系。最近，该研究小组还构建了在心室表达心肌肌钙蛋白 I(cTnI-146Gly)、α-MyHC、心脏 G 蛋白 α(GSα) 等转基因家兔模型研究人类心衰。cTnI-146Gly 转基因家兔再现了人 HCM 表型，α-MyHC 转基因家兔肌原纤维蛋白异样，GSα 转基因家兔心率加快、收缩增强。此外，Brunner 等成功构建表达人类钾通道突变基因 KCNQ1 和 KCNH2 转基因家兔，出现长 QT 综合征表型。

家兔对 HIV-1 感染敏感、但进程缓慢，主要是由于人类和家兔 CD4 结合位点的病毒蛋白 HIV gp20 不同。世界上两个实验室建立了表达人 CD4 转基因家兔模型，发现来源于 CD4 转基因家兔淋巴细胞感染 HIV-1 后容易凋亡，表明用转基因家兔模型研究 HIV 可行。此外，CRPV/HLA-A2.1、HLA-A2.1、FcRn 等转基因家兔模型也被用于免疫学研究。表达癌基因的转基因家兔容易发展成淋巴瘤、白血病和皮肤癌，这些模型可能对癌基因研究具有价值，也为未来人类肿瘤预防、诊断和治疗提供了独特的模型。

除了上述研究领域以外，研究人员还构建了表达 GH、rhodopsin P347L、GFP、CD55/CD99、a-glucosidase、β-interferon、alkaline phosphatase、factor VII 等转基因兔，用于生物医学研究。转基因家兔模型可以成为生物反应器 (Bioreactor)，生产实验或医药工业用重组蛋白。

近年来，随着 ZFNs、TALENs 和 CRISPR/Cas9 等新的基因编辑技术的出现，给家兔基因打靶带来了重大突破，世界上不同研究小组创建了 10 余种 KO 家兔模型。如，用 ZFNs 敲除了家兔 IgM 或 apoC-III 相关基因。GM 家兔模型制作和应用也有一些不足之处，如，SPF 和近交系家兔模型不常见、没有广泛使用；构建和维持 GM 家兔需要更高成本；解析 GM 家兔模型表型需要花费更长时间；KO 家兔模型还没有真正用于人类疾病模型研究中，条件性 KO 家兔模型还没有培育成功等。

（二）动物模型分析技术

随着技术手段的推陈出新，借助于基础与临床医学中各种信息采集和分析技术的发展，对动物模型的分析也进入高科技阶段，数字化病理分析技术、分子影像技术、生物信息学技术、组学技术、胚胎技术、芯片技术、行为学技术、芯片遥感技术、芯片条码技术在模型分析方面得到广泛应用，使动物模型分析进入活体、即时、无创阶段，结合经典的分析技术，在研究生命现象、疾病发展过程等方面有了更科学、快速的方法，极大地促进了生命科学和医药、农业、环境等领域的创新研究。在欧美等国，实验动物分析已经出现专业化、集成化和商业化的趋势，形成了技术齐全的分析中心或实验医学中心（Mouse clinic），极大地提高了研究效率。中国一些药物安全评价机构和实验动物研究机构已经出现了实验动物分析专业化、集成化的雏形，开始面向社会提供动物模型分析技术服务。

1. 数字化病理分析技术

数字化病理就是指将数字化技术应用于病理学领域，数字病理系统主要由数字切片扫描装置和数据处理软件构成。首先，利用数字显微镜或放大系统在低倍物镜下对玻璃切片进行逐幅扫描采集成像，显微扫描平台自动按照切片 XY 轴方向扫描移动，并在 Z 轴方向自动聚焦。然后，由扫描控制软件在光学放大装置有效放大的基础上利用程控扫描方式采集高分辨数字图像，图像压缩与存储软件将图像自动进行无缝拼接处理，制作生成整张全视野的数字化切片（Whole Slide Image，WSI）。再将这些数据存储在一定介质中建立起数字病理切片库。随后就可以利用相应的数字病理切片浏览系统，对一系列可视化数据进行任意比例放大或缩小以及任意方向移动的浏览和分析处理，数字化病理系统可以使病理资源数字化、网络化，实现了可视化数据的永久储存和不受时空限制的同步浏览处理，它在病理的各个领域得到广泛应用。

数字化病理技术最早始于 1985 年，20 世纪 90 年代在美国开始被应用于商业领域，从 2000 年开始在医学院校逐步取代传统显微镜，主要应用于病理图文报告系统。美国以及全世界范围内有 50% 的医学院校都已经或正在筹备引进数字化病理系统。在国内，也已经有多所高校、医院及其他科研机构都建立起数字化病理系统的可视化数据库。数字化病理技术同样可以应用于各种人类疾病的动物模型，按照动物种属、疾病种类、病程进展等差别，建立动物模型数字化病理库。

2. 分子影像技术

分子影像技术（Molecular imaging）是运用影像学手段显示组织水平、细胞和亚细胞水平的特定分子，反映活体状态下分子水平变化，对其生物学行为在影像方面进行定性和定量研究的科学。分子影像技术是医学影像技术和分子生物学、化学、物理学、放射医学、核医学以及计算机科学相结合的一门新的技术。它将遗传基因信息、生物化学与新的成像探针进行综合，由精密的成像技术来检测，再通过一系列的图像后处理技术，达到显示活体组织在分子和细胞水平上的生物学过程的目的。目前，根据成像原理和信息采集方式等不同，分子影像技术设备包括小动物 PET/CT、小动物核磁共振（MRI）、小动物超声成像、小动物活体光学成像等动物专用高分辨率分子影像设备。可对各种肿瘤、心脏疾病、血管疾病、神经退行性疾病、骨疾病等疾病动物模型进行分子影像学定量分析。可提供多物种、多层次的人类疾病实验动物模型的影像分析与评价。

3. 生物信息学技术

生物信息学 (Bioinformatics) 是研究生物信息的采集、处理、存储、传播，分析和解释等各方面的学科，它综合利用生物学，计算机科学和信息技术，通过基因序列比对、蛋白质结构比对、分子进化等手段来揭示大量而复杂的生物数据所赋有的生物学奥秘，是当今生命科学和自然科学的重大前沿领域之一，同时也将是21世纪自然科学的核心领域之一。

随着海量数据的产生，实验动物领域的数据量规模越来愈大。注重信息数据库以及信息化平台建设，以实现信息与资源的共享。美国Jackson研究所作为世界上最大的遗传保种和遗传研究中心，除了将其小鼠品系资源进行信息化之外，还相继根据其研究成果建立了“小鼠基因组”(Mouse Genome Informatics，MGI)、“基因表达数据库”(Mouse Phenome Database，MPD)、“小鼠肿瘤生物学数据库”(Mouse Tumor Biology Database，MTD)等。美国威斯康星大学医学院也建立了大鼠基因组数据库(Rat Genome Database，RGD)，其内容涵盖了大鼠品系、基因组、基因功能以及与人、小鼠之间的多种比较医学信息。欧盟也建立了欧洲突变小鼠资源库(The European Mouse Mutant Archive，EMMA)，对国际小鼠表型分析联盟(International Mouse Phenotyping Consortium，IMPC)所产生的大量疾病动物模型进行信息化。此外，NIH另建立了一个专门针对疾病动物模型资源的数据库(Link Animal Models to Human Disease，LAMHDI)，收录了5万多条数据，供生物医学研究者对疾病动物模型相关资源如品系、文献等数据进行搜索与研究。中国医学科学院医学实验动物研究所建立了一个实验动物品系数据库（http://www.cnilas.org/plus/list.php?tid=158），共包含小鼠、大鼠、兔、犬等多物种实验动物品系数据。这些疾病动物模型资源库的建立，不仅有利于疾病动物模型的信息交流与资源共享，同时也为生命科学与医学的进一步发展带来了契机。大数据平台和云计算已经开始应用在实验动物领域，推到了实验动物科学的进展。

4. 组学技术

组学(Omics)主要包括基因组学（Genomics）、蛋白组学（Proteinomics）、代谢组学（Metabolomics）、转录组学(Transcriptomics）、脂类组学（Lipidomics）、免疫组学（Immunomics）、糖组学（Glycomics ）和RNA组学(RNomics)学等。各种组学技术是生命科学和医药科学创新的前沿领域。利用组学技术，可以从基因组、蛋白质组、代谢组等信息方面，对动物模型进行不同层级和功能的分析，进而指导对人类正常生理功能和疾病发生的研究和认识。

5. 其他技术

在实验动物科学技术领域，还有一些技术用于动物模型分析，包括胚胎技术、芯片技术、行为学技术、芯片遥感技术、芯片条码技术等，在此不单独介绍。

四、比较医学与基础及临床研究

基础医学和临床医学的发展离不开实验动物学和比较医学的支持，一些重要理论的产生都与实验动物学有着密不可分的联系。近几年随着科学技术整体水平的进步，实验动物学和比较医学在许多方面都取得了很大的发展。特别是近年来，国内外转化医学的迅猛发展给实验动物学和比较医学的发展带来新的机遇。动物实验是基础研究的重要环节和内容，比较医学将不断纵深发展的各种生命科学、医学研究方向横向联系起来，因此，实验动物学和比较医学是转化医学机构不可缺少的学科。2012 年，国内依托于科研院所、大学、医院、生物制药公司等实体的转化医学（研究）中心达75家,2015年已经超过100家，主要分布于北京、上海、广东、江苏、湖北等中东部发达省市。

下面介绍近年来实验动物和比较医学领域在基础和临床领域的研究亮点。

（一）干细胞

干细胞研究正在向现代生命科学和医学的各个领域交叉渗透，干细胞技术也从一种实验室概念逐渐转变成能够看得见的现实。英国科学家 John B. Gurdon 和日本科家 Shinya Yamanaka 由于“成熟细胞可被重编程恢复多能性”的研究成果，获得了 2012 年的诺贝尔生理医学奖，这一研究成果开创了通过诱导逆向分化诱导多能干细胞（Induced pluripotent stem cells，iPS）的研究领域。随后许多实验室又发现许多不同的方法可诱导成熟人和动物细胞重编程为 iPS 细胞。近年来中国科学家也在干细胞研究领域取得了许多重要的成果，例如 2014 年，北京大学邓宏魁研究组成功地将人皮肤成纤维细胞诱导为具有成熟代谢功能的肝细胞，该种细胞可在肝损伤小鼠模型中高效重建肝脏功能。他们通过在人成纤维细胞中同时表达肝细胞相关的生长因子 HNF1A、HNF4A、HNF6 以及其他几个生长因子 ATF5、PROX1、CEBPA 的情况下，获得了功能成熟的人肝细胞——人诱导性肝细胞（human induced hepatocytes，hiHeps），且诱导效率超过 90%。这类细胞具有成熟肝细胞的特征，特别是其药物代谢能力和肝脏毒素敏感性与新鲜分离的人成体原代肝脏实质细胞相当，为体外的药物高通量筛选提供了新的细胞来源。这种 hiHeps 细胞首次在肝损伤的免疫缺陷小鼠上实现了高效重建肝脏的功能。重建后的小鼠肝脏可长期持续分泌高水平的人白蛋白，这种肝脏高度人源化的小鼠为人类肝炎病毒研究、药物代谢研究提供了更加可靠的体内模型。

在干细胞定向分化研究领域利用实验动物的研究近年来也取得了许多突破性的进展，例如日本京都大学的科学家成功地诱导小鼠干细胞分化为可发育的卵子，并最终生成了健康的幼鼠。他们首先利用一种信号分子将小鼠胚胎干细胞和诱导多能干细胞转化成外胚层细胞，然后生成了原生殖细胞 (PGCs)。随后分离不包含性细胞的胚胎卵巢组织，与干细胞诱导生成的 PGCs 共培养后自发形成卵巢样结构，再将其移植到雌性小鼠体内。4 周后干细胞来源的 PGCs 发育成为卵母细胞。再通过体外受精和培养，将胚胎移植到代孕小鼠体内，小鼠出生后可正常长大并具有生育能力。这项研究工作不仅揭示了哺乳动物卵母细胞发育中 PGC 分化的问题，也为人类不育症的治疗提供了一个强有力的工具。

另一项有意义的比较医学研究成果是英国谢菲尔德大学的 Marcelo Rivolta 领导的研究小组通过干细胞定向分化让耳聋的沙鼠听到了声音。研究人员将人类胚胎干细胞通过 FGF3 和 FGF10 的诱导，生成了两种不同的原始感觉细胞群。其中一些具有毛细胞相似特征的细胞称之为耳上皮祖细胞 (OEPs)，另一些看起来更像神经元的细胞称为耳神经祖细胞(ONPs)。将ONPs移植到听觉神经损伤的沙鼠耳朵内，十周后，一些移植细胞已生长成突起物，形成了与其他神经细胞的连接。随后的测试表明移植后的沙鼠能够听到微弱的声音，听力得到很大的改善。随后美国加州大学旧金山分校的一个研究小组证实基因治疗也可以恢复出生即耳聋小鼠的听力。这两项成果表明干细胞和基因治疗可以恢复包括嗅觉和视觉在内感觉功能。

（二）器官分化

器官分化的分子机制研究一直是比较医学领域的研究热点之一。近年来，美国麻省理工学院和加州大学旧金山分校的研究人员通过体外培养系统首次成功追踪了心脏细胞随时间的分化状况。研究人员在培养皿中培育了小鼠胚胎干细胞，并加入促进心脏细胞发育的生长因子。他们利用高通量测序技术分析组蛋白修饰确定表达基因的情况，分四个不同的分化阶段对这些干细胞的分化进行追踪。研究发现，当干细胞分化时，组蛋白修饰模式发生快速改变，在不同发育阶段处于活性状态的基因以及调控元件也不尽相同。利用这一技术，科学家能够通过比较基因的修饰模式以及它们是否在特异时间获得转录来确定具有相关功能的功能基因群。同时他们还发现了许多远离调控基因的调控区域。这一研究将基因与有可能激活它们的调控元件连接起来，并绘制出了控制和驱动这些心脏特异性程序的分子线路图。研究发现这些DNA元件对于开启生成心肌细胞所需要的基因至关重要。研究小组还确定了一些在调控区域协同作用并驱动心脏发育的重要转录因子。通过比较医学研究，与人类相关疾病的突变数据进行比较，发现许多转录因子的缺陷与先天性心脏缺陷相关联。该研究获得的结果可帮助研究人员找出这些变异导致疾病的原因和可供治疗用途的心脏细胞，有可能帮助人们更好地了解心脏缺陷疾病机制。

（三）衰老

比较医学近年研究的另一个亮点是研究人员在研究小鼠中发现，利用年轻小鼠的血液替换掉年老小鼠的血液可逆转衰老的迹象，并由此发现了血液中的一种生长因子GDF11，它是调控干细胞活性的因子，富含于年轻小鼠中，但其水平会随着动物年龄的增长而下降。研究认为该生长因子在一定程度上影响心脏的抗衰老作用，同时还发现这个生长因子也能够使肌肉和大脑返老还童。科学家通过给阿尔茨海默氏症小鼠模型注射幼龄小鼠的血液，观察到了阿尔茨海默氏症小鼠出现症状减轻的积极作用，科学家据此启动一项临床试验，给早老性痴呆症患者注射年轻捐赠者的血液。

（四）神经系统

2013年美国启动了人类大脑计划（Human brain project, HBP)，这是继人类基因组计划之后，又一国际性科研大计划。人类脑计划包括神经科学和信息学相互结合的研究，同时人类脑计划的开展也需要依赖实验动物学和比较医学的支持。例如，近年通过小鼠的研究，科学家揭示了大脑在睡眠和定位中的作用机理。小鼠的研究结果显示，大脑会在睡眠时通过扩展神经元之间的通道让更多的脑脊液流过，从而更加有效地进行自我清理。美国威斯康辛大学的 Chiara Cirelli 博士和同事利用芯片技术对深睡小鼠和睡眠剥夺小鼠大脑中髓鞘形成细胞——少突胶质细胞（Oligodendrocyte，OL）的基因表达情况进行了深入的分析，发现睡眠能够使促进少突胶质细胞生成相关基因的表达增高，提高了少突胶质细胞的生长，进而能够促进髓鞘的发育，尤其是当小鼠处于深睡状态，这一作用更为明显。与此相反，当小鼠被剥夺睡眠时，其体内与细胞死亡和应激反应相关的基因被激活，并抑制少突胶质细胞的生长。这一研究结果从某种程度上回答了人为什么要睡觉的问题。另一个利用小鼠模型突破性的发现，是小鼠中与空间定位有关的"网格细胞"的发现。2014 年诺贝尔生理学或医学奖授予拥有美国和英国国籍的科学家约翰·奥基夫以及两位挪威科学家梅–布里特·莫泽和爱德华·莫泽夫妇，以表彰他们发现大脑定位系统细胞的研究。他们的研究发现，小鼠在房间的某个特定位置时，其大脑海马区的一些神经细胞总是处于激活状态，而小鼠移动到房间其他位置时，其他神经细胞则被激活。奥基夫总结出，这些"位置细胞"在大脑中形成了关于房间的"地图"。通过深入的研究，他们发现了大脑定位系统的另一关键构成——"网格细胞（Grid cell)"。这种细胞能形成坐标系，可以精确定位和寻找路径。随后的相关研究进一步证明，在人脑中也存在同样类型的网格细胞。

（五）肿瘤治疗

2013 年兴起的肿瘤免疫疗法是比较医学对肿瘤治疗的又一大贡献。20 世纪 80 年代末期，科学家们发现 T 细胞上有一种特异的受体 CTLA–4。研究证明，阻断 CTLA–4 可在小鼠中解除 T 细胞对肿瘤细胞进行攻击的束缚，从而使肿瘤细胞大幅萎缩。在此基础上美国国家癌症研究中心的 Steven Rosenberg 博士发表了嵌合体抗原受体 (CAR) 治疗试验的结果。他们修饰了患者的 T 细胞，使其攻击肿瘤细胞，并观察到一些患者出现了症状缓解。近年来利用这一疗法在动物实验和临床治疗中得到了许多令人鼓舞的消息。另一方面，近年来动物模型作为研究肿瘤发生机制的重要工具，在肿瘤治疗研究中发挥了越来越关键的作用。新的肿瘤治疗方法进入临床试验前需用动物模型进行大量临床前评价。肿瘤动物模型可用于肿瘤诊断，治疗和预后的研究，对新药的发明和治疗方法的创新有极大促进作用。随着生物技术的发展和肿瘤研究的深入，新的肿瘤动物模型势必会越来越多，也越来越贴近临床。近年来肿瘤治疗研究中常用的动物模型有以下几种：异种移植物模型 (Xenograft models)，把人肿瘤细胞系或病人来源的肿瘤组织通过皮下种植的方法移植到免疫缺陷小鼠或大鼠身上，这是肿瘤治疗方法临床前评价的标准模型。原位模型 (Orthotopic models)，把肿瘤细胞系或病人肿瘤组织移植到相应的肿瘤起源器官上，这种器官特异的移植能更好地模拟病人体内的肿瘤微环境，可研究血管生成、组织侵染和转移扩散。同源模型 (Syngeneic models)，动物肿瘤细胞系或肿瘤组织移植到同一种属，免疫功能完整的动物中。化学诱导模型 (Chemically–induced models)，利用致癌物处理诱导动物肿瘤形成。遗传

工程小鼠模型 (Genetically-engineered mouse models) 分为两大类，人源化转基因小鼠，指带有某一人源基因的转基因小鼠。例如，NK 细胞中表达人 Fc γ RIIIa 的小鼠是研究 EGFR 抗体 GA201 疗效的有力工具。另一大类是原癌基因高表达或者抑癌基因敲除的遗传工程小鼠，这一模型的优点是自发肿瘤、生长缓慢、与人类肿瘤发生发展过程极其相似。此模型在研究免疫调节、肿瘤 - 肿瘤微环境和肿瘤转移中有重要价值。带有人源化免疫系统的小鼠模型，以人的造血干细胞移植到免疫缺陷小鼠中，在小鼠体内重建人的血液淋巴系统。此模型用于肿瘤免疫调节药物及肿瘤免疫细胞治疗研究。

五、比较医学发展策略

比较医学研究范围广，研究对象多，从基础到前沿，活跃在生命科学研究的各个领域，是生命科学研究的重要支撑条件，目前仍处于发展期。由于比较医学是交叉学科，涉及西医、中医、兽医、生物学和实验动物学的基本内容，因此，比较医学人才既要具备实验动物或普通动物的基础知识，还要具备医学的专业知识，特别应熟悉生命科学研究的前沿理论和技术。开展比较医学的系统性研究、培养具有实验动物科学背景知识的药理学、毒理学、医学等领域的复合型人才可以起到促进实验动物学科与医药研究融合的桥梁作用。为了促进比较医学的健康发展，应做好如下几方面工作：

（一）加强比较医学的系统性和创新性研究

比较医学的内容涉及生物学和医学的各个分支学科，相关文献和资料的积累有赖于各学科的发展水平和进度，除了传统的《脊椎动物比较解剖学》《动物比较生理学》《比较组织学彩色图谱》以及近年来出版的《比较医学丛书》之外，绝大多数信息散落在浩瀚的文献中，缺乏系统的整理和归纳。应重点加强比较生理学、比较病理学的专题研究，翻译或编著实用的比较医学的系列专著。特别要针对现今国际上流行的基因工程小鼠的病理学研究，以探索特定基因在不同器官或组织的功能，挖掘基因工程小鼠的潜在价值，同时关注线虫和斑马鱼的跨学科应用，适时地参与热点问题的协作研究项目。

与发达国家的比较医学研究相比较，中国具有独立知识产权的动物模型并不多。特别是能够解决重大医学科学问题的比较医学研究成果较少。大多数研究仍停留在模仿和跟踪国外相近技术的层面。

（二）加强交叉与合作

实验动物科学领域的专业人员所完成的研究项目和学术论文绝大多数只针对实验动物或动物模型本身，远离生命科学研究的前沿或热点问题，与生命科学的其他学科交流与合作不够，学术水平不高。

国家和省级科研主管部门虽然投入了大量建立了一批模式动物中心，但真正能够提供及时高效服务的单位非常有限。特别是动物模型的制备单位、使用单位、研究单位和饲养繁殖单位之间的合作需要进一步加强，以提升比较医学研究的整体水平。

（三）从政策层面引导和支持比较医学的发展

实验动物科学作为一门学科，不但是生命科学研究的基础和条件，而且还有其自身的发展规律，需要不断地发现和完善其内容。以人畜共患病和人类疾病动物模型为主要内容的比较医学代表着实验动物学的学科研究方向。目前，很多单位的领导和专业人员仅仅满足于硬件设施的建设、维护和运行，以完成服务职能为唯一目标，多年来，投入到实验动物行业的财力和物力绝大部分用在了硬件设施的建设上，而对于其学术研究的重要性认识不足。

近年来随着中国国民经济的不断发展，国家在科技领域的投入也不断加强。然而相比其他发达国家的投入和比较医学对其他生命科学的支撑作用来讲，目前比较医学在中国还处于薄弱的领域。纵观近年来国家重点基础研究发展计划指南，虽然在健康科学领域、发育与生殖研究、干细胞研究等领域都需要涉及实验动物的相关研究，但还没有将实验动物及比较医学作为一个单独的方向进行系统地支持。为了促进比较医学在中国的发展、提高实验动物学科对生命科学研究的支撑条件作用，急需国家政策的引导和支持，在项目申报的指南中给予比较医学独立的学科代码，在此基础上，建立国家级和省部级的比较医学重点实验室，培养急需的专门人才。

由于中国比较医学相关专家的不断呼吁，以及近年来从业人员的不断努力，情况正在发生改善。例如国家自然科学基金 2015 年面上项目专门设立疾病动物模型上项目专项，而且资助强度为平均 150 万元 /4 年，远远大于平均 80 万元 /4 年的一般面上项目，项目指南“希望通过长期的稳定支持，推动中国在疾病动物模型建立方面的研究，为医学科学研究基础平台建设打下基础”。

六、结束语

比较医学与实验动物科学的联系非常紧密，业内对二者关系的认识一直存在分歧。有的学者认为比较医学就是实验动物学；有的学者认为比较医学是实验动物科学的一部分，主要是指动物实验特别是人类疾病动物模型的解析；还有学者认为比较医学不但包括常规的实验动物，还泛指用于生命科学研究的非标准的、其他动物种类。实际上，比较医学与经典实验动物科学的内容各有侧重。实验动物科学包括野生动物驯化、质量标准和检测、条件设施、饲养管理、疾病预防和控制、动物伦理、法律法规等体系内容，侧重于为教学、科研、检验、生产等提供合格动物、动物设施和技术服务。比较医学则是以人为核心和参照，对各种模式动物（包括实验动物、斑马鱼、果蝇、线虫等）、植物（如拟南芥）、微生物（如酵母）从基因、细胞、组织、器官、系统乃至整体的正常发育与疾病状态进行基础研究，为生命科学研究领域的知识创新和技术创新积累原始理论，进而指导人类的临床治疗。

总之，比较医学起步晚，研究对象和方向多样，尽管发展迅速，但是还缺乏独立、完善的学科体系。

参考文献

[1] James G Fox, Lynn C Anderson, Franklin M Loew, et al. Laboratory Animal Medicine (2nd edition) [M] (American College of Laboratory Animal Medicine Series). San: Diego: Academic Press, 2002.

[2] 施新猷，王四旺，顾为望，等．比较医学［M］．西安：陕西科学技术出版社，2003.

[3] 刘瑞三．比较医学的意义与动物福利的真谛［J］．中国比较医学杂志，2006，16（7）：385-386.

[4] Johnson M H J Cohen. Reprogramming rewarded: the 2012 Nobel Prize for Physiology or Medicine awarded to John Gurdon and Shinya Yamanaka [J]. Reprod Biomed Online, 2012, 25 (6): 549-550.

[5] Wong S. Stem cells news update: a personal perspective [J]. Balkan J Med Genet, 2013, 16 (2): 7-16.

[6] Du Y, et al. Human hepatocytes with drug metabolic function induced from fibroblasts by lineage reprogramming [J]. Cell Stem Cell, 2014, 14 (3): 394-403.

[7] Hayashi K, et al. Offspring from oocytes derived from in vitro primordial germ cell-like cells in mice [J]. Science, 2012, 338 (6109): 971-975.

[8] Chen W, et al. Restoration of auditory evoked responses by human ES-cell-derived otic progenitors [J]. Nature, 2012, 490 (7419): 278-282.

[9] Wamstad J A, et al. Dynamic and coordinated epigenetic regulation of developmental transitions in the cardiac lineage [J]. Cell, 2012, 151 (1): 206-220.

[10] Loffredo F S, et al. Growth differentiation factor 11 is a circulating factor that reverses age-related cardiac hypertrophy [J]. Cell, 2013, 153 (4): 828-839.

[11] Fregnac Y, G Laurent. Neuroscience: Where is the brain in the Human Brain Project [J]. Nature, 2014, 513 (7516): 27-29.

[12] Markram H. The human brain project [J]. Sci Am, 2012, 306 (6): 50-55.

[13] D'Angelo E. The human brain project [J]. Funct Neurol, 2012, 27 (4): 205.

[14] Bellesi M, et al. Effects of Sleep and Wake on Oligodendrocytes and Their Precursors [J]. Journal of Neuroscience, 2013, 33 (36): 14288-14300.

[15] Moser E I, et al. Grid cells and cortical representation [J]. Nat Rev Neurosci, 2014, 15 (7): 466-481.

[16] Roudi Y, E I Moser. Grid cells in an inhibitory network [J]. Nat Neurosci, 2014, 17 (5): 639-641.

[17] Prieto P A, et al. CTLA-4 blockade with ipilimumab: long-term follow-up of 177 patients with metastatic melanoma [J]. Clin Cancer Res, 2012, 18 (7): 2039-2047.

[18] Wartha K, F Herting, M Hasmann. Fit-for purpose use of mouse models to improve predictivity of cancer therapeutics evaluation [J]. Pharmacol Ther, 2014, 142 (3): 351-361.

[19] Lum D H, et al. Overview of human primary tumorgraft models: comparisons with traditional oncology preclinical models and the clinical relevance and utility of primary tumorgrafts in basic and translational oncology research [J]. Curr Protoc Pharmacol, 2012, Chapter 14: Unit 14 22.

[20] Tentler J J, et al. Patient-derived tumour xenografts as models for oncology drug development [J]. Nat Rev Clin Oncol, 2012, 9 (6): 338-350.

[21] Malaney P, S V Nicosia, V Dave. One mouse, one patient paradigm: New avatars of personalized cancer therapy[J]. Cancer Lett, 2014, 344 (1): 1-12.

[22] Drake A C, Q Chen, J Chen. Engineering humanized mice for improved hematopoietic reconstitution [J]. Cell Mol Immunol, 2012, 9 (3): 215-224.

[23] Ito R, et al. Current advances in humanized mouse models [J]. Cell Mol Immunol, 2012, 9 (3): 208-214.

[24] Rongvaux A, et al. Human hemato-lymphoid system mice: current use and future potential for medicine [J]. Annu Rev Immunol, 2013, 31: 635-674.

撰稿人：秦　川　谭　毅　师长宏　雍伟东

实验动物学教育发展研究

一、引言

实验动物学诞生于20世纪50年代初期，是研究有关实验动物和动物实验的一门综合性的独立的新兴学科。它融合了医学、兽医学、药学、生物学、病理学、遗传学、育种学、营养学、生理学、微生物学、机械工程学、环境卫生学、建筑学等多个领域的科学。可以说生命科学的发展孕育了实验动物学的诞生，实验动物学的诞生又促进了生命科学的发展。在21世纪，人类步入生命科学的新时代，实验动物学已成为现代科学技术的重要组成部分，其作为整个生命科学不可或缺的支撑学科，受到世界各国的普遍重视，先进国家对实验动物科学发展投入的经济物资和技术力量，几乎可同发展原子能科学相提并论。实验动物科学是提高与生命科学相关研究科技创新的重要条件之一，它的发展水平已成为衡量一个国家或一个科研单位科学技术水平的重要标志，因此发展实验动物科学事业显得格外重要，而培养和造就一支具有较高水平专业素质的实验动物学科的人才队伍是实验动物科学水平快速提高的首要条件。

实验动物专业教育与技术培训是提高中国实验动物从业人员素质的有效途径和手段。目前中国的实验动物学教育主要有三种方式：一是从业人员上岗前培训（上岗证），二是从业人员专业技术培训（继续教育），三是实验动物专业教育（学历教育）。经过多年发展，中国实验动物学教育取得了显著成绩，实验动物学相关人员的素质得到了普遍提高，对实验动物法制化和标准化管理以及实验动物科学发展起到了极大的推动作用。然而，实验动物科学专业人才培养在中国还未建立起完善的教育体系，专业教育的投入仍处于不足的状态。目前教育部普通高校本科专业目录中没有实验动物专业，在国务院学位委员会颁布的《授予博士、硕士学位和培养研究生的学科、专业目录》中，也没有实验动物学的二级学科，只是在一级学科生物学（0710）中有动物学（071002）二级学科。而在国家标准

《GB/T 13745—1992　学科分类与代码》中有一级学科生物学（180），二级学科动物学（180.57），三级学科实验动物学（180.5761）；一级学科基础医学（310），二级学科医学实验动物学（310.51）。虽然中国现有一支为数不少的实验动物科技人才队伍，但现有人才的增长速度难以符合中国目前经济发展实力和科技实力增长的要求。人才是发展实验动物科学的首要条件，必须把实验动物学教育放在重要的地位，加快人才培养的步伐。在贯彻落实政策法规，建立中国符合国际通行标准的实验动物资源与质量保障体系过程中，我们不仅需要具有较强专业知识的高级管理人才、资源开发人才、质量检测人才，还需要建立中国实验动物标准化的研究人才；同时，更需要培养与造就在前沿科研领域进行创造性研究的实验动物顶尖人才。实验动物学教育是培养这类人才的重要环节。因此，加强实验动物学教育的发展实为促进中国实验动物学发展的重中之重。

二、实验动物专业教育与技术培训的作用

为了加强和规范实验动物从业人员的管理，提高实验动物从业人员的专业素质，保证实验动物和动物实验的质量，依据中国《实验动物管理条例》的规定，在中国境内各地基本实施了实验动物从业人员专业培训与考核制度。实验动物从业人员是指从事实验动物或动物实验相关工作的各类人员，包括研究人员、技术人员、管理人员、实验动物医师、辅助人员、阶段性从业人员。各地区实验动物管理部门负责制定考核大纲，委托有培训能力的单位组织岗前培训，实验动物从业人员经地方实验动物管理部门考核合格后方可上岗。实验动物专业教育的目标是培养适应生命科学发展需要的从事实验动物生产、动物实验技术服务、比较医学研究与教学管理的高等技术人才。教育层次包括高等职业教育、大学本科教育和研究生教育。实验动物从业人员继续教育是依据国家《科学技术进步法》《教育法》和《全国专业技术人员急需教育暂行规定》等有关规定开展的提高专业技术人员素质学历后教育和终身教育。专业人员继续教育（也称技术培训）是专业技术队伍建设的重要内容，其任务是使专业技术人员的知识和技能不断得到增新、补充、拓展和提高，完善知识结构，提高创造能力和专业技术水平。其方式主要采用培训班、进修班、研究班、学术讲座、会议以及成人学历教育等多种形式。实验动物专业教育与技术培训是提高中国实验动物从业人员素质的有效途径和手段。

全日制规范化的高等教育是人才培养的重要途径。目前国内各高等学校缺少实验动物学专业，仅部分医药学院和农业类院校面向研究生和本科生开设实验动物学课程。实验动物从业人员多来自各农业大学动物医学专业或各医科大学医学相关专业。这些人才具有宽厚的理论基础知识，通过在实践工作中对实验动物专业知识的不断积累和深入研究，逐渐成为该领域的专家，成为引领实验动物学科和行业发展的主力军。但应该看到，这些专业人员从毕业到熟悉实验动物科学以至成为真正的实验动物学专业人才仍需要一个漫长的学习和实践过程，其实质是背景知识和理念的转换过程。而实验动物专业教育培养的人才，

可快速融入到实验动物工作中，发挥更大的作用。因此，加强实验动物专业教育，建立健全实验动物专业教育体系仍是中国实验动物人才队伍建设的重要内容。

21世纪是生命科学大发展的时代，人才培养模式的走向是通才与复合型人才相结合。具体而言，就是能够迎接新技术革命挑战的人才，能够参与全球性竞争与合作的人才，能够主动适应、积极推进，甚至引导一系列变革的人才。通过有计划、分类别、分层次开展教育培训活动，可使广大从业人员掌握本专业最新的科技理论和方法，了解发展动态，不断更新和提高专业知识，树立良好的职业道德规范，全面提高业务素质，促进中国实验动物学事业的发展。

通过实验动物专业教育和技术培训可使实验动物的管理和动物实验技术更加规范，标准化和法制化管理更易于落实，实验动物质量将得到极大提升，动物实验结果将更加准确可靠。因此，大力开展实验动物专业教育与技术培训，加大实验动物人才培养力度，将有利于推动中国实验动物科学事业的快速、健康发展。

三、中国实验动物专业教育与技术培训的现状

中国实验动物学教育起步较晚，实验动物科学发展也相对滞后。20世纪80年代中期，实验动物科学开始了专业教育。1997年，科技部召开中国未来科技发展条件工作会议指出：鉴于实验动物科学的发展在未来中国生命科学发展的作用和地位，实验动物科技人才的培养与储备具有深远意义。自此，作为重要的科技平台，实验动物从业人员的培养成为了平台建设的重要内容，实验动物专业教育和从业人员技术培训都取得了快速发展。

（一）专业教育

1. 专业教育历程与目前状况

实验动物科学的发展迫切地要求培养一支有较高业务素质和专业技术水平的实验动物人才队伍。实验动物专业教育是快速提升人才队伍建设的有效途径，是加快实验动物科学发展的基础和条件。中国实验动物专业系统本科教育始于1985年中国农业大学招收的实验动物科学专业本科生。1984年中国医科大学附属卫生学校招收一期实验动物专业的中专生。专科教育创建于1992年，由长春白求恩医科大学附属卫校招收的实验动物管理大专班，2001年和2002年首都医科大学和中国医科大学分别开始招收培养实验动物专业技术大专生。扬州大学动物医学院自1999年开始招收实验动物专业方向的本科生，首都医科大学于2003年获得国家教委批准，并于2004年开始招收四年制“医学实验学”实验动物方向的本科生。目前中国开展实验动物专业本科教育的有首都医科大学医学实验技术（实验动物）专业、吉林大学动物科学（实验动物）专业和南通大学生物技术（医学实验动物学）专业三所大学。专科教育各大学基本停止招生，转而由职业高中根据社会需求开办实验动物专业职业教育。实验动物专业本科教育是实验动物人才培养的基础教育，是实

验动物科学发展的前提，在本科教育的基础上，通过实践锻炼，将会产生一批优秀的实验动物科技工作者。因此，实验动物专业的培养目标就定位在了培养具有扎实的实验动物科学方面的基本理论、基本知识和基本技能，具有良好的医学实验动物、动物实验技能和一定管理能力的实验动物高素质复合型专门人才。学生毕业后可以在医学、药学高等院校、科研院所及相关企事业的实验动物科学部、实验动物中心、教研室、研发中心，医院的动物室、临床实验科室，医学及生物科学动物实验室等单位从事教学、科研、技术支撑和管理等工作。

为了培养出适于实验动物相关工作的合格人才，各学校根据学生培养目标和自身的条件，开设了相关课程主干课程。医学院校由于有良好的医学教育资源，基础课侧重于人医，如开设人体解剖、人体组织学与胚胎学、人体生理生化及病理学等。农业院校则开设动物解剖学、动物组织学与胚胎学、动物生理学、动物微生物与免疫学等。但在专业课设置方面基本都围绕着实验动物，如实验动物遗传育种与繁殖学、实验动物营养学、实验动物传染病学、实验动物寄生虫学、实验动物环境卫生学、实验动物外科手术学、医学实验动物模型技术、实验动物病理学、实验动物毒理学等，满足了实验动物人才培养的课程体系需求。

从实验动物专业毕业生就业方向来看，首都医科大学三届本科毕业生有近 40% 的学生被推免或考上研究生继续深造，其余毕业生选择了高等院校、科研院所、大型医院从事实验动物及医学相关的科研、教学及管理工作；农业院校毕业的实验动物专业的学生其就业面除了上述行业和单位外，有部分毕业生选择了兽医相关单位，从事海关进出口检疫、兽药检验、食品质量监督检验等。

实验动物专业研究生培养也伴随着实验动物科学的发展而逐步兴起，1986 年协和医科大学实验动物研究所率先被国家教委批准为动物学（实验动物专业）硕士学位研究生授权点。以后相继有解放军农牧大学，解放军第一、第二、第三、第四军医大学，中国农业大学，军事医学科学院，中国医科大学，扬州大学，首都医科大学等获得了动物学（实验动物专业）或其他学科如细胞生物学、遗传学、生理学、病理学、预防兽医学等（实验动物方向）硕士学位研究生授权点。目前，一些教授已被评为博士生导师。一大批硕士、博士毕业生已加入实验动物科技队伍中来，已成为中国实验动物科技工作者的中坚力量，对推动中国实验动物科技事业的发展起到了重要作用。

2. 农业院校和医学院校开展实验动物专业教育比较分析

实验动物专业教育就是要培养学生了解和掌握实验动物的生物学特性和疾病特点，通过与人类的生理解剖和疾病的比较，来研究人类的生理功能、疾病的发生、发展及转归机制，或通过动物实验来阐明药物制剂的作用机理和药效及安全性评价。所以，首先需要了解实验动物，由于农业院校的动物医学和动物科学专业是其主打专业，有着深厚的教学和科研工作基础，凭借现有的动物解剖、生理、生化、组织胚胎、病理等基础课和动物疾病诊断、兽医外科手术、动物传染病及营养、遗传育种等专业课的教学资源，可使学生较好地掌握动物的有关知识。然而实验动物学又不同于畜牧兽医学，它不但要求学生了解和掌握动物的相关知识，而且要学习人体机能和疾病的有关知识，实际上属于比较医学范畴；这些内容在农业院校的教学体系中很难做到，况且农业院校为实验动物开课的畜牧兽医专业往往以家畜和家禽为重点，对实验动物尤其是啮齿类动物的生物学特性及质量控制尚缺乏专业背景和基础。因此，农业院校培养的学生在动物尤其是大动物的饲养管理及疾病的防治方面显示有较扎实的基础理论和基本技能；而在动物实验方面，尤其是人类疾病动物模型复制方面就显得相对薄弱。医学院校在实验动物专业的教学体系中利用学校的教学资源开办了以人体为主的专业基础课教育，诸如人体解剖、生理、临床医学等，专业课由为本专业成立的实验动物学系承担，承担教学的老师专业背景分别为动物学、兽医外科学、预防兽医学、动物遗传育种学、动物营养学、兽医病理学及兽医药理学等。这些教学内容不但弥补了农业院校开办实验动物专业存在的对人了解不足的缺憾，而且还培养了一批专门从事实验动物专业课教学的师资队伍，从而使实验动物的专业课教育更具针对性和完整性，更有利于培养社会需要的既有宽泛的医学基本知识又有动物学的理论基础；既掌握了现代医学研究的基本技能，又掌握动物实验基本技术方法的实验动物专门人才。但是，我们也应看到，医学院校开办实验动物专业教育体系中亦存在一定的不足，一是专业基础理论知识与专业课存在脱节问题。即专业基础课讲的是人体解剖、生理等医学专业的基础理论，而专业课主要是针对动物的管理和实验技术，从而产生了知识过渡的跳跃性。二是专业课教学中的巨大压力。实验动物专业课有十几门的课程不能由医学院校原有的学科承担，这就需要增加大量的实验动物相关专业人员，使实验动物学系内要有多种专业背景的教师，教师不但压力大，而且缺乏统一的考核标准，对管理不利。三是多种专业课分散了教学资源，虽然学校投入较大，但分到每门专业课的教学设施设备上（多数不能共用）就显得不足，同时也制约了学科建设的整体发展速度。

（二）相关人员的实验动物学课程教育及培训

1. 医学相关学生开设实验动物学课程

在国内的医学、药学、生物学和动物医学专业教育的院校和生命科学院所的研究生及本科生多数开设必修或选修《实验动物学》课，一般开展 25~50 学时，主要教学内容包括实验动物的分类、命名、常用实验动物的生物学特性及在医学生物学研究中的选择与应用，实验动物质量控制，人类疾病的动物模型和动物实验基本技术。目前全国有 90 多所院校开设了研究生层次的《实验动物学》课程，其中部分院校还面向本科生开设了《实验动物学》课程，对实验动物科学发展和普及实验动物法规发挥了重要作用。

2. 上岗证培训

岗前培训是按照《实验动物管理条例》和各省市地方性法规相关法律法规的要求对于从事实验动物和动物实验的科技人员、专业管理人员和技术工作者进行的有关法律、法规及实验动物专业知识培训，并按规定发放上岗证书。各省、市也相继建立或委托有能力的单位组建了实验动物从业人员培训机构，开展了大量的人员培训工作。如北京市出台了《北京市实验动物从业人员培训考核管理办法》（试行），该“办法”规定凡从事实验动物和动物实验的科技人员、专业管理人员和技术工作者都必须进行有关法律、法规及专业培训，并取得由市科委颁发的“北京市实验动物从业人员岗位证书”方可上岗。培训的内容包括：实验动物的基本知识，国内外发展概况及有关法律、法规；实验动物的选择和应用；实验动物的质量控制；常用实验动物及其饲养管理；影响实验动物和动物实验的因素；动物实验的基本知识和技能；动物模型的建立和应用；动物设施的管理；从业人员的职业道德。培训课时不少于 25 小时。为配合这一工作的开展，国内各省市都建立了相应的实验动物培训基地，承担着本地区的实验动物从业人员的培训任务。自 2014 年 3 月以来，北京市开展了实验动物上岗培训计算机考试，到 2014 年 12 月，共举行了 49 场上机考试。其中报考人数累计为 3605 人次，3325 人通过了考试，考试合格率为 95.66%。截至目前，北京市已培训并获得“岗位证书”人员已超过 45000 余人。国内其他省、开展了大量的人员培训工作，据估测全国经培训并获得“岗位证书”人员已有 12 万左右。

3. 专业技术培训

专业技术培训是迎合社会需求和实验动物科技及管理要求而开展的专题、专项培训，是实验动物快速发展的捷径。近年来中国实验动物学会和各省市实验动物管理部门及实验动物相关单位开展了大量的实验动物法规、标准、福利伦理、专业基础知识和专业技术等培训，尤其是 2010 年中国实验动物质量标准经修订重新发布实施后，国家实验动物学会和多个省市积极响应，迅速开展了学习培训高潮，先后举办了多起培训班。

目前中国的实验动物相关培训工作已趋于常态化，实验动物发达省市每年都开展针对从事实验动物工作单位的行政主管领导的“实验动物法规和规范化管理”的培训，使从业单位行政主管领导法制意识和观念有很大提高，带动了实验动物整体工作快速发展。2014 年北京市实验动物协会对北京各实验动物相关单位的行政主管领导进行培训需求调查结果表明，74% 的受访对象认为应该加强实验动物最新政策法规的培训，包括国外值得借鉴的法律法规，来加强自身的法律意识，提高实验动物科学管理的意识和效率。

近年来随着实验动物福利和伦理的国际化发展趋势，实验动物福利和伦理受到中国实验动物行业的极大重视，中国实验动物学会成立了实验动物福利伦理专业委员会，并于 2013 年在南京等地多次召开实验动物福利伦理培训会。2014 年和 2015 年由中国实验动物学会实验动物福利伦理专业委员会和英国内政部共同主办了第一届和第二届“中英实验动物福利伦理国际论坛”，论坛由英国全球合作基金项目（UK Government funds：2014–2015 Prosperity Fund arranged through FCO) 等资助。论坛以“提升实验动物福利伦理管理规范和科技水平”为宗旨，从实验动物福利伦理管理法规与技术标准及进展、善待实验动物、动物保护和 3R 理念如何实践、实验动物的疼痛管理、麻醉镇痛、福利伦理审查中的利弊分析、仁慈终点、替代技术、环境丰富、福利伦理认证等相关的国际合作议题进行广泛而深入的探讨，通过借鉴国际公认的管理经验和先进的科技成果，以期推动中国实验动物福利伦理管理和科技水平的快速提升。论坛特邀了十余名国际知名专家和国内专家进行专题报告。

技术培训是实验动物从业人员长期需求，主要集中在具体的小动物实验技术、模型的制作、质量检测、操作的标准化，实验动物的兽医知识等。培训对象主要包括两类人，一是实验动物专业的技术人员，他们承担实验动物技术服务，同时承担一定管理任务；二是各学科的实验动物使用的技术员，只负责动物实验。有关实验动物或动物实验相关的技术培训主要由各省市实验动物主管部门组织协调，由技术力量较强的单位协助开展，如北京市 2014 年开展了 8 个专项技术培训班（表 1），受训人员 394 人，取得了良好效果。

表 1　北京市 2014 年实验动物专项技术培训班情况

序号	培训内容	承办单位	培训时间	人数
1	啮齿类在医学研究中的应用	国家人口计生委科学技术研究所	4 月 8—9 日	48 人
2	猕猴在药物研发中的应用培训	北京康蓝生物技术有限公司	4 月 23—25 日	21 人
3	屏障培训一期	首都医科大学	5 月 19—23 日	27 人
4	实验用小型猪和鱼类标准培训	北京实验动物学学会	6 月 25—27 日	39 人
5	微卫星 DNA 标记遗传检测培训	首都医科大学	7 月 17—18 日	25 人
6	实验动物寄生虫检测技术研讨	中国食品药品检定研究院	8 月 7—9 日	32 人
7	屏障培训二期	首都医科大学	1 月 27—31 日	24 人
8	第四届 Charles River 短期培训	北京维通利华实验动物技术有限公司	11 月 2—4 日	178 人

合计培训人数：394 人。

四、中国实验动物学科建设发展现状

（一）实验动物学科建设的意义及必要性

实验动物科学是以实验动物资源研究、质量控制和利用实验动物进行科学实验的综合性学科。其主要包括实验动物和动物实验两部分，一是以实验动物本身为对象，通过研究它的生物学特性、遗传、饲养繁殖、微生物与寄生虫控制、营养和环境等，开发实验动物资源、实行动物质量控制，为科学研究提供质量可靠的和种类丰富的实验动物；二是以实验动物为材料，开展医学实验研究，通过应用实验动物进行科学实验，对各种人类疾病以及不同动物之间的疾病进行比较研究，从而探讨和阐明疾病的本质，解决生命科学和医学中的重大问题。半个多世纪以来，实验动物科学以相关科学为基础，结合自身的目标和特点，从理论和实践两个方面不断丰富实验动物学科的内容，使该学科逐渐形成了完整的理论体系。实验动物科学的发展培育了遗传背景明确、微生物和寄生虫得以控制的众多品种品系的实验动物资源，取得了一批研究成果，形成了一定规模的专业队伍，在推动生命科学、医学和药学等领域诸多学科发展中发挥了巨大的作用。

随着实验动物科学的发展，实验动物科学已经成为现代科学技术不可分割的一个组成部分，它作为科学研究的重要手段，直接决定了许多领域研究课题成果的确立和水平的高低，同时，由于实验动物科学与医学、生命科学、药学、医药工业、航空航天、环境、生物安全、生态保护等诸多学科和行业密切的结合，它的提高和发展，不仅给予这些学科更好的支撑，也促进了这些领域课题研究的深入，将生命科学推向更高的层次。而生命科学的发展也给实验动物科学的发展提出了新的更高的要求，为实验动物科学的发展创造出更为广泛的发展空间。

实验动物科学发展的最终目的，就是要通过对动物本身生命现象的研究，从而探索人类生命的奥秘，控制人类的疾病和衰老，提高人类的生命质量。随着医学生物科学突飞猛进的发展，人们认识到对影响人体健康的问题如人口增多、环境恶化，人口老龄化等的重大社会问题，以及产业公害、食品安全、药品毒性等问题，最终必然要通过动物实验来阐明解决。因此，实验动物科学与人们的生活和健康息息相关，实验动物的重要性愈来愈被人们所认识，它已被认为是人类追求幸福生活的支柱。

综上，实验动物科学作为现代科学技术的重要组成部分，不仅是生命科学研究的支撑，也是生命科学研究的前沿，生命科学的进步离不开实验动物科学的发展，因此，加强实验动物学科建设势在必行。

（二）实验动物学科建设的内容

实验动物科学的形成和发展是从动物实验开始的，中国正规实验动物研究最早是在1918年齐长庆在原北平中央防疫处饲养小鼠开始的。改革开放以后，中国实验动物科技工作得到大力发展，1982年国家科委主持召开第一次全国实验动物科技工作会议，确定了中国实验动物科学发展的方针和原则。1987年中国实验动物学会宣告成立，1988年加入国际实验动物科学理事会。1988年北京市和上海市率先成立了医学实验动物管理委员会，实施实验动物质量与设施合格证和技术人员资格证认可制度。1994年国家技术监督局发布实验动物标准，包括了实验动物环境及设施、实验动物质量等级、实验动物遗传质量控制、实验动物营养饲料四个方面共47项，后扩展到80余项。中国实验动物工作在人才教育与培训、资源开发和技术平台建设、法制化管理和质量控制及科学研究等诸多方面已经形成了学科体系。

1. 实验动物人才教育与培训

制约学科发展的重要因素是人才的教育与培养的问题。进入21世纪以来，随着实验动物科学的发展，对实验动物质量要求的提升和法制化管理的加强，不仅实验动物专业人才数量上客观需求庞大，同时，对专业人才的要求也进一步提高。因此，实验动物人才的教育与培训要继续实行提高人员素质，增强专业知识和技能，贯彻落实政策法规的推进实验动物标准化进程等措施，培养和造就更多具有较高业务素质和专业技术水平的实验动物从业人员。同时形成了较为完善的实验动物人才教育和培训体系。

2. 资源开发和技术平台建设

实验动物资源是国家生命科学领域研究、开发的重要科技资源，对其合理利用和开发是生命科学领域创新的基础和保障。实验动物学科建设就是要继续加强啮齿类实验动物资源库的建设，并建立科学实验常用实验动物包括灵长类动物、犬、鸡、猪等动物种子中心和种源基地，目前已经建立了 7 个国家实验动物种子中心（资源库）和 1 个数据中心，同时加强国家实验动物资源库的整合及共享，通过研究创新、国际交流合作、自主开发等方式，不断扩大资源的种类。

科技条件平台是科技创新的前提，为科技项目提供基础的运行条件，是为催生科技成果而创建的技术与物质的环境，是科技可持续发展的根本保障。为加快实验动物标准化、规范化，全面提升中国实验动物科学的整体水平，需加快技术平台的建立，包括：实验动物信息平台、实验动物遗传资源共享平台、实验动物种质资源保存和共享平台、实验动物公共服务平台、比较医学技术共享平台等，为全社会提供资源和技术服务和支撑。

3. 法制化管理和质量控制

在《实验动物管理条例》等相关法律文件的基础上逐步推进较为完善的实验动物法制化标准化管理体系，加强实验动物依法监管的力度，提高全体实验动物从业人员的法制化意识，推动实验动物产业化及市场机制进而逐步与国际接轨。

实验动物质量控制是实验动物管理的核心，也是实验动物标准化建设的关键。通过建立实验动物质量监测网络，为实验动物工作的法制化和规范化管理提供支撑，同时进一步完善中国的实验动物标准体系和检测技术体系。

4. 科学研究

人类的健康问题是全世界最关心问题之一，人类疾病发病发生、发展机制和治疗手段机制的研究是解决人类的健康问题主要途径。世界各国，包括中国，对生命科学和医药研究的投入不断扩大，同时由于系统生物学等学科的发展及其对生命科学和医学的渗透，模式动物、基因工程动物、胚胎工程动物等实验动物资源和动物实验技术已经成为许多高新生物技术产业的原材料和技术服务平台。采用比较医学作为手段，用实验动物和人类疾病动物模型作为体内研究的载体，实验动物科学在疾病模型，体内研究技术等方面的发展，也将加速转化医学的发展，这些都为促进顶尖成果的诞生奠定了坚实的基础。

（三）实验动物学科建设的成效

虽然中国实验动物学科起步较晚，但发展迅速，经过短短几十年的发展，目前已经形成了自己独特的科学体系，并在人才教育与培训、资源开发和技术平台建设、法制化管理和质量控制及科学研究等方面全面发展，并对生命科学研究起着越来越重要的作用。

1. 实验动物人才教育与培训

近十几年来，中国实验室动物事业得到了长足的发展，实验动物从业人员队伍发展也相当迅速。目前中国实验动物人才教育与培训主要有三种方式：一是从业人员上岗前培训（上岗证），二是从业人员专业技术培训（继续教育），三是实验动物专业教育（学历教育）。岗前培训和专业技术培训已在国内全面展开，收效显著。如，北京市 2014 年实验动物 8 个专项技术培训班就培训近 400 人。据估测全国经培训并获得“岗位证书”人员已达 120000 左右。中国实验动物专业研究生培养从 1986 年中国协和医科大学实验动物研究所率先被国家教委批准为动物学（实验动物专业）硕士学位研究生授权点开始，根据统计，2008 年，全国 73 所医学院、药学院，15 所兽医学院等开设了研究生层次的课程，其中 17 所院校开展了动物学专业下实验动物方向的研究生教育。目前，全国至少有 92 所大学、医学院、药学院和生物技术学院等开设了实验动物学研究生层次课程，其中 81 所院校设有博士点，而且 37 所院校为“211”工程院校，13 所院校为“985”工程和“211”工程院校，这些学校都为实验动物行业高级人才的培养发挥了重要作用，也为推动中国实验动物学科的发展起到了主要作用。

2. 资源开发和技术平台建设

目前已分别在北京、上海、南京、广东、黑龙江等地建立国家啮齿类实验动物种子中心、国家遗传工程小鼠资源库、国家实验小型猪种质资源中心，国家实验兔、犬、猴、禽等种源基地。这些资源中心的建设为加快中国实验动物种质资源网络体系的建设、推动中国实验动物科学事业的发展奠定了基础。

根据国家建立技术服务平台的要求，目前在北京、上海、重庆等超过 20 个省（区、市）从本地实际需要出发建设实验动物平台，突出为本地产业和企业发展提供服务。

3. 法制化管理和质量控制

自 1988 年中国第一部行政法规文件《实验动物管理条例》批准施行以来，中国相应的实验动物法规包括地方法规、地方规章、规范性文件、技术标准等实验动物管理政策法规正在逐步完善。同时 6 个国家实验动物质量检测机构以及北京，上海、广东等绝大多数省份、自治区均建立实验动物质量检测机构，所有实验动物质量检测机构按照科技部颁布的《实验动物质量管理办法》的有关规定，通过国家或地方技术监督局的计量认证，以开展检测工作，从而保证检测结果的公正性、科学性、可比性。同时，国家技术质量监督局也会根据学科的发展来颁布实验动物国家标准。此外，卫生部、农业部等部委及省市根据本行业、本地区的需要制定了一些行业标准和地方标准。目前中国已经完成多种实验动物质量检测新方法和关键共性技术研究（见表 2 和表 3）。另外，一些检测单位如广东省实验动物监测所、南京大学模式动物研究所、中检院实验动物资源研究所不仅局限于国内实验动物质量控制标准，并通过与 ICLAS 参比实验室的方式积极参与国际能力验证，证明了我们实验动物质量检测体系的技术能力和技术水平。

表 2　实验动物质量检测新方法和关键共性技术研究

标准	实验动物	标准内容	数量
国家标准	小鼠、大鼠、地鼠、豚鼠、家兔、犬、猴、鸡	动物等级；检测方法	85
国家标准	实验动物机构	质量与能力通用要求	1
相关标准	各种实验动物的使用	设施与生物安全；动物福利	4
行业标准	猴的饲养；各种实验动物的使用	饲养管理；生物安全	2
地方标准	小型猪、鱼、猴、树鼩、鸡、垫料、东方田鼠、笼器具	动物等级；饲养管理；产品质量，模型制作	47

表 3　大型实验动物（猪、牛、羊）地方标准研究

负责单位	标准	数量
北京实验动物行业协会	猪、牛、羊等级地方标准	18
	猪、牛、羊微生物检测方法的地方标准	15
北京木牛流马净化技术公司	饮用水和运输笼的地方标准	2
军事医学科学院实验动物中心	动物安全、福利等技术规范	5

4. 科学研究

中国近年来连续对实验动物科学研究进行投入，包括科技部的专项投入和各种基金的投入，这些国家财政性投入极大地促进了实验动物和动物实验工作，为中国实验动物科学发展提供了有力的保障。较早的在 1997 年科技部将“实验动物模型培育和标准化技术研究”课题滚动列入了“九五”攻关计划，支持了 6 个专题领域的研究课题，国家资助共 605 万元，单位自筹 355 万元。2006 年国家科技部又将“人类重大疾病小鼠模型的建立与应用”纳入“十一五”国家科技支撑计划重点项目，资助经费 5000 万元。2011 年国家科技部资助“重大疾病动物模型和实验动物资源的标准化及评价体系的建立”项目 5835 万元。每年国家科技部都会对实验动物学科进行资助，2006—2010 年国家科技部重点项目共资助实验动物学科相关项目 17214 万元，2011—2014 年国家科技部重点项目共资助实验动物学科相关项目 42886 万元，其中图 1 列出 2011—2014 年国家科技部的资助情况。

另外，自 1998 年截至 2014 年，实验动物学科已累计获得国家自然科学基金项目 185 项，2005 年首次突破 10 项，2008 年接近 20 项，最高为 2010 年获得了 29 项 (图 2)，其中 2014 年资助 18 项，涉及斑马鱼、家蝇、小鼠（转基因小鼠）、大鼠、斯氏艾美耳球虫、长爪沙鼠、比格犬等多种实验动物项目，总资助经费 850 万元。

随着国家在实验动物学科领域的投入，中国机构参与实验动物相关的研究也越来越多，实验动物相关研究进入快速发展时期，表 4 中列出近年来中国机构参与发表的与实验动物相关的文章被 pubmed 收录的情况。

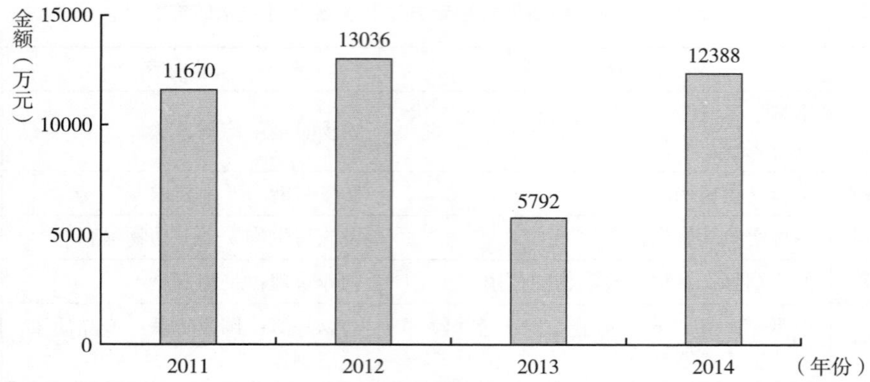

图 1　2011—2014 年国家科技部资助实验动物学科项目总经费数
（数据来自中国北方第十三届实验动物科技年会贺争鸣研究员报告内容）

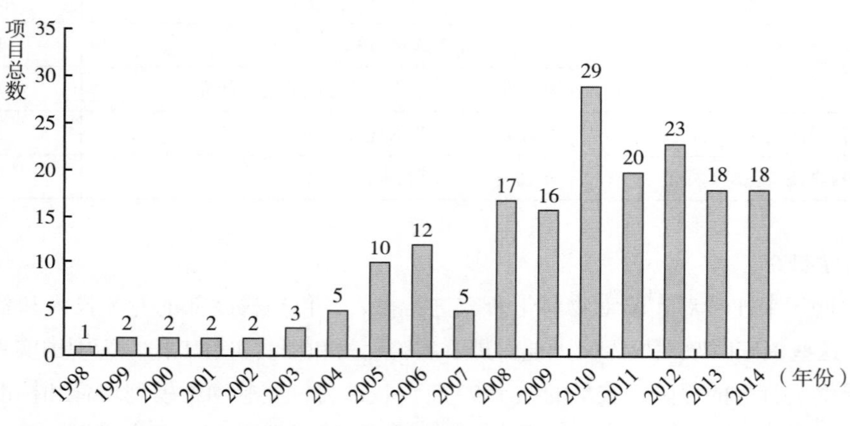

图 2　1998—2014 年国家自然科学基金资助实验动物学科项目的项目数

表 4　中国机构参与发表的与实验动物相关的文章被 pubmed 收录的情况

序号	关键词	中国机构参与发表的论文收录数量（篇）		
		2000.7—2005.6	2005.7—2010.6	2010.7—2015.6
1	Mouse	6394	18221	44535
2	mice	6012	17506	41888
3	Rat	8961	20693	35391
4	Guinea pig	431	642	698
5	Hamster	398	838	1029
6	Gerbil	49	60	102
7	Rabbit	2051	3845	4947
8	Dog	622	1459	2369

续表

序号	关键词	中国机构参与发表的论文收录数量（篇）		
		2000.7—2005.6	2005.7—2010.6	2010.7—2015.6
9	Pig	1365	3302	5707
10	Monkey	47125	105740	181828
11	Nude mice	702	2268	6174
12	Nude rat	26	98	297

Pubmed 检索时间 2015.06.30

综上所述，在国家相关部门的领导和支持下，经过中国实验动物科技工作人员的不懈努力，中国实验动物学科正在迅速发展，这为中国在生命科学领域的研究和进步提供了强有力的保障。但是，我们也应该清醒的认识到我们实验动物学科建设和发达国家相比还存在一定差距，所以，仍需实验动物科技工作人员继续努力，充分调动各方面的积极性，逐步拓展研究领域和深度，从而促进中国实验动物学科的进一步发展。

五、目前实验动物学教育中存在的问题

实验动物学科是一门新兴的交叉学科，与生命科学的其他学科相比，全国的实验动物专业人员数量相对较少。专业教育、技术培训、学科建设都受到学科交叉性、从业人员少的限制，难以形成规模化、制度化、标准化的教育培训体系。自 1995 年国家提出科教兴国战略以来，中国的科学教育事业得到了长足的、快速的发展，高等教育和生命科学研究的发展更是突飞猛进。实验动物学科作为科研保障和基础也随之发展提高。随着科教兴国战略的进一步深化实施，中国的科研事业将进一步快速发展，实验动物专业必然随之得到良好发展。中国实验动物学科的整体水平也将随之提高，从业人员的数量也会相应增多。但目前中国实验动物学教育还存在着如下几个方面的问题。

（一）专业教育方面

专业教育是培养实验动物学专业人才的必由之路，是保证实验动物科学全面、稳定发展的基础。中国实验动物专业教育起步较晚，和国外相比差距较大。英国、美国、法国、日本、德国等境外 100 多所大学设有医学实验动物学专业及相关专业，如美国斯坦福大学医学院、圣·路易斯大学比较医学系、华盛顿大学实验动物学院、霍普金斯大学医学院比较医学系、加利福尼亚大学、普林斯顿大学、哈佛大学、南阿拉巴马大学、俄亥俄州立大学、南卡罗莱纳大学、印第安纳大学、圣地亚哥大学、哥伦比亚大学生理外科学院、田纳西大学、芝加哥大学、剑桥大学以及日本、法国、韩国的一些大学都设有比较医学专业。其主要任务是开展实验动物专业学历教育和人才培养，对从事各类动物实验的科技人员进

行培训，同时开展各种动物实验技术及咨询服务。针对科技人员的培训是比较医学教育的一项重要任务，培训范围涉及生命科学的各个领域。而中国本科专业目录中没有“实验动物专业”，严重制约了实验动物专业教育的发展。30 多年来，各相关高校大多挂靠在其他本科专业的名下，以“某某专业（实验动物方向）”的名义招收本科生，不利于本专业的发展和人才的培养。目前中国实验动物学专业教育基础薄弱主要表现在以下几个方面：

1. 实验动物专业招生量小，且不连贯

受制于国内实验动物的整体水平，专业教育的层次偏低，多为专科生，就业前景和工作待遇难以吸引到优秀的学生报考实验动物专业。

2. 师资队伍不健全

教师的专业分布不均，有的专业课的教师队伍十分薄弱，学科建设和师资队伍整体素质有待加强。由于实验动物学的高等教育体系尚不健全，无法为自身学科提供足够的教师，许多从事实验动物教学的老师为兽医学专业或医学相关专业毕业生。

3. 课程设置还不完善

实验动物学的课程设置应该体现实验动物学的交叉性和综合性特点，但受限于各学校教师的知识背景，各校开的实验动物专业本科或专科班的课程主要是依据本校的教学能力而定。医药院校偏重于动物实验技术，兽医院校偏重于实验动物质量控制，缺少具有本专业特色的统一的教学大纲和相应的专业教材。目前有农业院校联合编写的全国统编教材《实验动物学》，作为兽医专业本科学生的使用教材；医学院校编写的各版本的《医学实验动物学》，作为医学生选修课使用教材；以及人民卫生出版社的八年制《实验动物学》教材和研究生使用的《医学实验动物学》教材，但仍缺少适合实验动物专业学生使用的更为深入、细化、具体涉及实验动物环境、实验动物遗传、实验动物营养等内容的高水平教材。在研究生教育方面，因受本科所学专业的影响比较大，很难再系统地接受实验动物科学基础理论的学习，加之研究生培养中重论文轻实践的倾向，使得所培养的研究生实验室能力较强，而缺乏对实验动物行业的了解，解决实验动物科学领域中遇到的综合性问题的能力较差。此外，随着时代发展，各学科都在发展多媒体教学，实验动物学作为一门实践学科，使用多媒体教学更有利于学生深入、快速地理解实验动物学知识。但目前实验动物学教育在多媒体教学方面也较为落后，目前还没有实验动物学课程获得国家或省级精品课程。

4. 教学管理有待完善，目前尚缺乏规范化管理和质量监督体系

由于教学发展尚不完善，没有全国统一的教学大纲、统编教材以及培养计划，相应的教学管理、考核、监督也都不够规范。

（二）技术培训方面

虽然中国实验动物从业人员教育和培训工作已取得很大成绩，人员素质得到了普遍提高。但由于各种原因还存在着一些缺憾。通过国家《实验动物管理条例》《实验动物质量管理办法》和各省实验动物从业人员培训考核管理办法的实施极大地促进了岗位证书制度的落实。据调查，实验动物从业人员中大部分经过培训获得了岗位证书，但运行过程中也发现了一些问题。在实验动物相关人员培训认证方面，国际惯例是对人才分类分级管理。例如，美国实验动物学会将实验技术人员分成分为研究人员、兽医师、技师系列和管理人员等四个方面；日本实验动物协会将实验动物从业人员分为实验动物技术员，实验动物研究人员和实验动物技术专家三个等级；欧洲实验动物协会联合会（Federation for Laboratory Animal Science Association, FELASA）将实验动物从业人员分成实验动物技术员，参与研究工作的技术员，科研人员和专家四个等级。中国现在将实验动物从业人员分为实验动物技术人员、研究人员、实验动物医师、实验动物管理人员、辅助人员、阶段性从业人员等六大类，目前中国正在完善相应资质认定标准。在人员培训方面，国外培训工作多由国家学会和专门的学术组织开展，如美国实验动物学会，欧洲实验动物医学会，日本实验动物协会等。中国培训工作多由国家学会和各省市学会以及一些有较强实力的实验动物中心负责，主要为从业人员上岗培训，相对而言培训的层次较低，缺乏系统化和计划性。主要问题体现如下。

1. 岗位证书有效期（5年）过长

目前中国实验动物工作还处于发展阶段，标准化和法制化管理制度尚不健全，标准化操作规程和实验动物技术还不成熟，每年都会有很大的发展变化。因此，岗位证书的有效期存在着一劳永逸之嫌，其内涵将与实际相脱节，尤其是对一些偶尔从事动物实验的科技工作者来说，今天经培训获得了岗位证书，几年后做动物实验时可能早已将培训的内容忘记，或许法规政策已经发生了变化。

2. 培训内容不足

目前实验动物福利和动物保护运动呈全球化趋势，西方和一些发达国家已从动物保护发展到争取动物福利和动物权利运动。由于中国缺乏全国性的实验动物福利法律，目前关于实验动物保护的法律只有一些地方性法规和行业指导意见。这些法规和行业指导意见不具有强制执行性，因而我们在培训中多为介绍西方国家的动物伦理和保护知识，推荐从业人员参照国外标准在实际工作中善待动物。

3. 培训缺乏针对性

发达国家实验动物培训工作的开展主要依据法律法规和大学规定要求进行培训，以确保实验动物受到适宜的使用和对待。培训的对象是新的实验动物使用者，受雇于大学或研究所的科学家、技术人员。培训方式为理论授课和实习，并可进行一对一示教。中国参加培训的人员成分多种多样，一个班中既有教授、博士，也有只接受了义务教育的工人。这不但给讲课教师的授课带来了困难，而且听课人员的理解程度和收效也差异很大。受训人员经过学习，了解和掌握了实验动物的基本知识和相关的政策法规以及实验动物选择应用的基本原则和影响因素，而对实际应用技术和针对性的实验方法却不能在岗位证书培训中得到。这些具有现实意义的技术培训工作尚未展开，更谈不上针对实验动物和动物实验工作者的要求内容进行专门培训。

4. 缺乏系统的继续教育

由于实验动物行业的快速发展，实验动物相关知识的快速更新，实验动物从业人员和进行动物实验的科技人员有必要接受定期的继续教育。目前开展的技术培训工作往往缺乏基础性和系统性，在专业教育尚不完善的情况下，专业教育和技术培训不能很好地相互完善、相互补充，影响实验动物科学人才培养的效果。

（三）学科建设方面

1. 基础研究投入较少

科学研究是学科建设的基础和推动力。中国的实验动物事业起步较晚，一直处于不断学习，追赶国际先进水平的过程中。中国的实验动物专业科学研究为了独具特色和快速追赶国际水平，研究重点放在具有中国自身特点的实验动物方面，例如中国特有野生动物的实验动物化等。长爪沙鼠、小型猪的培育取得很大成绩，尤其是小型猪的近交化的发展处于世界领先的水平。但与此同时中国缺少实验动物专业的基础研究，例如关于实验动物设施、营养、福利等方面的研究，科研的不足导致没有能力为制定适合中国国情的实验动物标准提供指导，中国国家标准的制定主要参考欧盟、美国等标准。

2. 沟通不足，利用有限

近年来，国家进一步加大了科研投入，“十一五”、“十二五”等重大科技专项计划的执行，例如“十一五”计划的“人类重大疾病小鼠模型的建立与应用”，“十二五”计划的“重大新药创制”科技重大专项，使中国建立了一批科技服务平台和疾病研究模型资源库。但由于各单位的沟通及协调不足，导致一些建立的平台利用率低下，制备的疾病模型动物使用率低甚至未得到使用，未能有效服务于科研，一定程度上阻碍了实验动物学科的发展。

六、实验动物学教育展望

中国实验动物专业人员培养在今后一定时期内仍采取专业教育和从业人员培训并举的发展策略。实验动物专业教育指的是实验动物专业的学历教育，包括专科、本科及研究生培养。实验动物从业人员培训的对象是各类实验动物从业人员，培训内容是实验动物基础知识、实验动物的相关法律法规和实验动物的选择应用等。同时，实验动物学更要注重本学科的学科建设工作，制定动物学专业建设规划和指导方针，完善教学体系和教学模式，加强教材建设，拓展教学内容，促进学科内多个专业领域的发展。

（一）专业教育

建立符合学科发展需要的专业教育学科体系，在国家学科分类中将实验动物科学纳入国家一级学科分类目录中，在国务院学位委员会中设立实验动物科学专业。实验动物专业教育包括专科、本科及研究生培养。自1994年以来，国内一些大学和科研院所被国家教委批准为实验动物专业硕士学位研究生授权点。目前全国至少有近百所院校开设了研究生层次课程，这对实验动物行业人才培养发挥了重要作用。目前，实验动物专业教育取得了较大成绩，得到了长足发展。但我们也清醒地认识到，在本专业的教育教学中还存在种种困难和诸多问题，与成熟的专业相比还有很长的路要走。但我们也有自身的优势，目前，实验动物专业得到了国家和各级政府部门的高度重视，由于本专业起步晚，因此我们有更巨大的发展空间，对本专业培养人才有更大的需求。为了实现本专业的发展规划，加快本专业的发展步伐，快速提升本专业的教育教学水平，今后要着力做好如下两方面工作。

1. 注重教师教学水平的提高

人才的培养是专业发展的核心问题，抓住人才建设是实现专业跨越式发展的关键。根据目前实验动物学专业师资队伍现状，将依据引进、培养、外聘相结合的原则及重在培养的方针，通过采用切实的措施，争取短时内改变师资队伍的学历、学术、职称及知识结构。同时，无论对老教师、引进的人才还是外聘的客座和兼职教授，都将尽可能提供舒适的生活条件和优良的工作环境，尽可能帮助他们解决工作与生活中的困难，使他们安心从事科研和教学工作，坚持做到事业留人，感情留人。同时引入竞争机制，加快师资队伍建设的力度与步伐，依靠一批竞争力强，学业出众的教师队伍，协调一批技术精湛的骨干力量，团结老、中、青年教师，一起搞好教育教学，不断提高教学水平。进而全面提高中国实验动物专业教育师资队伍的素质和水平。

2. 在与实验动物专业相关的医学、农学院校广泛开展的多层次系统教育

农业院校和医学院校一般都有深厚的教学和科研工作基础。农业院校的动物医学和动物科学专业是其主要专业，学生可通过已有的解剖、生理、病理等基础课和动物疾病诊断、外科手术、遗传育种等专业课的教学资源掌握实验动物的有关知识，同时如果增加诸如实验动物的生物学特性、质量控制及人类疾病动物模型复制方面的教学力量，可以弥补农业院校开办实验动物专业存在的对人了解不足的缺憾。医学院校则利用学校的教学资源开办了以人体为主的专业基础课教育，通过增加动物学、兽医外科学、预防兽医学、动物遗传育种学、动物营养学、兽医病理学及兽医药理学等专业课，这样更有利于培养社会需要的既有动物学的理论基础，又有宽泛的医学基本知识，同时掌握了现代医学研究的基本技能和动物实验基本技术方法的实验动物专门人才。

（二）技术培训

建立全国统一的等级培训体系。实验动物从业人员上岗证考试是根据《实验动物管理条例》对从业人员进行技术培训和考核的要求依法设立的，是各类人员从事实验动物行业工作的入门考试。根据《实验动物管理条例》对实验动物从业人员进行技术培训和考核的要求以及国家人才发展战略的要求，参考国际现代实验动物人才职业化的培训体系，结合实验动物科学技术人才岗位需求的特点和队伍现状，以提高专业技术能力和更新知识为主要目的，以人才队伍能力建设为核心，建立初中高级技术人才培训和职业资格认定体系，对实验动物从业人员进行分类分级考试制度，推进实验动物人才队伍专业化培训，逐步建立完善考核体系，从而使中国实验动物事业走向健康、快速发展的道路上。

（三）学科建设

中国实验动物学科虽起步较晚，但发展迅速，经过短短几十年的发展，目前已经形成了自己独特的科学体系，实验动物作为生命科学研究的基础和重要支撑条件，对生命科学研究起着越来越重要的作用，因此加强实验动物学科建设显得尤为重要，我们可以从如下几个方面进行工作。

1. 制定动物学专业建设规划和指导方针

根据实验动物专业教育目前所涵盖的专业和学科的功能以及实验动物学学科的专业特点及目标制定动物学专业建设规划和指导方针，实验动物学专业在未来建设中必须要坚持做强，并有自身特色。

实验动物学专业涵盖的专业课有两大类学科，一是实验动物学专业基础学科，包括病理学、动物学、实验动物营养学、动物毒理学、兽医临床诊断学、实验动物伦理学、比较生理与解剖学等；二是实验动物学专业学科，包括实验动物传染病学、实验动物寄生虫学、实验动物外科手术学、实验动物环境卫生学、转基因动物技术、实验动物繁殖育种学等。根据本专业特点，加强相关专业课教育，提高实验动物科技工作者素质，进而快速推进实验动物学进程的步伐。

2. 完善教学体系、教学模式

随着科学的发展和技术的不断进步，在生物科学迅猛发展的当今世界里。我们的教学体系也要随之进行补充和完善，实验动物学教育要跟上时代科学发展的步伐，细化教学大纲，修正和调整教学体系。使教学体系适应科学的进步以及社会的需求，适应培养目标和实验动物科学总体发展思路。完善学科的相关专业课程，增加培养学生技能和创新能力的课程和教学内容。同时在教学模式上，要不断创新，与时代共同进步，以学生掌握基础理论知识程度、专业知识运用能力、实际动手能力和创新能力作为衡量教学效果的尺度。

3. 教材建设，拓展教学内容

进一步加快教材编写速度，尽快使实验动物学专业课的所有课程拥有自编的试用或出版教材，保证实验动物学的专业教育教学质量和发展的不受教材短缺限制。对实验动物学专业学生经常性地开展实验动物科学进展、新技术、新方法、新观念的知识讲座，丰富学生的知识面，拓展知识结构。

由于实验动物专业实践性很强，在教学过程中不可缺少实验动物设施内的技术操作训练。因此，要充分利用学校的标准化实验动物生产和动物实验设施，在标准化的管理体系中使学生受到正规化的训练，养成规范的操作习惯，并培养学生的管理能力，同时让学生了解实验动物设施的建设要求和质量控制措施，要充分利用现有的丰富的实验动物设施资源，与实验动物专业教育结合，使之成为实验动物专业人才培养的实训基地。实验动物学专业建设在教学内容上要强调课程间的交叉融合与次序，形成循序渐进、相互连接、相互共融、相互促进的教学体系。

4. 资质认证

中国实验动物学会已经面向实验动物技术人员开展中级实验动物技师培训和资质认证工作。以后逐渐扩展到初级、高级实验动物技师，实验动物医师，实验动物管理师等技术培训和资质认证。全国实验动物标准化技术委员会组织编制了《实验动物从业人员要求》团体标准，对实验动物从业人员进行了系统分类，并做出了技能要求。

21世纪是生命科学快速发展的重要时期，实验动物作为生命科学研究的基础和重要支撑条件，随着生命科学的飞速发展，它的重要性愈来愈得到充分的体现。实验动物作为科技发展水平的关键的制约因素之一，人们对实验动物学科的认可度得到了明显提升，实验动物教育和从业人员培养得到了飞速发展，实验动物从业人员的队伍不断壮大。对实验动物学科向更高、更强发展的要求就越发紧迫，而这一切更加需要我们重视实验动物学教育水平的提高。

当前中国实验动物科学研究和发展逐见成效，学科研究成果对专业建设所起到的基础和支持作用也得到充分体现，期望我们能进一步加大对实验动物科学这一交叉学科的支持力度，积极开展有关实验动物学科体系及内涵的深入研究，拓展科研和教学创新空间。

—— 参考文献 ——

[1] 秦川主编.实验动物学[M].北京：人民卫生出版社，2015.

[2] 秦川主编.医学实验动物学[M].北京：人民卫生出版社，2015.

[3] 中国实验动物学会.2008–2009实验动物学学科发展报告[M].北京：中国科学技术出版社，2009.

[4] 陈振文，蒋辉，王晓辉，等.医学院校实验动物专业建设[J].首都医科大学学报，2006增刊，177–178.

[5] 王钜，陈振文，卢静.开办“医学实验动物学”本科学历教育的构想[J].实验动物科学与管理，2004，21(2)：58–61.

[6] 权富生，许信刚，雷安民，等.提高农业院校实验动物学课程教学质量的对策[J].家畜生态学报，2012，33(3)：124–128.

[7] 卢笑丛，戴涌.实验动物科学的教育和继续教育[J].实验动物科学与管理，2000，17(3)：7–10.

[8] 白海艳，边高鹏，史宝忠.高校普通动物学实验教学的改革与实践[J].长治学院学报，2012，29(2)：92–93.

[9] 毛峰峰，梁书强，赵勇，等.关于医学实验动物学教学改革的几点思考[J].医学信息，2011，24(7)：

4487-4488.

［10］朱孝荣，袁红花．医学院校研究生实验动物学教学思考［J］．山西医科大学学报（基础医学教育版），2004，6（5）：517-519.

［11］郭全华，祁风义，陈晓明．中医药实验动物学教育之思考［J］．江西中医学院学报，2006，18（6）：70-71.

［12］樊林花．实验动物科学发展现状与措施［J］．临床和实验医学杂志，2006，5（3）：282-283.

撰稿人：郑志红　陈振文　赵德明　肖　杭　薛整风　常　在

实验动物产业发展研究

一、引言

实验动物学科是一门支撑性学科，通过提供实验动物及相关产品、动物实验技术服务和比较医学理论，为其他学科的发展提供实验动物支撑，实验动物学科的性质决定了实验动物学科的使命在很大程度上是通过产业化实现的。围绕实验动物学科及实验动物所服务的学科，实验动物产业的领域主要包括实验动物及相关产品和动物实验技术服务两方面内容。实验动物包括常规的实验动物、用于实验的动物，以及伴随着新技术的出现而研发的基因工程动物和动物模型等；实验动物相关产品则包括实验动物饲养产品和开展动物实验所需的产品两大类，前者是指饲养实验动物所需要的设施设备、笼具、垫料、饲料和福利用品等，后者则指进行动物实验所需的试剂、材料、器械和设备等。动物实验技术服务涵盖的内容相对广泛，既包括针对实验动物的质量检测、净化育种、模型制备、模型分析、动物信息等服务，也包括为科研、药物、食品、航天、环境等行业提供的动物实验技术，例如药效学、毒理学和行为学等方面的检测服务。

实验动物产业在许多层面上对社会发展起到了支撑作用，其发展程度影响着许多行业的水平，主要体现在以下四个方面。

（一）实验动物是保障国家公共卫生安全的战略资源

《国家中长期科学和技术发展规划纲要》将公共安全列为重点领域，其中“食品安全与出入境检验检疫”和“生物安全保障”两个优先主题的重点内容是研究食品安全和出入境检验检疫风险评估、污染物溯源、有效监测检测等关键技术；研究化学毒剂在体内代谢产物检测技术，新型高效消毒剂和快速消毒技术，滤毒防护技术，生物入侵防控技术，用于应对突发生物事件的疫苗及免疫佐剂、抗毒素与药物等。

这些研究内容均需要实验动物作为体内研究的实验对象，或需要实验动物作为有效性或安全性评价的实验对象。如转基因食品的安全性需要实验动物的评价；疫苗及免疫佐剂、抗毒素与药物等的评价，不仅需要实验动物，而且需要疾病模型。尤其新发再发传染病有越来越频发的趋势，是社会安全最大的威胁之一。近几年，对中国影响最大的新发及再发传染病就有 SARS、H5N1 和 H1N1 流感、手足口病、猪蓝耳病等疫情。比如在 SARS 期间，为了建立 SARS 模型，评价 SARS 疫苗，试验了 30 个不同物种的 80 个品系的实验动物，最后利用恒河猴建立了 SARS 模型并完成了疫苗的评价。所以，建立多物种的实验动物资源不仅对现实的生物医药研究具有重要意义，对新发及再发传染病的防治也是重要的技术储备之一。

（二）实验动物是药物研究从实验室走向临床的必需环节

科技重大专项“重大新药创制”重点针对恶性肿瘤、心脑血管疾病、神经退行性疾病、糖尿病、精神性疾病、自身免疫性疾病、耐药性病原菌感染、肺结核、病毒感染性疾病等重大疾病，以及其他严重危害人民健康的多发病和常见病，其目的是自主创制一批化学药物、中药及生物药。

化学药物、中药及生物药的有效性和安全性都需要经过动物模型验证，而恶性肿瘤、心脑血管疾病、神经退行性疾病、糖尿病、精神性疾病、自身免疫性疾病都是多基因参与的复杂慢性疾病，病因很多，与之对应的疾病动物模型也很多，国际常用的重大疾病的动物模型几千种，为各类药物筛选提供了有效的工具。药物的代谢、毒理、安全性等研究均需要高质量的实验动物资源支持。如果没有疾病动物模型强大资源的支持，“重大新药创制”专项的实施就会受到很大的限制甚至影响专项的完成。

“一个基因一个药物”也许只是设想，但药物靶点的基因工程动物模型是发现新药的重要手段，有了好的药物靶点模型，就能利用模型发现有价值的药物，这在药物研究史上已经是被多次证明的事实。

一个成功的药物，不仅要了解“它”的效果、毒性，同时也要了解其作用机制，以便更好地使用和进一步指导药物研究，在这个环节上需要基因工程动物模型的支持，中国在药物机制研究方面相对落后，这和基因工程动物模型欠缺有密切关系。

现代药物的研究更加注重整体，疾病动物模型和实验动物是最好的系统药物研究工具和评价系统。

总之，实验动物资源是药物研究到临床治疗的中间环节，如果没有丰富的疾病动物模型、药物靶点动物模型和高质量的实验动物资源支持，药物创新研究、评价和前期临床研究等都会由于缺乏支撑条件而失去竞争力。

（三）新型实验动物及技术是科学研究的创新源泉

不管是药物创制、临床治疗方法的改进，还是诊断试剂或诊疗设备的创新，均建立在对疾病机制的深入理解上，对疾病机制的了解是以上领域不断创新的知识基础。随着转基因技术、基因打靶技术、胚胎工程技术和基因组计划的完成，基因工程动物成为基因功能、蛋白质功能研究的主要工具，也是疾病分子机制研究的主要工具，疾病相关基因动物模型资源是疾病机制研究的创新源泉。《国家中长期科学和技术发展规划纲要》中，生命科学基础研究的重点确定为“生命过程的定量研究和系统整合、脑科学与认知科学、人类健康与疾病的生物学基础、蛋白质研究、发育与生殖研究”。

“生命过程的定量研究和系统整合”包括功能基因组学、表观遗传学及非编码核糖核酸、生命体结构功能及其调控网络、生命体重构、系统生物学、系统发育与进化生物学等重要内容。功能基因组学的主要研究对象就是基因敲除和转基因动物，而基因敲除和转基因动物直接支持表观遗传学、生命体结构功能及其调控网络、生命体重构、系统生物学、系统发育与进化生物学等方面的研究。有鉴于此，美国已经设立了将小鼠 30000 个基因全部敲除的计划。

“脑科学与认知科学”的主要研究方向中的脑功能的细胞和分子机理，脑重大疾病的发生发展机理，脑发育、可塑性与人类智力的关系，学习记忆和思维等脑高级认知功能的过程及其神经基础等，需要大量的相关基因敲除和转基因的动物模型的支持。

“人类健康与疾病的生物学基础”主要研究方向中的重大疾病发生发展过程及其干预的分子与细胞基础，神经、免疫、内分泌系统在健康与重大疾病发生发展中的作用，病原体传播、变异规律和致病机制，药物在整体调节水平上的作用机理，环境对生理过程的干扰，中医药学理论体系等，都需要动物模型、疾病模型等资源的支持。

“蛋白质研究”主要内容中的蛋白质相互作用和动态变化的深入研究，生物体等层次上全面揭示生命现象的本质等研究对象是基因工程动物，强大的基因工程动物模型资源是这一研究必须条件。

“发育与生殖研究”重点研究内容中的干细胞，胚胎发育的调控机制，体细胞去分化和动物克隆机理等研究和成果转化直接需要动物模型、疾病模型等资源的支持。

进入 21 世纪，生命科学与生物技术已经成为现代科学最为活跃的科技领域之一。随着基因组学和基因工程技术、系统生物学等前沿学科和技术的迅速发展，人类对生命活动基本规律的认知达到了前所未有的程度。

在现代科学技术革命推动下，人类基因组学、干细胞工程学、分子生物学、克隆技术、转基因技术、基因敲除技术、基因芯片、蛋白质芯片、生物净化技术等新技术的进展，使生命科学和生物技术呈现出前所未有的发展态势，而所有这些都离不开生命系统——实验动物作为基础。实验动物科学不仅作为生命科学和生物技术的重要支撑条件，同时作为生命科学研究的模式动物和比较医学的主要对象，在阐明基因的结构与功能、模拟人体正常与疾病生命现象等诸多方面具有不可替代的作用。

与发达国家相比，中国的生命科学研究和生物技术的发展还比较滞后，基本是追随发达国家之后发展。自主创新能力还比较薄弱，自主创新的重大突破性成果还很少。尤其缺乏自主知识产权的人类疾病动物模型是中国当前生物医药产业发展的瓶颈。因此，建立中国人类疾病动物模型平台是解决中国生物医药产业问题的关键，将有利于大力促进中国生物医药产业的发展。

（四）实验动物产业是生物医药产业发展的基础链条，促进国民经济可持续发展

生物产业是当今世界经济中正在迅猛发展的战略新兴产业，大力发展生物产业对缓解以至于解决人类社会发展面临的健康、食品、资源、环境等重大制约因素具有十分重要的作用。党中央、国务院对发展生物产业高度重视，多次批示要求制订促进中国生物产业发展的规划和政策措施。《国家中长期科学和技术发展规划纲要（2006—2020 年）》提出，把提高自主创新能力作为国家战略，贯彻到现代化建设的各个方面，贯彻到各个产业、行业和地区，大幅度提高国家竞争力；也明确提出要将生物产业作为中国高技术产业迎头赶上的重点。国家《生物产业发展“十一五”规划》提出了中国生物产业发展的总体目标：力争通过 10 到 15 年的努力，将生物产业培育成为国民经济的主导产业，主要经济指标进入世界前列；在关系经济社会发展全局和国家安全的战略性生物技术领域掌握自主知识产权，生物产业国际竞争力大幅度提高。国家《十二五规划》提出将生物医药产业列为创新型战略产业之一，进行重点扶持培育。

美国是实验动物科学发展最早最快的国家，不论是实验动物资源建设还是实验动物科学研究都形成了相对完善的体系，有力地促进了美国生命科学、医学、药学等相关产业的发展。以实验动物科学的主要支撑行业之一医药产业为例：2007 年全球药品销售额 7000 亿美元，占全球 GDP 54 万亿美元的 1.33%。

因此，实验动物产业对生物医药行业起到举足轻重的作用，实验动物产业的发展将间接成为国民经济发展的重要方面。

二、实验动物生产供应产业化

（一）进展

“实验动物”是指经人工饲养、繁育，遗传背景明确或来源清楚，携带的微生物及寄生虫受到控制，用于科学研究、教学、生产和检定以及其他科学实验的动物。实验动物作为“活的试剂与度量衡”，是生命科学研究的基础和重要支撑条件，它几乎涉及与生命科学有关的各个领域，关系到国民经济的发展和科学技术的进步。生物、医学、制药、食品、化工、农业、环保、航天、商检、军工等研究均离不开实验动物。

1. 全球实验动物产业加速发展

在西方发达国家，实验动物行业已经是一个比较成熟的行业，已经实现了规模化、标准化生产供应，建立了较为成熟的生产繁育技术体系和产业化营销网络。一些大公司不仅可以供应标准化大鼠、小鼠、豚鼠、家兔等常用品种、品系，而且，随着生物技术和基

因工程技术的快速发展，一些标准化、商品化的新的疾病动物模型也在迅速增加，包括手术模型、物理诱导、化学诱导、生物诱导和基因工程动物模型等。欧美等国的 Charles River Laboratories. Inc.、Harlan、Janvier、Jackson Laboratory、Taconic 等少数企业占据全球近 80%的实验动物市场份额。美国最大的实验动物生产供应机构 Charles River 大小鼠年销售额 7 亿美元。欧洲和日本的实验动物生产供应也是集中在几个大的公司经营，其大小鼠年销售额分别为 12 亿和 10 亿美元。

2. 中国实验动物产业迅速崛起

中国实验动物科学起步较晚，中国实验动物产业也是一个新兴产业，但发展较快，尤其近几年随着生命科学研究和生物医药产业的发展，中国实验动物产业在迅速崛起。即在实验动物法规逐步完善、实验动物质量标准工作逐步加强、疾病动物模型研发和制作能力逐步提高的基础上，中国实验动物生产能力迅速增强，实验动物的质量逐步得到提高，实验动物产业化逐步形成规模。一些小的生产机构在逐步被淘汰或并购。

中国年实验动物使用量约 1800 万只，其中，大小鼠实验动物约 1700 万只。中国目前具备规模化生产大小鼠实验动物生产供应机构有 5 个，年生产都在 100 万只以上，但总计供应能力仍不到全国需求量的 50%，因此，大小鼠实验动物规模化生产还有很大的空间。

中国非人灵长类实验动物经过近 30 年的发展，其产业取得了长足的进步，产品的规模化、商品化生产供应模式已逐渐形成，产品质量得到保证。根据中国实验灵长类养殖开发协会 2012 年底统计数据，中国现有成规模的非人灵长类养殖企业约 40 家，主要分布在广东、广西、云南、海南、四川等地。中国现存栏规模约 29 万只（猕猴 4 万只、食蟹猴 25 万只），2012 年生产约 7 万只（猕猴 1 万只、食蟹猴 6 万只），中国已经成为世界上非人灵长类实验动物的主要供应国家，年出口约 2 万只。而国内年使用量约 2 万只，因此，目前中国非人灵长类实验动物生产产能已经过剩，供过于求的问题十分突出。

中国实验动物犬的年使用量为 4 万 ~ 5 万只。但由于国内缺乏规模化和标准化的生产供应，产品的质量参差不齐，不够稳定。除美国 Marshall Farms 在中国投资成立的北京玛斯生物技术有限公司的质量得到认可外，国内还没有形成具有竞争实力的品牌机构。

随着中国药品和生物制品质量控制工作的加强，SPF 级实验兔和豚鼠的需求量将快速增加，但是，中国目前还没有形成规模化和有竞争能力的品牌机构。同时，随着新的药物的开发，实验动物作为生产原料的需求也在快速增加，如小鼠的颌下腺作为提取神经生长因子的原料，预计近几年，年需求量约 1000 万只。

因此，中国实验动物产业在迅速崛起，仍有很大的发展空间。

（二）存在的问题

1. 产品的质量有待提高

目前，中国实验动物的质量不足主要体现在两个方面：①微生物控制不足。除生产管理过程控制的主观因素外，中国实验动物微生物控制还受国家实验动物质量标准的完善程度、质量检测方法、检测试剂（盒）的稳定性等客观因素影响。②遗传控制不足。主要体现在一些品种、品系的遗传资料（Genotype）、表型资料（Phenotype）缺乏；种源的保存与供应不足，不能保证正常的换种。

2. 质量控制体系不健全

由于实验动物是活的产品，因此，其产品的质量控制更加困难，从种源的控制、生产过程的监督，到产品的检测和供应，各个环节都非常关键。中国一些实验动物生产机构虽然实现了规模化生产，生产数量达到了一定量级。但是，大部分机构并没有建立完善的质量控制体系，导致产品的质量不能得到保证。

3. 产业化规模偏小

目前，中国的各类实验动物生产供应商虽然具有一定的规模，但与国外大公司相比，集约化程度不够高。导致：①小规模的生产机构，没有能力建立完善的质量控制体系，也不能保证实验动物产品的质量；②小规模的生产供应机构，由于技术力量和财力不足，很难为客户提供全面、高质量的服务；③生产成本偏高，缺乏竞争力。这既是中国实验动物产业发展的机遇，也是对产业发展的挑战。

4. 市场服务体系和监督体系不健全，产品价格偏低

随着社会的进步和发展，实验动物的重要性逐步得到社会的认识，实验动物的质量在逐步得到重视。但是，由于受到社会观念和市场服务体系的影响，一方面，使用单位仍注重产品的价格而轻质量；另一方面，生产供应机构打价格战，恶性竞争。导致产品价格一直偏低，产品质量不能得到很好的保障，严重阻碍了该产业的发展。

5. 产品和服务能力不足

随着健康产业的发展，实验动物产业除提供常规的实验动物品系外，中国一些人类疾病动物模型的开发和供应，如手术模型、基因工程动物模型、各种诱导模型等相对缺乏。如在遗传操作的技术上，中国目前尚无原创性贡献，无论从最初的胚胎干细胞（embryonic stem cell，ES cell）打靶技术，还是近年来发展的锌指核酸酶（zinc finger nuclease，ZFN）技术、TALEN（transcription activator-like effector nucleases）核酸酶技术以及 CRISPR/Cas9（clustered regulatory interspaced short palindromic repeat/CRISPR associated systems）系统等，中国均处在技术跟踪阶段。目前全国各地的模式动物中心创建的各种动物模型尚无统一的数据信息平台，存在信息交流不畅、资源共享不足的问题。另外，实验动物种源的保存、交流与供应，疾病模型的制作服务等服务能力不足。这些在一定程度上限制了实验动物产业的发展。

6. 专业人才缺乏

专业人才是产业发展的关键。由于中国实验动物科学起步较晚，而行业发展需求在快速增加，导致专业人才相对缺乏。中国实验动物生产 / 使用 / 研究单位 2100 多个，从业人员 11 万人；而美国实验动物生产 / 使用 / 研究单位 2500 多个，从业人员为 6 万人。中国从业人员 60% 左右为本科以下学历，主要从事实验动物简单的饲养，而从事实验动物科

学研究，包括疾病动物模型的研发和制作的人才非常缺乏，这也是中国实验动物模型品系不足、服务能力不够的主要原因。

（三）发展策略

1. 加强政府支持和引导，合理布局

实验动物产业能够产生一定的经济利润，但总体来说，属于社会公益型的产业，它的效益更多地体现在它所支持的生命科学研究领域和医药产业的开发领域。因此，是属于国家科技基础性工作的重要组成部分，是需要国家大力支持的事业。政府在制定相关政策时，要充分考虑这一行业的公益特点，给予政策上的大力扶持。如何实行财政扶持政策和运用税收杠杆来促进实验动物的产业化进程，更是政府管理部门需要解决的问题。运用有效的资金重点扶持建立几个实验动物生产供应基地；加强宏观调控和行业管理，鼓励规模化生产，联合建立实验动物生产供应体系，提高产品的质量。

同时，通过政策引导和项目支持，合理进行实验动物产业化的布局，形成适应生命科学发展需求、东西南北中均衡发展的多个产业化基地，鼓励发展全国性生产供应网络。

2. 加强实验动物的种源建设

实验动物的遗传质量是保证实验动物质量的根本条件，中国政府虽然支持了一些实验动物种源基地，但由于缺乏顶层设计和后续的支撑，这些种源中心名存实亡。中国实验动物的种源基本上都是早期国外捐赠，因此，严格意义上讲不能用于商业行为，包括一些大的生产机构正面临着这方面的问题。因此，中国政府应加强实验动物的种源建设，保证该产业的可持续发展，为生命科学研究和生物医药产业的发展提供保障。

3. 完善和严格执行实验动物相关质量控制相关标准

中国虽然制定了比较全面的实验动物质量控制标准，但是，标准的科学性、完整性、执行的可行性等方面还需要进一步研究。尤其对于产品质量的检测方法和试剂的标化亟待解决；产品质量控制的关口前移，加强前期控制和过程控制。同时，鼓励生产企业在国家标准的基础上，建立自己的企业标准，并严格执行，保证产品质量。

4. 加强人类疾病动物模型的开发和服务能力

一方面，国家在科研立项上对实验动物科学有一定的倾斜，加大科研基金支持的力度；另一方面，政府通过教育行政部门，并充分发挥学会或行业协会的作用，加快人才队伍建设，以提高疾病动物模型的制作和服务能力。

5. 强化行业自律，优化发展环境，加强市场体系的培育

随着中国实验动物产业的发展，有些地方逐渐成立了地方实验动物行业协会及相关的专业协会，以及国家的实验动物行业协会和实验动物产业联盟。我们应充分发挥这些协会或联盟的作用，强化行业自律，优化发展环境，加强市场体系的培育，加速地方和国家的实验动物产业的健康发展。

三、实验动物设施

（一）进展

1. 设施建设速度及规范化程度提高

国内新建及改造扩建实验动物设施整体数量稳步增加。以北京地区为例，公开的通过行政许可的实验动物单位 2011 年为 201 家，截止 2014 年上升至 226 家（参考北京地区实验动物行政许可单位分布图），4 年增幅约 12.5%。

越来越多的设施建设方在选择设计与施工单位时趋于理性，更看重经验与资质，而不仅以低价为优；大中型新建设施建设及使用单位与有资质有经验的设计单位合作方式多元化，从源头控制建设及运营成本、优化定位；建设方对于设施的功能要求趋于理性，多数单位不再盲目的追求规模与净化要求；在各阶段招标与实施过程中，对建设成本、周期也有较客观的认识；对于没有设计或施工经验的单位参与实验动物设施建设的准入门槛无形升高，建设单位选用这些单位的风险与机会成本也相应增加。

2. 设施建设标准提高，向欧美实验动物设施看齐

与实验动物设施设计、施工相关的国家建设规范陆续出台，为规范及提升动物设施建设标准、规范专业建筑市场提供了法规及技术保障。

现行相关建设标准包括：实验动物环境及设施 GB 14925—2010、实验动物设施建筑技术规范 GB 50447—2008、实验室生物安全通用要求 GB 19489—2008、生物安全实验室建筑技术规范 GB 50346—2011、洁净厂房设计规范 GB 50073—2013、洁净室施工及验收规范 GB 50591、医院洁净手术部建筑技术规范 GB 50333—2002、建筑设计防火规范 GB 50016—2006（2015 年 5 月 1 日废止）、其他建筑相关通风、空调、节能、安全标准。

在“建规”的解读及执行过程中，同一条文在不同省市的宽严或实现形式存在地区差异，这些差异近些年随着行业交流增多和建设经验的积累有逐步缩小的趋势。为响应国家节能减排的号召，“绿色建筑”的概念在科研实验建筑领域日益受到关注；部分近年新建动物设施在能量回收形式、公用工程系统设置时在设施设计规划阶段已做考量，为减少后期运营成本及保障设施内部精确运行积累了宝贵的建设经验。

伴随着国内实验动物行业与国际间研究合作日益密切，AAALAC 认证及欧盟实验动物福利理念在国内项目中应用日益增加。国内实验动物设施在满足国内建设标准的前提下，向发达国家学习，吸收好的、先进的建设及管理经验，并且根据国情转化发扬。在动物设施内饰材料的选择、吊顶上技术夹层高度等一系列关系建设成本、运营维护、未来改扩建等规划发展的关键环节上均有所突破，本着“合理合法，兼顾创新”的理念推动设施建设领域向前发展。

随着国内实验动物行业的迅猛发展，国家对实验动物基础设施建设的关注也提升到了前所未有的高度。其中，模式动物表型与遗传研究设施已经列入中国重大科技基础设施建设项目，并且正在进行中。该设施建成后，将为中国创造一个可以推动生命基础研究、医学研究、药物研发以及动物品种培育等多个领域快速发展的创新平台，成为具有国际重大影响的世界级研究设施，将使中国在大型模式动物的整体科研水平与实力实现国际领先，为中国和世界生命科学研究做出重大贡献。

（二）存在问题

1. 部分新建设施缺乏统一合理规划，建设目标与实际需求脱离

随着实验动物行业整体的规范化程度提高，设施规模从最初的几十平方米，到如今的上万平方米的大型设施平台，设施的功能及种类逐步与国际接轨，成规模化发展的趋势，每年新建、改扩建实验动物设施建设项目逐年增多。但在一些行业欠发达地区，项目开展初期，由于缺乏建设经验和区域统筹规划，导致设施规模与定位偏离需求，对未来运营能力过于乐观等的现象产生，发展下去容易带来重复建设、资源浪费的不良后果。

2. 设施建设队伍准入门槛低，国家对设施建设缺乏统一管理与监督

良好设施设计团队能够在满足建设规范及使用功能的基础上，从源头上节约建设方的建设成本及运营成本，指导施工；良好的施工队伍能够将设计的图纸完美呈现，并且利用自身经验配合设计解决现场问题。近些年，随着动物设施新建改扩建数量的增加，培养了一些设计及施工队伍。但是就现状来看，实验动物设施建设仍然缺少专业的设计队伍，并且施工队伍准入门槛很低。实验动物设施对土建、机电设计安装均提出了较高的要求并且具有极高的行业特殊性，以上现状无疑直接影响实验动物设施建设的整体质量及水平。

3. 国内实验动物设施自动化程度普遍较低

近些年，随着对工作人员福利的重视及动物质量标准要求的提升，自动化设备已经成为新建实验动物设施，特别是具有一定规模的设施的必选项。对于和国际接轨的实验动物设施由于对动物质量及“溯源性”的高要求，自动化设备取代人工操作也成为必然趋势。

但就目前多数已建成投产的实验动物设施而言，由于规模、经费、场地等限制因素，自动化设备普及程度仍然有较大发展调整的空间。如何提高改扩建动物设施自动化已成为研究热点。自动化设备应用对动物设施人员操作及管理均提出了较高的技能要求，加强人员对设备的实地操作能力、操作流程规范化、管理体系标准的建立也已经成为近年行业内交流学习的主要方向之一。

（三）发展策略

1. 加强行业内部信息共享，对动物设施建设指标进行统筹规划

促进各地动管办对动物设施的审查、管理力度；利用国家各地区动管办网站针对登记在册的设施进行统一信息发布平台；行业内部进行多种形式的信息交流，积极开展学会活动、打开渠道、资源共享。

各地方有关建设部门、各地动管办及相关行业专家应对于重大新建、扩建实验动物设施的具体经济指标的可行性及必要性联合审查，提出指导意见。

2. 提高设施建设队伍准入门槛，对设施建设加强统一管理与监督

依托国家有关机构或组织尽快建立并完善实验动物设施建设的相关准入机制；对进行实验动物设施设计及建设的相关单位采用登记、备案或其他措施；建立建设方、设计方、施工方三位一体信息公开发布平台，使信息公开化透明化，利于优势资源组合。

3. 根据实际需求逐步普及设施自动化设备

通过行业学会及设备厂家开展的多种学术交流及设备操作培训课程，了解国内外实验动物设备发展情况，结合实际情况选择能够提升设施自动化能力。新建设施在建设规划之初应考虑自动化设备的场地需要，预留发展空间。鼓励国内有能力的厂家研发适合中国国情的半自动化或者适应小规模设施的新型设备，研发多层次多功能的新型产品，满足多级市场个性化需求。

四、实验动物笼架具

（一）进展

国外大中型实验动物笼具生产厂家积极争取中国国内高端市场份额，公关力度强，产品整体竞争力强，注重动物福利需要，细节品质过硬，验证文件齐全。多数通过 AAALAC 认证或有国际间合作的有实力的实验动物设施倾向于选用国外知名品牌笼具，而且由于国内品牌加入竞争，国外品牌笼具价格也有一定幅度的降低。随着国内笼具生产厂家研发力度的增强，国内品牌笼具虽然暂时无法在核心技术及细节处理上胜于多数国外品牌，但具有明显的价格优势，在中低端市场颇受欢迎。

总体来说，国内实验动物笼具生产行业整体发展稳健，生产厂家已达数十家，产品类型几乎覆盖了所有的实验动物种类。无论从品种、选材还是从设计理念均已向国外知名厂商看齐。部分种类笼具地方标准出台，为规范国内笼具生产行业做出积极贡献。

（二）存在问题

1. 尚未建立中国实验动物笼具的统一行业标准

中国尚未制定统一的实验动物笼具标准，现有国产笼具根据《实验动物环境及设施》GB 14925—2010 中规定的实验动物最小空间需求，或者根据客户需要个性定制。除了尺寸需求外，有关材质、具体形态及其他技术指标均无明确规定；部分省市建立了地方标准，但缺乏体系建设。

2. 进口笼架具在技术与福利标准上具备优势，但维护维修不足

国内部分动物设施涉及国际合作而且经费充足，大多数选用进口笼架具。进口笼具具有易于满足福利要求，运行稳定性高可选配套丰富等优势。国际品牌维修需要运回产地维修，一旦出现问题，维修周期长，维权难的问题凸显。

3. 国产笼架具整体质量稳定性有待提高，笼具产品研发途径以仿制为主

由于中国实验动物行业整体发展时间短，实验动物设施运营经验少，国产大多数笼架具最原始的技术积累来源于模仿，在仿制的过程中逐渐脱胎成更适合中国国情的产品。大多数国产笼架具缺乏自主创新投入和动力，由于缺乏深入的研究及检测数据支持，很多细节处理及关键技术并不到位，导致笼架具在投入使用后缺乏稳定性，直接影响设施整体质量和运行效率。

（三）发展策略

1. 促进实验动物笼具的统一行业标准制定

国内笼架具生产及使用的规范化急待统一的笼架具国标出台，国标的出台对国产笼架具受到国内乃至未来得到国际市场认可指明方向。

2. 核心设备国产化，提升自主创新及研发能力

产学研结合提升动物笼架具研发能力，国家出台相关政策鼓励笼具自主研发，加快笼具国产化进程。

五、实验动物饲料、垫料产业化

（一）进展

1. 实验动物饲料、垫料的重要性

实验动物饲料是动物赖以生存的物质基础。实验动物饲料作为专门服务于科学研究的饲料，不同于一般的畜禽饲料，中国在 1994 年专为实验动物饲料制定了相应的国家标准（GB 14924），并先后于 2001 年、2010 年进行了两次修订，对实验动物饲料的卫生标准和营养成分等进行了细致明确的规定。随着中国 GLP 认证工作的开展，认证机构对饲料的要求也更高。实验动物饲料的质量是与实验动物质量密切相关的重要条件，也是保证动物实验顺利进行和实验结果准确可靠的基础。

实验动物垫料是影响实验动物健康、动物实验结果和动物福利的国际公认的重要环境条件之一。垫料的类型和质量对实验动物的健康和动物实验的结果有重要影响。中国对垫料质量技术规范要求不多，在如下标准及条例中做了相关说明。《实验动物环境及设施》（GB 14925—2010）中提到“垫料的材质应符合动物的健康和福利要求，应满足吸湿性好、尘埃少、无异味、无毒性、无油脂、耐高温、耐高压等条件。垫料必须经灭菌处理后方可使用”。《实验动物管理条例》第十五条提到“实验动物的垫料应当按照不同等级实验动物的需要，进行相应处理，达到清洁、干燥、吸水、无毒、无虫、无感染源、无污染”。《药品非临床研究质量管理规定》第十条提到研究单位“具备饲料、垫料、笼具及其他动物用品的存放设施”。

2. 实验动物饲料的生产供应现况

实验动物饲料服务对象的特殊性决定了其配方研制与生产条件的特殊性，对技术和生产水平要求很高，产品生产的前期投入也较大。因此，需要专业化的生产厂家根据国家实验动物营养标准进行研制和生产。由于产品科技含量较高，客户对产品质量要求严格，经过多年的自由竞争，逐渐形成了几个规模较大的实验动物饲料专业化生产厂家，能够基本满足国内实验动物生产和科研需求。目前国内实验动物饲料的生产和供应在逐步步入商品化、规模化和社会化的轨道。

国内实验动物饲料生产厂家主要集中在北京、上海、广东、江苏等省市，全国的市场年需求量在 20000 多吨。形成规模化生产的企事业单位主要有北京华阜康生物科技股份有限公司、北京科奥协力饲料有限公司、军事医学科学院、上海斯莱克实验动物有限责任公司等。可生产鼠料、兔料、豚鼠料、犬料、猴料、猪料等常规实验动物饲料、纯化饲料及特殊用途的加工饲料。

3. 实验动物垫料生产供应现况

实验动物垫料是铺垫在动物笼具硬底面上的一种保护材料，必须干净卫生，物理和化学特性必须有利于动物健康和动物福利。国内垫料使用种类繁多，质量参差不齐，目前市场上常见的垫料的材质主要有木屑刨花、玉米芯、再生纸、秸秆、果壳及其他纤维类材料等，应用最为广泛的为木屑刨花和玉米芯。目前还没有形成规模化、专业化的生产供应企业，多数为木料加工业的废弃木屑刨花直接包装，或玉米芯的粗加工。

（二）存在问题

1. 产品质量有待提高

与国外实验动物饲料企业相比，国内厂家在产品配方、工艺水平、质量控制、包装形式等方面还有待提高。GLP 规范的实施与推广对饲料及垫料提出了更高的要求，生产企业在产品质量控制方面，尤其在重金属残留、农药残留、生产工艺等方面投入较少，有可能造成饲料或垫料产品重金属残留或农药残留超标、物理性状不稳定等直接影响动物生长发育以及动物实验结果。而实验动物垫料由于缺乏相应的质量标准，质量控制更为薄弱。

2. 专业技术人才缺乏

实验动物行业在中国起步较晚，对于实验动物营养学的研究困乏，加之实验动物种类、品系繁多，同一种属的不同品系对营养的需求量存在差异，需针对不同实验动物进行营养学研究，尤其对特殊配方饲料的研究不足。技术人才队伍匮乏，成为行业发展的掣肘。创新能力不足，难于做大做强。

3. 相关标准缺失，亟须出台相关标准

中国实验动物饲料仅有产品最终营养成分标准，还缺乏产品质量前期的原料控制、生产过程控制和管理控制标准或规范。而实验动物垫料仅有少量描述性规定，导致市场上垫料种类繁多，质量参差不齐，需出台相关标准，对垫料的材质、性状做量化具体的规定，制定切实可行的检测指标及检测方法，逐步达到垫料的标准化。

（三）发展策略

1. 加强政策引导、合理布局

实验动物相关产品产业是实验动物产业化、社会化的重要组成部分，对实验动物科学发展至关重要。为推动生命科学研究和医药产业的发展，政府在制定相关政策时，要充分考虑这一行业的特点，给予政策上的大力扶持。同时，通过政策引导和项目支持，合理进行实验动物相关产品产业化的布局，形成适应生命科学发展需求、东西南北中均衡发展的多个产业化基地，鼓励发展全国性生产供应网络，成立行业协会，逐步实现行业管理。

2. 强化行业自律，优化发展环境

实验动物相关产品的发展基本遵循市场规律，为避免恶性竞争，促进行业健康发展，应充分发挥行业协会或产业联盟的作用。通过行业管理，加强行业自律，创造有序竞争的环境，优胜劣汰，克服体制机制的弊端，逐步形成产业化集团，打造品牌，满足生命科学发展的需要，提升人民健康水平。

3. 加大人才培养，完善相关标准

加大实验动物相关领域人才的培养培训力度，政府相关机构和单位可根据行业需求开设相关的培训课程及考核制度，强化业内人员的专业知识和技术水平；同时应对饲料及垫料生产相关环节的标准进行补充完善，确保产品生产、检测及流通过程中有统一的标准，为饲料、垫料产业的健康发展提供法律法规依据。

六、动物实验设备产业化

（一）总论

动物实验仪器设备是支撑动物实验的基础条件。随着生命科学与医药卫生事业的快速发展，动物实验的种类和技术也迅猛发展，大量动物实验新仪器、新设备不断问世，并持续改进和创新，成为当代交叉学科的典型样板，融合“产、学、研、用、资”各方面的要素，迅速将科学实验、设备制造、信息技术、人才培训、产业融资、国际合作等集成为快速更新换代的新产品领域。与此同时，动物实验仪器设备的个性化明显，单一产品市场需求量有限，生产和销售成本居高，经济效益低，制约了新技术、新产品的研发和生产。因此，实验动物仪器设备正处于机遇与挑战并存的时期。

与国外相比，中国动物仪器发展起步晚。1982 年国家科委主持召开第一次全国动物科技工作会议，确定发展中国实验动物科学的方针和原则：统一规划，合理布局，协调步伐，发挥各方面的积极性；重视并采取有效措施，抓紧培养人才；安排落实与实验有关的仪器、器具、饲料、垫料等生产工作。自此，仪器、器具首次提上日程。80 年代初，由国家投资从国外采购了实验动物笼具生产用模具，这些笼器具生产厂家很快发展成为具有自我发展能力的生产单位，并且带动其他生产厂家，以苏州为代表的笼具企业群，成为中国实验动物与动物实验仪器设备制造的先驱。20 世纪 90 年代初的高校老师辞职下海创业，生产出生物信号采集系统，开创了国产生理仪器的新局面，成为突破国外仪器长期垄断的生力军。进入 21 世纪，随着各种特殊高科技动物实验技术的发展，基因工程技术、动物行为学、病理学、影像学、分子生物学等仪器设备的需求迅速增加，动物仪器行业进入快速发展阶段。

为满足动物实验需求，很多科学工作者对传统仪器设备进行改造。例如 Oscar Langendorff 于 1897 年在改良的蛙心灌流基础上，创建了哺乳动物（适用于兔、狗等大动物）的离体心脏灌流法，即 Langendorff 灌流法。此方法尤其适用于研究药物对猫、兔、豚鼠、大鼠等动物离体心脏的影响。最近，张碧鱼等改进了 Langendorff 离体心脏灌注仪，对蠕动泵的精确的反馈控制，将恒压与恒流灌流方式结合起来，并可适时进行转换和动态监测，可用于转基因小鼠实验。

（二）发展现状

现代动物实验仪器及设备涉及范围不断扩大，既有部分专门用于动物实验的，也有大量非专用于动物实验的，几乎涉及生命科学研究与应用全部学科。按一般传统的分类方法，动物实验的仪器设备包括生理仪器、药理仪器、病理仪器、毒理仪器、神经行为学仪器、生化仪器、免疫仪器、细胞仪器、分子生物仪器、影像仪器、康复仪器，以及手术设备、给药设备、采样设备、纯水设备、饲养设备、消毒设备等系列。另外，诸如核磁共振、Micro CT、X 射线仪等用于人类疾病诊断治疗的大型仪器设备也被广泛用于动物实验。例如首都医科大学建立了小动物核磁共振成像仪，用作大鼠、小鼠测试。复旦大学建立了小动物活体计算机断层扫描 micro CT 系统。Yaroshenko 等采用临床前 X 扫描仪进行小鼠肺气肿诊断。

虽然国际上有数以千计的各类实验动物仪器设备制造商，但中国动物实验仪器设备的生产企业只有 50 余家，且整体实力不强，创新能力较弱，产业科技附加值低，质量参差不齐，缺少成熟的行业标准和评价体系，高端仪器一直没有突破，90% 以上的高端动物实验仪器设备依赖进口，全球前 25 名的仪器制造商 2013 年总销售额超过 300 亿美元，包括丹纳赫、赛默飞、安捷伦、Waters、岛津、罗氏、布鲁克、PerkinElmer、梅特勒托利多、卡尔蔡司、伯乐、日立高新、艾本德、尼康、日本电子、默克密理博、Spectris、FEI、奥林巴斯、Illumina、XylemAnalytics、帝肯、赛多利斯、堀场、Qiagen，均来自美国、日本、德国、瑞典、荷兰、英国，没有一家中国公司。

据不完全统计，2014 年中国动物实验仪器设备的所有公司销售额仅 4 亿人民币左右，不及进口仪器设备销售额的零头。随着中国“全民创新、万众创业”的推进，生物技术与健康产业的发展，动物实验种类、数量、质量的需求持续增加，正以前所未有的动力推动实验仪器设备的发展，不断有大型企业如新华医疗、天瑞仪器、美亚光电、理邦仪器、迪安诊断等进军动物实验仪器设备研发与制造，加快了产业结构的优化升级和产业整合。中国动物实验仪器虽然尚未形成规模化发展，但由于其他基础工业底子雄厚，市场需求巨大，为动物实验仪器的长期发展奠定了坚实的基础。中国动物实验仪器设备已迎来了“国产化、标准化”的新常态。

（三）发展策略

中国动物实验仪器设备的未来发展，必然以满足社会经济发展需求为指引，以科技创新与管理创新为驱动，从“引进消化”转型为“自主研发”模式，重点开展以下四方面工作。

（1）建立“产、学、研、用、资”转化创新平台。以现有生产企业为基础，建立中国动物实验仪器信息沟通平台，把客户需求与企业生产紧密联系起来，充分发挥动物实验者的积极性，实现人人都参与，人人能创新，以开拓性的眼光进行产品设计，进行交叉学科研究，更好的关爱实验动物的身心健康，开发出符合动物伦理及带有动物福利的新型实验动物仪器设备。

（2）强化知识产权的保护工作。对创造性人才和技术性人才加大培养和储备力度，以国家战略计划来进行实验动物仪器设备的部署，实现类似于“载人航天”、“先进武器”、“新型能源和材料”等的跨越发展策略，给予政策性的支持，增加实验动物仪器研发扶持力度，改变目前企业研发投入的结构，从投入的60%用于“买软件、买仪器”转为“搞设计、搞试验”上来，提高仪器设备的寿命和稳定性，提高国产品牌的市场占有率，打破国外公司在实验动物仪器领域的垄断地位。

（3）加强动物实验仪器的行业规范。逐步形成一套严格的行业及企业标准，抢夺动物实验仪器设计、研发、制造的制高点和话语权，以高标准、高精度、高性能的“中国制造”新形象来实现中国动物实验仪器设备行业的跨越式发展。

（4）设立实验动物专项研发经费。科技部和各地应在科技规划中将实验动物仪器设备研发列入重点研发专项

七、动物行为学实验设备产业化

动物行为学实验 (Animal Behavior Experiment) 是指在自然界或实验室内，以观察和实验方式对产生行为的动物或接受行为的动物进行各种行为信息的检测、采集、分析和处理，研究其行为信息的生理和病理意义的一门学科。其中，检测设备是动物行为实验的重要因素之一。

（一）进展

与科学研究中采用的仪器和检测方法一样，动物行为学实验设备的水平与同时代的科学技术水平密不可分。19 世纪中叶及以前的农业社会，基本上是采用人工观察的方法开

展实验研究，实验结果客观性差，观察的信息量非常有限。人类社会进入 20 世纪的工业社会后，随着蒸汽机的发明，机械、传感器、多普勒转换技术的出现，科学家们开始研制开发专门的行为学实验设备，使得实时采集动物行为信息并进行长时监测，动物行为实验的客观和定量评价成为可能。但此时实验数据的分析需要专家们的经验，数据的采集需要大量的劳动，容易受到研究人员疲劳、注意力分散等因素的影响，数据标准有内在的可变性和主观性。 更重要的是，仪器设备采集的是动物单一行为活动，不能提供对复杂行为学、或伴随发生的生理或生物力学变化的评价。需要开展一系列的测试才能获取准确全面的行为信息，需要对同一批动物进行重复测试，或者应用大量的动物。

20 世纪 70 年代随着计算机、成像、信息技术的发展及与动物行为学实验相结合，利用生物信息学工具对这些庞大的行为信息数据进行复杂的统计分析和数据挖掘，将实验动物行为信息的捕获、收集、翻译和解析变为可视化的数据，在同一时间获取和分析实验动物的许多行为过程，具有高通量特性，同时将神经药理学家们的经验智能化，自动控制实验流程、分析动物行为实验信息意义，提供行为实验的自动化和智能化程度。专业化的动物行为学设备的研制、生产和销售受到国际上的高度重视。

1. 国际上小动物行为实验装置现状

早期的生命科学和医学研究主要依赖于动物行为学研究。古希腊亚里士多德（前 384 年—前 322 年）就介绍了以人工观察方式对 540 种动物的行为研究结果。1871 年达尔文的《人类的由来》第一次开始将人的行为与动物进行比较研究，19 世纪末期，出现了研究大小鼠学习记忆行为的迷宫装置。1927 年巴普洛夫利用狗进行了经典条件反射实验研究，同时代的 B.F. 斯金纳建立了鸽子操作性条件反射行为研究方法。只是这个时期基本上采用的是人工观察方法。

自晶体管、成像和各种传感技术产生后，传统的人工定性观察的动物行为实验方法由实时采集动物行为、长时监测的行为学设备逐步代替，使得动物行为实验的客观和定量评价成为可能。自 1981 年，采用摄像方式研究大小鼠在 Morris 水迷宫中的学习记忆方法发明以来，英国、意大利、荷兰、德国和美国多家公司相继推出了用于大小鼠学习记忆、情绪和运动行为检测的动物行为学研究装置并开始商业化。20 世纪 90 年，荷兰 Noldus 采用摄像技术研制开发了空场、步态仪等多种大小鼠行为学设备；美国 Stoelting 公司推出了基于传感和计算机技术研制和生产的焦虑、疼痛和被动运动等小动物行为实验仪器。

图 1　习得性无助（意大利）

图 2　强迫游泳（法国）

图 3　动物行为活动监控系统

1994 年，Sahgal 等将计算机触屏技术应用于大小鼠学习记忆研究后，英国 Campden 仪器公司生产了以摄像和传感为主要原理的大小鼠触屏学习记忆、恐惧条件反射、主动和被动回避实验、位置偏爱等大小鼠行为学设备。近年来，美国 CSA 公司研制开发了动物轨迹与行为智能分析系统、恐惧行为和动物精细行为智能识别系统。

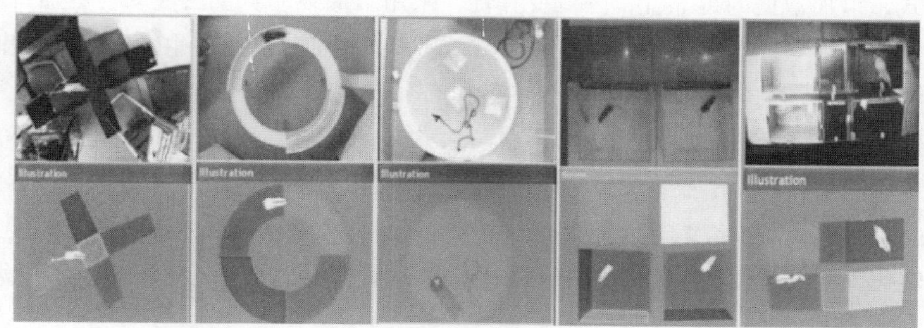

图 4　动物轨迹与行为智能分析系统（美国 CSA 公司）

图 5　大鼠触屏学习记忆设备

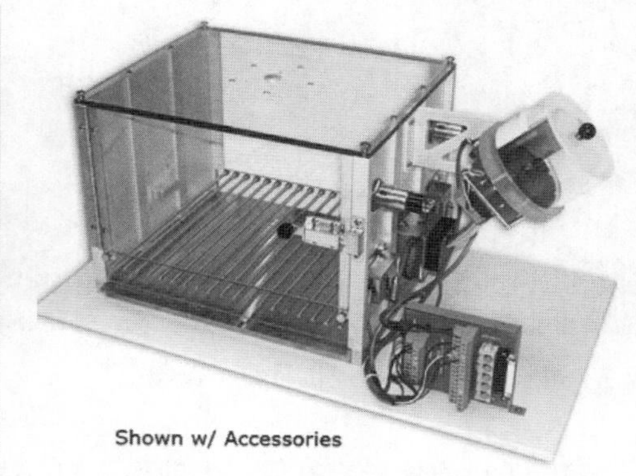

图 6　奖赏操作设备

总的来看，随着成像和信息技术的发展，新的小动物行为实验装置更注重肢体和头部的各种精细行为动作信息的采集和分析。但是特征行为信息的分析和判断主要依赖行为药理家们多年来积累的经验。

2. 国际上大动物行为实验装置现状

非人灵长类等大动物具有与人类相似的大脑结构，具备高级神经功能，可以被训练完成特定类型的测试任务，对评价认知能力、情绪反应、运动能力等具有小动物无法替代的作用。1985 年，Baker 和 Letz 等把行为测试、资料贮存、结果分析等一系列过程电子计算机化，研制了国际上最早的计算机化神经行为测试评价系统（Neurobehavioral Evaluation System，NES)，极大地推动了神经行为功能测试方法的发展。剑桥神经心理测试自动化组合 (Neurobehavioral Cambridge Neuropsychological Test Automated Battery，CANTAB）可应用于非人灵长类。触屏认知、自身给药和眼动跟踪系统等已经应用于大动物的认知行为评价，包括强化认知、视觉辨别（联想学习、注意力、短期记忆、序列反应时和配对联想学习）等。动物精细行为智能识别系统则可自动分析大动物自由活动时的某些活动，如僵直、理毛、伸展、跳跃等，从而捕捉动物的病理行为特征，如感觉、运动、甚至某些情绪等的异常。大动物眼动行为评价系统可以客观，自动的方式来研究和量化注视模式及眼球运动方式，增加数据的可靠性，降低变异性，采用影像眼动测量法使动物更加自然，舒适。另外，很多学者尝试在大动物身上模拟、观察人类抑郁症的发生、发展及治疗过程。Camus 等将猕猴在饲养笼（homecage）中的抑郁行为进行如下总结：探索行为、社会行为、自发活动下降，不动时间、面壁凝视增多，退缩，萎靡，食量减少。但目前，对于上述行为信息的采集，大都依赖于录像后进行人工观察。从多视角及软件分析等多方面建立和发展自动化的大动物情绪行为装置，提高行为学评价方法在表观效度、预测效度及结构效度的转化，将推动大动物行为学的研究进展。

图 7　灵长类触屏认知测试系统（美国）

图 8　灵长类眼动追踪仪

国际上已有实验室开展了大动物认知行为与电生理同步检测的实验研究，但情绪行为实验装置迄今为止未见报道。不过，尽管这些设备可设置复杂的操作动作，但获取的行为指标基本上是时间信息。

3. 中国小动物行为实验装置现状

中国自 20 世纪 80 年代涉足于动物行为实验研究仪器的研发，包括成都泰盟、上海软隆等公司推出了用于大小鼠学习记忆、情绪研究的行为学测试装置。上海欣软信息科技有限公司研制了恐惧条件反射、迷路抬高等焦虑行为装置，以及物体认知测试系统，通过新物体（形状、大小等）的灵活变换，评价动物长期（短期）记忆行为及形成机制。

中国医学科学院药用植物研究所刘新民教授和中国航天员中心陈善广教授的团队密切合作，1992 年开始即致力于动物行为学实验方法和设备的研究。自 1994 年研制成功计算机跳台测控系统以来，用于小动物学习记忆（惩罚、奖赏和自发行为）、情绪（焦虑、抑郁）和运动（步态、空场）行为的实时检测分析处理设备不断推出，对动物行为信息准确

图 9　尾吊（成都泰盟）

图 10　水迷宫（上海软隆）

图 11　恐惧条件反射（上海欣软）

图 12　迷路抬高（上海欣软）

进行全程无干扰的实时捕获、采集和分析，实现了暗环境和复杂光环境下动物认知和运动等行为信息获取的“可视化”。结合神经药理学家们的经验，建立了基于计算机视觉、包括路程、时间、位置、次数和速度在内的多种精细敏感的行为指标评价体系，大幅提升了动物行为实验的自动化和智能化程度。

4. 中国大动物行为实验装置现状

国内主要集中在动物模型研究方面。中科院上海神经生物研究所龚能博士所在的团队以大动物开展了脑认知功能和脑疾病模型的研究。2011 年从德国引进绒猴，开展了包括运动行为、探索行为、声音交流等实验研究。中国科学院昆明动物研究所和生物物理研究所马原野教授的团队建立了猕猴的帕金森氏样模型，采用自行研制的设备，建立了震颤、运动减少、僵直、姿势异常等与人类临床表现近似的指标评价体系，发现脑内多巴胺转运体减少、多巴胺神经元死亡等现象。以人工观察方法，建立了猕猴与临床表现极为相似的

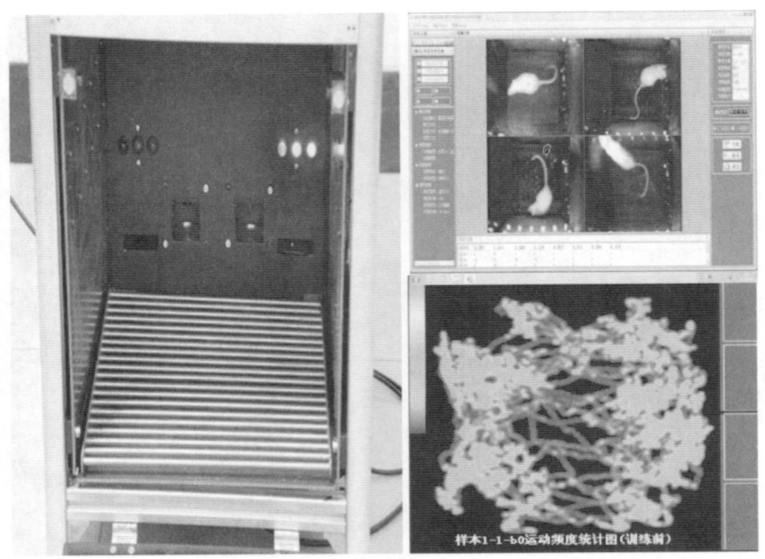

图 13　大鼠奖赏操作条件反射装置

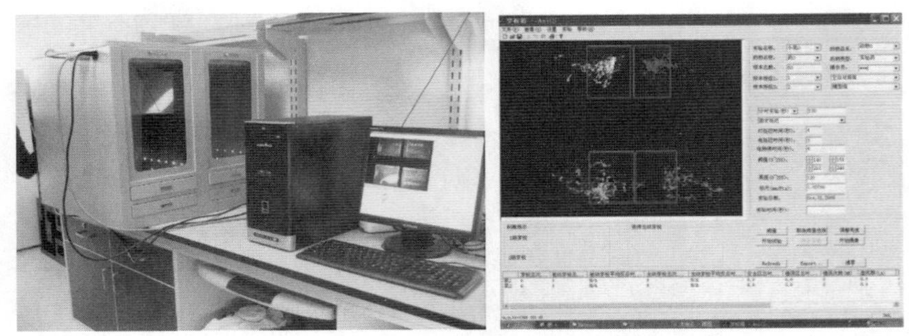

图 14　项目团队联合研制开发的大鼠穿梭条件反射装置

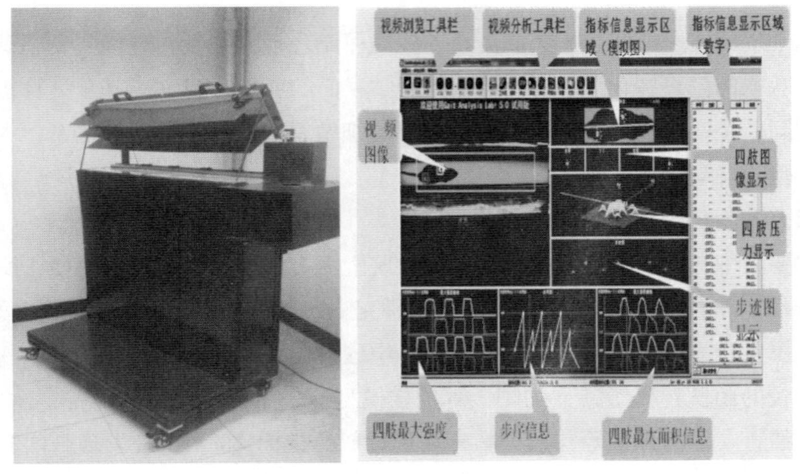

图 15　项目团队联合研制开发的大鼠全自动步态仪

抑郁、认知功能减退等行为评价指标。中国医学科学院实验动物研究所采用人工评价方法，开展了大动物帕金森氏样行为研究。

不过，关于大动物行为实验研究的专门装置报导很少。中科院上海神经生物研究所利用小动物装置改进，建立了绒猴认知行为的实验装置，中国科学院生物物理研究所研制了检测猕猴基于操作的反应、判断和注意力实验装置。浙江大学2012年已经成功研制开发了大动物行为学习的自动化训练装置。但与国外现有设备相比，在实验方法和评价指标体系上，还是有一定的差距。

（二）存在问题

现有神经精神疾病的研究以影像、基因和蛋白方法为主，重点在于细胞、分子和组织器官结构和功能研究。但生命体是由成千上万的细胞组成的多个组织和器官构成的有机整体，单一组织和器官的功能并不等于组成这个组织和器官的所有单个细胞功能的简单叠加；这些研究技术也无法反映数以百亿计的神经元以及神经突触组成的神经系统对外界刺激后经过复杂的生理、生化加工过程后产生的综合性整体效应。行为学是生物体心理和生理实时、综合反映，被认为是研究神经精神活动极为基础的重要手段，基于动物行为的神经精神疾病研究和新药研发近年来受到国际上的高度重视。迄今为止，几乎所有新药、保健品、医疗器材等医药卫生相关产品，上市前的药效、安全和质量评价都要依赖于动物行为实验。

科学研究仪器和检测方法的水平是衡量一个国家科技综合实力的重要标志之一。拥有具自主知识产权和核心技术、达国际先进水平的科学研究设备和检测方法，将主导世界科学研究的话语权。美国Columbus公司20世纪80年代研制开发的学习记忆、焦虑等神经精神行为研究实验设备，为美国神经科学研究引领世界潮流提供了强大的技术支撑。为强化美国在世界科技的霸主地位，仅在生命科学领域，美国国立卫生研究院（NIH）每年投资数百亿美元用于科学研究仪器的研制和开发。

由于历史的原因，中国科研单位主要依靠进口设备进行科学研究，国家庞大的科技经费，相当大的比例流入了国外企业财团手中。如神经科学行为实验研究仪器除个别科研机构拥有零星自主开发的设备外，中国专门从事神经科学研究设备销售的几家公司都是代理国外产品。在花费大量外汇的同时，没有自己自主知识产权和核心技术，产品的升级换代受制于它人，中国难以推出新的实验设备和检测方法。更主要的是，由于国际厂商一般是将最新的仪器设备在上市前，首先列装于本国研发机构，加上很长的仪器进口周期，导致中国科学家只能被动跟踪模仿。尽管国家近年来的科研投入有了巨额增长，也取得了一些具国际领先水平的科学成果，但基于中国原创技术的科学发现并不多见。

1. 缺乏医工结合的原始创新能力及动力源泉

动物行为学仪器设备研发需要有长期从事动物实验研究的科研工作者应用医学背景知识，科学分析阐释动物的各种行为学意义，并将对动物行为观察的需求转化为各类可以客观检测评价的行为学指标。软件工程师、机械研究者则通过对行为学研究者对行为学指标意义的释义，将富含医学意义的概念以代码及硬件的形式予以实现。因此，在动物行为学仪器设备的研发中，医工的有机结合将是行为学仪器研发的原始创新能力。目前，国内尚无任何一家动物行为学仪器研发团体或机构在行为学仪器设备领域中具备国际先进的医工结合模式，急需通过科学整合国内现有研发队伍打造一个具有国际竞争力的强力医工结合团队。

2. 缺乏产、学、研的有机结合

近年来，随着国内神经精神、运动医学等领域科研的发展，人们对动物行为学的研究也在不断升温，很突出地表现于检索动物行为学实验相关的文献，其数量呈井喷式的增加，但所涉及行为学实验的方法和设备参差不齐，不仅影响实验结果的可靠性，还会在一定程度上阻碍动物行为学学科的发展。因此，国内目前亟须具有一流医工结合研发团队、可进行动物行为学先进仪器设备研发、并具有行为学相关科研研究能力和具有专业化市场营销团队的综合产业化机构，类似于活跃在欧美市场的 TSE、Noduls 公司等，领跑国内行为学市场，并争取逐步占领国际市场。

3. 中国对动物行为学评价方法的掌握不够

随着神经精神、运动医学等领域的飞速发展，动物行为学仪器越来越广泛地被应用于科研工作中，并且其所涉及的动物行为方法学是其能发挥效用的精髓。但长久以来，动物行为方法学的掌握一直是众多科研工作者的难点及薄弱点，表现为评价某种行为所选择的方法并不恰当或者在应用一种行为学评价方法时并不能从本质上理解林林总总的评价方法的行为学意义，归结到一点，科研工作者在应用行为学仪器设备时对必须掌握的行为实验方法学的应用并不十分规范，造成实验结果可信度降低，行为学仪器应用面缩小等弊端，一定程度上影响了动物行为学仪器设备在国内市场的产业化进程。因此，构建首家系统的动物行为学实验外包基地，打造一个集具有自主知识产权和原始创新能力又具备专业的动物行为学实验设计指导和行为学实验操作规范化的团队，针对不同的课题需求，辅助其制定最为合理的实验方案，高效获取实验数据，再提供专业的实验数据分析，完成海量数据分析任务，并大大降低相关科研人员的工作负荷。最终努力逐步形成以行为学检测为特色，带动相关动物模型制作、生理生化、分子生物学检测的一体化实验外包服务机构。

4. 研发经费不足

目前国内尚无专业研发机构能得到长期、有效、且有保证的动物行为学仪器设备专项资助，国内较著名的行为学研发团队也仅能借助各类科研项目的研究经费进行一定程度的仪器设备研制，无法得到长期研发支持，极大地阻碍了国内动物行为学仪器设备发展，也是导致国内动物行为学仪器设备产业化滞后的原因。因此，急需通过产学研的有机结合，通过将研发的产品进行市场化推广形成利润后，将一定比例的商业利润来支撑部分研发的费用，从而形成良性可持续发展的产业链。

（三）发展策略

依托中国实验动物学会、中国药理学会，以中国实验动物产业科技创新联盟为核心，整合中国权威的实验动物、新药研发和仪器制造相关机构的优势资源，研制开发系列高自动化和智能化的动物认知、运动和情绪检测装置并产业化，建立科学规范，包括动物模型、设备、实验方法等一体的行为学实验技术评价标准，打造独具特色、国内外有重大影响的国家级动物行为实验设备研发中心，为大幅提升中国神经科学研究和新药研发能力和水平提供强大支撑。

1. 研制开发基于计算机视觉技术的动物行为信息实时采集、获取、分析处理装置

（1）认知行为检测装置。包括惩罚性方法（跳台、避暗、穿梭和水迷宫）、奖赏性方法（奖赏条件反射、食物迷宫、奖赏性操作条件反射装置）和自主选择方法（物体识别）。

（2）情绪行为检测装置。包括抑郁行为实验方法（药物法、习得性无助、强迫游泳、悬尾、糖水偏爱、新奇环境摄食）、焦虑行为实验（药物法、明暗箱、空场、饮水冲突、迷路抬高）

（3）运动行为检测装置。包括一般活动检测方法（空场、洞板、抖笼）、步态（转棒、肌张力、位置偏爱、步态仪）、运动耐力（跑台、转轮、爬杆、负重游泳等）。

（4）镇静睡眠、疼痛行为检测装置。包括镇静睡眠行为实验（大鼠足休克、翻正反射监测仪、遥感脑电图、自发活动实验方法等）、疼痛行为实验（热板、辐射、甩尾、扭体等）。

除经典的动物行为检测设备外，要研制开发适合航天等军事特因环境条件下动物行为实验检测装置。包括尾吊、睡眠干扰、慢性束缚、跑台、负重游泳、极限温湿度、缺氧、昼夜节律改变等模拟实验环境装置，其中尾吊是目前特有的地需模拟航天环境大鼠实验装置，辐射、超重、噪声等则为典型的军事特因环境。

2. 重视仪器设备可靠性和稳定性研究

按照动物模型模拟三标准（表观有效性、结构有效性、预测有效性），以上述几类实验动物行为为重点，利用化学、物理、生物和复合四种方法，模拟学习记忆障碍、抑郁、焦虑、成瘾、疼痛、脑中风、震颤麻痹、睡眠障碍等神经精神性疾病动物模型，对仪器设备的可靠性和稳定性进行研究。

以动物行为学改变指标为标准，结合影像学、病理切片、生化检测和分子生物学实验等指标，研究动物模型行为学改变—组织影像学—神经递质—基因（蛋白）改变的病理生理产生机制和关联规律。建立基于动物整体行为，器官、组织和分子水平相结合的神经精神疾病动物模型行为学评价指标。

采用包括光镜、电镜、CT、MRI、SPECT、PET 和 FDDNP-PET 等技术，评价动物行为改变时的血流分布、神经细胞的数目和面积、海马、皮层、纹状体形态、神经元胞体分布、不同部位神经元 / 血管 / 神经胶质细胞的损伤、超微结构特别是突触形态、数量和密度的改变等进行检测。

建立与动物行为改变密切关联的内源性代谢产物检测方法，包括乙酰胆碱、胆碱乙酰基转移酶、胆碱酯酶、神经生长因子（NGF）、兴奋性氨基酸、单胺类神经递质及其代谢产物等相关神经递质含量及其活性的影响、激素水平的变化等。对相关受体、转运体、载体以及 G —蛋白的功能和密度进行研究，筛选和检测相关基因表达水平的变化。

3. 建立和推广行为实验设备的技术标准

国内现在用于动物行为实验的检测设备，其检测模式、评价指标，以及本身的精密度和稳定性一直是依靠科学家们自己的实验研究建立的，很多方面不统一、不规范，没有可供参考的技术标准。建立动物行为实验设备的技术规范具有非常重要的意义。本项目将依靠中国实验动物标准化委员会、中国实验动物学会和中国药理学会，以中国实验动物产业科技创新联盟为核心，将行为学实验装置逐步规范并形成技术评价标准，包括动物模型、设备、实验方法等，打造独具特色、国内外有重大影响的动物行为设备制造基地，实现科技成果的转化和市场化。

4. 建立国际动物行为实验培训基地

利用研制开发的动物行为学仪器，面向国际社会，开展动物行为实验的培训，推广实验仪器和实验方法，在形成国际权威的动物行为实验培训基地同时，为动物行为学仪器的产业化和市场化提供支持。

八、实验动物技术服务产业化

（一）进展

1. 国际行业发展现状

在欧美国家，随着生物医药研发产业的发展，已经实现了动物实验技术服务的产业化、一体化，出现了一些提供动物实验技术服务的专业化、规模化的机构，即合同技术组织（Contract Research Organization，CRO），CRO 作为一个新兴的行业，起源于 20 世纪 70 年代的美国，早期的 CRO 公司以公立或私立研究机构为主要形式，规模较小，只能为制药公司提供有限的药物分析服务。20 世纪 80 年代开始，随着美国 FDA 对药品管理法规的不断完善，药品的研发过程相应地变得更为复杂，越来越多的制药企业开始将部分工作转移给 CRO 公司完成，CRO 行业进入了成长期。20 世纪 90 年代以来，大型跨国制药企业加速了全球化战略，不断投资海外研发机构并将其纳入到全球研发体系中。跨国制药企业在日趋面对一个管理更加严格、竞争更加激烈的产业环境，为了提高新药研发的效率，开始逐步调整药物研发体系，将 CRO 企业纳入其医药研发环节中，替代部分的研发工作，以控制成本、缩短周期和减少研发风险。经过几十年的发展，CRO 行业已经拥有一个相对完备的技术服务体系，提供的技术服务几乎涵盖了药物研发的整个过程，成为全球制药企业缩短新药研发周期、实现快速上市的重要途径，是医药研发产业链中不可缺少的环节。

CRO 行业在国内外均属于市场化程度较高的行业，服务价格的形成机制主要是由市场的供需情况决定的，竞争比较激烈。目前全球CRO行业的市场主要有以下两个特点：一是欧美地区的CRO企业占全球市场份额较大，处于市场主导地位，其中，美国CRO行业在全球处于领先地位，在全球CRO行业占据了较多的市场份额。这些跨国CRO公司拥有庞大的资源网络、全面的服务内容和优秀的管理团队。能够为制药企业提供覆盖全球的全产业链研发服务。美国目前有300多家CRO服务供应商。美国是CRO产业的先驱，拥有最多的上市公司，销售额占全球市场的60%以上。欧洲约有150家是CRO服务的第二大来源地，市场规模全球第二，约占全球份额30%。但近几年由于欧盟各国医院法规不一、民众反对动物试验等，发展变缓，市场占有率有所下降。二是亚太地区等新兴市场CRO处于高速成长阶段，增长速度明显高于其他地区。一方面，新兴市场近十年的经济发展速度高于全球平均水平，跨国制药公司逐渐将新兴市场地区作为其产品销售的重要增长点，投入大量的资金和资源在新兴市场开展业务；另一方面，新兴市场的人力资源成本远低于欧美地区，其规模和成本均具有显著优势。这些变化促使新兴市场的CRO企业高速发展。亚洲约占全球份额的10%，其中以日本的产业最具规模，约有60家，著名的企业有EPS株式会社和CMIC株式会社。近几年亚太地区成为了CRO发展的主要地之一，其中发展最快的包括：印度、中国、新加坡、韩国等。

2. 国内行业现状及业务特点

中国目前提供动物实验技术服务的机构主要分为两类：①大专院校及国家科研机构；②各类独立法人资格的CRO机构。由于中国制药工业整体缺乏自主创新的能力，长期以来中国的大专院校及国家科研机构就担负着新药研究的重任，是中国新药研发的主体力量。这类机构的特点是不以追求赢利为目的，而以著作、论文发表数目及所申请的专利数目来作为衡量标准；在管理模式上是一种典型的学术管理体系。中国CRO机构从20世纪90年代末期开始创建，目前约300家，法人资格形式包括外资独资、中外合资及内资。这类机构主要以赢利为目的的商业性机构，推动了中国实验动物技术服务产业的发展。

目前以实验动物技术服务为主营业务服务机构主要涉及临床前化合物活性筛选、药理学、药代学（吸收、分布、代谢、排泄）及安全性评价等领域。

（1）安全性评价服务。该项服务是指为评价药物安全性，在实验室条件下，用实验系统进行的各种毒性试验，包括单次给药的毒性试验、重复给药的毒性试验、生殖毒性试验、遗传毒性试验、致癌试验、局部毒性试验、免疫原性试验、依赖性试验、毒代动力学试验及与评价药物安全性有关的其他试验，因研究活动的进行需遵循《药品非临床研究质量管理规范》，因此又称法规毒理学研究服务，以临床前CRO和GLP实验室的服务为主。

（2）药效学研究服务。指通过体外试验、动物试验研究药物活性、生物学作用和疗效，以及生物利用度、组织分布与疗效的相互关系，探索药物作用的机理、靶点，从而进行药效学评价和药理研究的试验服务。由于新药药理作用靶点广泛、涉及的适应证千差万别，药理及药效研究难以形成规模化服务，以科研院所、大专院校特色服务为主。

（3）动物药代动力学研究服务。指研究药物在动物体内、外的动态变化规律，阐明药物的吸收、分布、代谢和排泄等过程的动态变化及其特点的试验服务。目前仍以科研院所、大专院校特色服务为主。不同化学药或生物药的代谢研究的模型具有相似性，生物分析技术也高度相似，可以实现工业化生产管理，这将是 CRO 的下一个目标。预计在未来几年将会出现较多及具规模的专业化公司，平分科研院所的服务市场。

行业的经营和盈利模式：该行业的“产出品”为实验数据和相关实验报告，由此形成了不同于传统商品制造业及传统服务业的行业特有经营模式及盈利模式。临床前 CRO 机构接受客户委托，依据委托方的研究需求和行业规范、相关指导原则及 SOP，对委托方提供的供试品开展非临床安全性评价、药效学研究、动物药代动力学研究等药物临床前研究服务，并出具实验报告，临床前 CRO 企业主要通过向客户收取研究服务费来实现盈利。

3. 国内行业发展因素

对于外资和跨国企来说，往往需要承担高昂的本土研发与运营成本，相比之下，中国本土的 CRO 机构的发展有很强的机遇优势。主要体现在以下几个方面：

（1）GLP 认证制度规范了中国临床前 CRO 行业的发展。1998 年国家食品药品监督管理局成立后，制定颁布了一系列药品管理法规，强化药品审查制度，对新药安全性评价、临床试验的要求更加严格，逐步完善了中国的药品监督管理体系。同时，2003 年颁布的《药物非临床试验质量管理规范》（GLP）和《国家食品药品监督管理局关于推进实施〈药物非临床试验质量管理规范〉的通知》规定，自 2007 年 1 月 1 日起，未在国内上市销售的化学原料药及其制剂、生物制品；未在国内上市销售的从植物、动物、矿物等物质中提取的有效成分、有效部位及其制剂和从中药、天然药物中提取的有效成分及其制剂；中药注射剂的新药非临床安全性评价研究必须在经过 GLP 认证，符合 GLP 要求的实验室进行。2014 年 5 月 13 日，《药物安全药理学研究技术指导原则》等 8 项技术指导原则经国家食品药品监督管理总局批准并正式对外发布，指导原则的对外发布，将有助于提高中国药物非临床安全性评价的科学性和规范性。GLP 认证制度的建立使得中国的新药安全性评价机构逐步建立各自的质量标准和核心竞争力，为临床前 CRO 行业的健康发展打下坚实基础。

（2）中国“仿制药”战略向“创新药”战略转变促进了临床前 CRO 行业高速发展。中国医药研发起步较晚，前期中国药品研发企业的药品研制以仿制药为主，在仿制药阶段，药品的安全性和有效性已经经过验证，因此对于药理毒理阶段的业务需求较小，中国临床前 CRO 的市场发展相对缓慢。2008 年，依据《国家中长期科学和技术发展规划纲要》，国务院组织实施了“重大新药创制”科技重大专项，专项提出通过专项的实施，研制一批具有自主知识产权和市场竞争力的创新药，建立一批具有先进水平的技术平台，形成支撑中国药业自主发展的新药创新能力与技术体系，使中国新药创制整体水平显著提高，推动医药产业由仿制为主向自主创新为主的战略转变。“十一五”期间，国家投入近 200 亿元[①]，

① 数据来源：国家《医药工业“十二五”发展规划》。

带动了大量社会资金投入医药创新领域。“十二五”和“十三五”期间，国家对新药创新的投入进一步增加。截至2012年底，新药创制专项共立项1251个课题，中央财政共投入97亿元，地方配套41亿元，带动企业投入193亿元[①]。专项的实施促进了中国制药企业加大创新药的研发投入，也推动了中国临床前CRO行业的发展。在自主创新的战略背景下，药品研发过程中对于前期安全性和有效性的检验需求大大增加，直接促进了中国临床前CRO行业近年来的持续增长。

（3）中国临床前CRO行业逐步和国际接轨。国内CRO行业的高速发展，吸引了一批海外高级技术人员回国创业，这些高级人才的流动在促使中国医药研发整体水平提升的同时，也吸引了大量跨国制药企业拓展在华研发业务，并寻求在华开展药物临床前研究，这些均有力地推动了中国新药研发领域逐渐与国际标准接轨的过程，促进了中国CRO行业服务水平的进一步提升。同时，随着中国GLP认证制度的不断完善以及新药研发数量的增加，中国临床前CRO的技术水平也逐步和国际接轨。

（4）临床前CRO行业市场规模不断增加。全国医药技术市场协会《2010年中国临床试验CRO行业研究报告》显示，2006—2010年，中国临床前CRO行业销售收入占医药研发投入金额的比例平均达到28.7%。根据以上相关数据并进一步统计测算，2007—2013年，中国CRO行业的市场规模从48亿元增长到231亿元，年均复合增长率超过20%；其中临床前CRO的市场规模从21亿元增长到100亿元，年均复合增长率为29.5%，到2015年中国临床前CRO行业的市场规模预计将达到164亿元。

（二）存在问题

中国实验动物技术服务产业已初具规模，但是，还远远不能满足中国生物医药产业发展的需求，尤其在经济全球化程度日益加深的今天，中国实验动物技术服务产业也像其他产业一样，也面临着全球化的挑战。目前，中国实验动物技术服务主要存在以下几个方面的问题。

1. 规模小，技术能力不足

中国实验动物技术服务产业起步较晚，相比国外同行业CRO，大部分机构的规模还很小，服务项目也比较单一。另外，先进的评价技术也较欧美发达国家的临床前CRO落后，例如吸入毒理、持续输注毒理以及动物病理等方面都还存在较大差距，自动化数据采集系统等一些计算机系统的应用还不够普及。缺乏具有一定规模、在国内外占主导地位的实验动物技术服务企业。

2. 综合服务能力参差不齐

中国对药物临床前研究的过程有严格的程序要求，其中安全性评价研究必须符合国家食品药品监督管理总局（CFDA）颁布的《药物非临床研究质量管理规范》，因此对临

① 数据来源：科技部网站 http://www.most.gov.cn/kjbgz/201302/t20130228_99888.htm。

床前 CRO 企业的技术服务水平要求很高。临床前 CRO 企业在药物临床前研究试验的方案设计、组织实施、监查、记录、分析总结和报告中，必须保证试验过程的规范，确保结果科学可靠。目前，中国临床前 CRO 企业的技术服务水平差异较大，主要分为三个层次。

（1）少数临床前 CRO 企业，其药物临床前研究服务能够同时国内、美国或欧洲等国 GLP 质量规范的要求，并且其具备符合国际标准的动物饲养管理设施和现代化的功能实验室和行业专家，可以为国内外制药企业提供所需的各类药物临床前研究服务；

（2）部分临床前 CRO 企业的技术服务水平能够基本满足中国 GLP 的规范要求，但业务范围较窄，或仅能为国内制药企业提供向 CFDA 申报的部分药物临床前研究服务，或因其不具备规模化的服务设施和人才团队，仅能开展部分药物的临床前研究服务。

（3）部分临床前 CRO 企业无 GLP 认证，无法开展药物安全性评价研究活动，仅能提供非 GLP 服务和注册申报、法规咨询等服务，因而不能提供真正意义上的药物临床前研究服务。

一些机构由于服务项目有限，业务量和服务水平的限制导致该行业的发展差异较大，设施规模差别较大，从几百平方米到几万平方米不等；业务能力也从承担简单的几项到全部项目不等；服务意识和效率也由于机构性质等原因差异较大。

3. 质量管理体系有待进一步完善

为了推进中国动物实验操作的规范化，CFDA 根据中国的实际情况，于 2002 年推行了 GLP 认证工作。但是，①该认证只是针对药物的安全性评价研究提出强制性的规范要求；范围较窄，其他方面还存在记录不规范，试验管理不严谨的方面。②中国通过 GLP 认证的机构相对较少，目前虽然已有 87 家通过认证，但各家对于 GLP 的理解层面不同，管理要求差别较大，在一定程度上影响行业的整体质量水平。③该项工作是根据中国动物实验的发展状况确立的规范，其质量管理体系和西方一些发达国家的严格的质量管理体系还存在一定的差距，相关领域的法规或指导原则还不够细致，其制定和发布相对较晚，绝大多数参考国外的法规。上述都在一定程度上制约了中国实验动物技术服务产业化的发展。

4. 国内大部分机构仅局限于国内市场

大部分机构主要是面向国内医药企业，能够承担国外外包服务的机构仅有少数几家。而国内的市场规模占全球市场的比重较小，主要原因有：一是整个行业刚刚起步，技术服务产业及相关企业尚处在逐渐被制药企业熟知的过程中；二是制药企业研发能力薄弱制约行业的发展，目前中国制药业整体发展水平不高，目前国内共有近 7000 家药品生产企业，但创新能力弱，高端研发能力不足；绝大部分中小制药公司几乎没有新药研发能力；少数较大规模制药公司已设立了专门的新药研发机构，但新药研发投入资金、新药研发的战略规划以及相应的管理和新药研发高层管理者的学术水平等与发达国家相比还有很大的差距因此对 CRO 企业的需求不及欧美、日本等国家；三是中国的 CRO 企业自身发展和运作还不成熟，缺乏国家化服务的能力，与国外的 CRO 公司相比还有较大差距，另外，国际

CRO 机构例如 Covance、Charles River 等陆续进军大陆市场。这些国际 CRO 机构成立时间长，资金实力雄厚，研发技术水平高，业务覆盖领域广，因而将给本土 CRO 机构的发展带来挑战。

5. 人才缺乏

实验动物技术服务行业作为一个新的行业领域，需要大批的专业技术人才。从事该行业人员的专业领域主要包括实验动物学、兽医学、药学、生物学和医学等。但是，针对该领域的动物实验技术操作所需要的实验动物学或兽医学专业还比较缺乏，尤其实验动物学专业人员受到晋升、待遇及工作环境的影响，该学科的人才培养一直没有得到很好的发展。例如动物病理学方面，国家没有相关技术规范，对专业人才也缺乏有针对性的培养。同时，随着 CRO 发展及动物实验规范化的要求，该领域的管理人才及相关专业人才严重不足，远远不能满足目前实验动物技术服务行业的要求，尤其限制了向国外医药研发机构提供服务的发展。

（三）发展策略

中国实验动物技术服务行业虽然起步较晚，但发展速度还是比较快。该行业的发展，对于提高中国制药工业的技术创新能力具有重要意义：将有助于中国尽快进入制药工业价值链的上游，在国际新药研发的外包市场中占有一席之地；为中国的制药工业培养所急需的新药研发人才；弥补中国本土制药工业自身研发能力的不足，为中国制药工业的结构调整提供了一条捷径。

中国实验动物技术服务行业未来的发展目标主要体现在：①规模化——在国际同行业中规模居前列；② 国际化——具备全面的国际认可（资质）及服务能力；③ 综合服务能力——面向药物开发全过程及健康产业链。为此，建议采取以下策略。

1. 加大政府支持力度，扩大服务规模

政府的强有力的支持是行业规模化发展的先决条件。该服务行业虽然在某种程度上是以营利为目的，但其社会效益和对国家可持续发展则意义更大。因此，政府应对该行业应给予足够的重视和支持。该支持主要体现在两个方面，即政策支持和资金支持。一方面，政府应该在税收、经营、人才引进等方面提供足够的优惠条件，平等对待内资、合资和外资企业，并欢迎国外该领域著名企业进入中国。另一方面，通过不同的机制，对于国内企业给予资金支持，但要避免大范围、小力度的现象。应重点培育几个大规模、高水平的国内企业，以带动全国整个行业的发展。

2. 加强人才队伍建设，提高服务能力

人才队伍建设是行业发展的关键。解决目前人才缺乏主要应通过两个途径：①立足本地化人才培养，加强学科建设，建立正常的该领域人才培养渠道，扩大培养规模。②从国外引进高端技术人才和管理人才，加快实验技术服务产业的国际化进程，满足该产业全球化的要求，并带动国内人才的培养。具备较高专业素养和实践技能的行业技术人才为行业的发展提供了人才基础，有利于行业的持续发展。同时需要企业建立科学合理的人才管理制度，提高管理者的素质。企业不但需要合理的人才结构，还需要建立稳定人才的战略。

3. 强化质量体系建设，提高服务质量

在目前国家 GLP 规范和实验室认可规范的基础上，进一步完善实验动物技术服务质量体系，该体系应充分考虑动物福利和实验人员的安全、设施和环境的控制、技术操作、数据的采集和分析、各环节的监督和检查等，标准和运行与国际接轨。为了保证质量体系的严格运行，一方面，政府应建立严格的监管制度，加强监督检查；另一方面，应加强社会宣传动员工作，不仅要提高从业人员对操作规范的认识，还要提高医药企业和社会对质量管理体系的认识、理解和支持，加强社会监督。

4. 不断学习、扩充和装备企业的服务能力

中国的 CRO 也应该积极地“走出去”和“引进来”，不断走出去，学习跨国 CRO 先进的技术、评价手段和管理理念，只有用先进的技术和评价手段武装自己，才能不断提高业务水平，提高工作效率和业务管理水平，才能更好地适应市场需求，更好地服务于医药研发和医药创新。另外，国外成熟的国际 CRO 机构经过几十年的发展，企业管理体系较成熟，借鉴其先进经验，还可以尽早预测行业发展趋势和存在问题，少走弯路，从而促进本行业更快更好的发展。

九、结语

近年来，中国实验动物产业经过了快速发展阶段，实验动物生产供应的规模化基本形成，实验动物饲养设施、笼架具、饲料、垫料和动物试验设备等相关支撑行业已发展到较高水平，实验动物技术服务在逐步与国际接轨，市场规模不断增加，一方面促进了中国实验动物科学的发展，同时也促进了中国生命科学研究和生物医药产业发展。但是，中国实验动物产业领域还存在产品质量、技术服务能力和服务质量有待提高；技术力量不足，人才队伍建设不能满足实验动物产业快速发展的需求；市场服务体系和监督体系不够健全等问题。因此建议，政府主管部门在政策上加以引导，倡导规模化、标准化生产模式，合理布局；建立完善的质量控制体系，保证产品和技术服务质量；充分发挥学会、协会和产业联盟的作用，加强人才队伍建设，加强行业自律，建立健全市场服务和监督体系。最终促进实验动物产业的健康发展，为中国人民的健康和经济社会发展提供支撑保障。

—— 参考文献 ——

[1] 杨志伟 . 中国实验动物产业发展探讨 [C]. 中国工程科技论坛——实验动物与生命科学研究 . 2011.
[2] 孔琪 . 全国实验动物行业现状调查和发展对策研究 [D]. 中国协和医科大学 . 2008.

[3] 卢胜明，赵德明．中国实验动物产业化发展现状及方向研究［J］．实验动物科学，2008，25（4）：33-36.

[4] 于海英．实验动物产业化的条件分析［J］．中国实验动物学杂志，2001，4: 250-252.

[5] 王兆绰，岳秉飞，赵继勋，等．北京地区实验动物产业化前景研究报告［J］．实验动物科学与管理，2001，2: 29-32.

[6] 卢静，陈柏安，孙泉，等．医学实验动物专业教育和培训在医疗健康产业中的意义［J］．实验动物与比较医学，2015，4:333-334.

[7] Zimmer HG. The isolated perfused heart and its pioneers［J］. News Physiol Sci，1998，13（4）:203 -210.

[8] 戴小燕，方秋娟 .Langendorff 离体心脏灌注模型的制备及应用［J］．医学综述，2012，18（13）:2036 -2039.

[9] 张碧鱼，徐嘉雯，陈笑霞，等．哺乳动物离体心脏灌流技术与仪器设备［J］．实验室科学，2015，18（2）：172-175.

[10] 陈大兴，雷建锋，赵媛媛，等 .7.0 T 小动物磁共振成像仪器设施建设［J］．计算机与应用化学，2014，31(2)：247-250.

[11] 秦波音，周文江．小动物活体计算机断层扫描 micro CT 系统（eXplore Locus）仪器介绍及应用［J］．微生物与感染，2008，3（1）：61-62.

[12] Yaroshenko A，Felix G，Meinel B，et al. Pulmonary emphysema diagnosis with a preclinical small- animal X -ray dark -field scatter -contrast scanner［J］. Radiology，2013，269（2）：427-433.

撰稿人：杨志伟　王　漪　刘新民　唐小江　左从林　刘江宁

实验动物学与其他学科交叉和支撑作用

一、引言

实验动物学（Laboratory Animal Science）是包含了实验动物资源研究、质量控制和利用实验动物进行科学实验的一门交叉学科。实验动物学不是一个理论体系，而是一个围绕实验动物资源而形成的包括理论、技术、管理等内容的，以实验动物资源的积累与应用为核心的学科。

生命科学和医学研究越来越重视体内研究，实验动物是生命科学和医学体内研究的主要工具，实验动物对生命科学和医学相关学科的支撑愈显重要。实际上，实验动物学作为一个支撑性的学科，其发展的动力来源于生命科学和医学发展的需求。本专题根据 pubmed 数据库 2013—2015 年收录的生命科学和医学相关学科研究论文情况，选择 2013 年后，出版过“学科发展报告”的、与实验动物关系密切的热点学科，包括组织胚胎与发育学、发育生物学、生理学、免疫学、神经生物学。在医学方面选择了与实验动物关系密切的两种重大人类疾病，即肿瘤和心血管病。另外，选择了与国人日常生活密切相关的毒理学和食品科学与技术等学科。一点带面的分析了实验动物对其他学科的支撑作用的一些规律和对实验动物的需求。本文的数据来源仅为 Pubmed 数据库，未能包括其他生命科学相关数据库，涉及的学科仅包括了与实验动物关系相对密切的几个学科，未能包括所有生命科学和医学相关学科。所以，本专题是总结学科交叉的尝试，其结论也是参考性的。

二、中国现状

实验动物学的物质基础是实验动物，经过近百年来世界各国培育的包括大鼠、小鼠、兔、猪、斑马鱼、果蝇、线虫等 100 多个物种、几千个动物品系、和接近两万种以上的基因修饰动物品系丰富的实验动物资源和遗传资源构成了实验动物的重要部分，也是实验动物对生命科学和医学提供支撑的基础。

一方面，实验动物学不断地与其他学科融合形成新的应用领域和边缘学科，比如，随着基因组计划的完成而兴起的以挖掘不同动物与人类基因组信息内涵为研究主体的比较基因组学，基因修饰大小鼠与光学交叉而形成的“光学遗传学”。随着基因修饰大鼠资源的积累，可能促进生理学与遗传学融合而产生“遗传生理学”等。另一方面，随着基因工程技术完善、使生命科学研究者可以对生命的密码 DNA 进行更精细的编辑，基因修饰动物资源不断积累，成为研究基因组到生命过程的核心材料，对生物医学领域的诸多学科发挥着挥着越来越大的支撑作用。

根据中国工程院进行的调查数据（实验动物科学与技术调查报告，未出版资料），中国保有的实验动物有 30 个物种左右。小鼠、大鼠、豚鼠、兔、犬等常用实验动物品系和大、小鼠自发突变品系、基因工程品系等 2000 种以上。可用于糖尿病、肥胖症、心脑血管病、肿瘤、痴呆等人类疾病动物模型资源约 800 个品系。中国常用的实验动物品系见图 1。

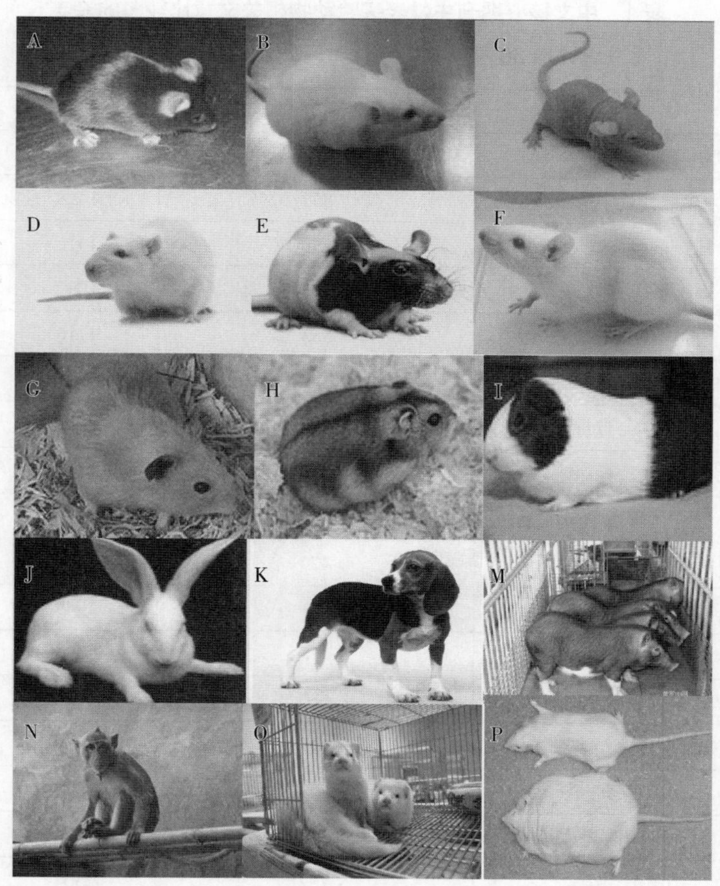

图 1　中国常用实验动物，小鼠（A—C）；大鼠（D–E）；叙利亚地鼠（G）和中国地鼠（H），豚鼠（I），兔（J），犬（K），小型猪（M），猴（N），雪貂（O），中国近年研制的肥胖大鼠模型（P）

实验动物技术和实验动物资源，如基因工程技术、疾病模型制备技术、动物模型影像技术等，大鼠、小鼠、小型猪、兔、犬、非人灵长类等对中国的药学、生命科学和医学研究发挥了不可替代的支撑作用。据中国医学科院医学实验动物研究所信息中心提供的统计资料，2013—2015 年三年期间，医药卫生、农业科学、生物科学等领域中文核心期刊共发表论文 470606 篇，其中涉及实验动物、动物模型或动物实验的文章共计 32844 篇，占 7.0%。其中，病理学、药物学、中药学、畜牧学、动物学等学科的研究使用实验动物的研究比例较高。表 1 是病理学、药物学、中药学、畜牧学、动物学等学科排名前 30 的学术刊物发表的论文使用实验动物情况，使用实验动物的论文比例在 15% ~ 60% 之间。根据 2013 年后发表的人体解剖学与组织胚胎学、生物化学与分子生物学、生理学、食品科学技术等学科的《学科发展报告》，实验动物在这些学科的热点研究领域发挥了一定的支撑作用。过去 3 年，在免疫学、神经生物学、干细胞等领域的国际水平研究论文，使用实验动物的研究成果高达 35%。

表 1　中文核心期刊中发表实验动物相关文章比较多的杂志

（只统计前 30 种期刊，统计时间 2015 年 10 月 10 日）

序号	期刊	实验动物相关论文（篇）	总篇数	百分比
1	细胞与分子免疫学杂志	681	1114	61.1
2	中国药理学通报	853	1428	59.7
3	中国病理生理杂志	798	1515	52.7
4	中药药理与临床	556	1097	50.7
5	中国免疫学杂志	553	1116	49.6
6	中国实验方剂学杂志	2369	5218	45.4
7	中国药理学与毒理学杂志	440	989	44.5
8	中华中医药杂志	1356	3207	42.3
9	中国兽医学报	466	1113	41.9
10	动物医学进展	477	1217	39.2
11	中成药	741	1949	38.0
12	安徽医科大学学报	478	1293	37.0
13	中国畜牧兽医	630	1900	33.2
14	中国中西医结合杂志	417	1259	33.1
15	中国兽医杂志	451	1382	32.6
16	时珍国医国药	1155	3596	32.1
17	中国中药杂志	782	2504	31.2

续表

序号	期刊	实验动物相关论文（篇）	总篇数	百分比
18	畜牧与兽医	444	1603	27.7
19	第三军医大学学报	628	2324	27.0
20	黑龙江畜牧兽医	1314	5133	25.6
21	中国老年学杂志	2652	10390	25.5
22	中草药	531	2192	24.2
23	动物营养学报	406	1730	23.5
24	中国医院药学杂志	532	2403	22.1
25	世界华人消化杂志	725	3646	19.9
26	中国现代医学杂志	641	3340	19.2
27	中国新药杂志	439	2301	19.1
28	中药材	456	2433	18.7
29	广东医学	789	4425	17.8
30	实用医学杂志	701	4694	14.9

在织织胚胎与发育方面：中国的研究热点主要集中在神经发育、神经退行性疾病的发病机制、神经损伤与修复，精神疾病的神经生物学基础，胃肠结构、发育与胃肠疾病，内皮细胞生物学与心血管疾病，生殖，早期胚胎发育，组织工程等几个领域。实验动物的作用主要体现在 3 个方面：

（1）早期胚胎发育、神经发育、肠发育，内皮细胞和生殖等方面的研究，大部分都结合了大鼠、小鼠、斑马鱼、猪、猴等动物模型进行深入的研究。

（2）一些神经，内皮细胞生长，胚胎发育等的基因功能研究，主要采用基因修饰动物作为研究对象。

（3）神经退行性疾病、神经损伤与修复、胃肠疾病等疾病机制和治疗研究主要采用动诱导疾病模型、基因工程模型和疾病易感动物等是机制研究的主要对象并结合临床研究。

在生物化学和分子生物学方面：过去 3 年比较活跃的研究领域包括糖生物化学、生物分子复合物、核酸和基因调控、蛋白质与蛋白组学、表观遗传学、代谢与代谢组学等。其中核酸和基因调控、蛋白质与蛋白组学、表观遗传学、代谢与代谢组学 4 部分主要采用动物模型进行研究，有一些新的交叉学科出现如比较基因组学、比较代谢组学等，主要比较动物与动物之间，动物与人类之间的异同。与实验动物的交叉主要包括 4 个方面：

（1）以实验动物体为载体，研究基因组编码的 10 万个以上的蛋白体内修饰加工、功能，与疾病的关系研究，不同器官的蛋白表达谱。

（2）使用线虫、斑马鱼、小鼠等模式动物，研究非编码 RNA 在特定细胞和生物个体行为中的调控机理；非编码 RNA 的遗传、生成、加工、转运和组装的分子机制；非编码 RNA、RNA 结合蛋白及功能复合物解析；非编码 RNA 与疾病机制，药物靶点与 RNA 干预技术等。

（3）以动物模型结合临床研究的体内研究为主，研究脂质与脂蛋白代谢异常与疾病的关系，未来与实验动物密切相关的研究重点主要是脂质与脂蛋白代谢异常与疾病发生的机制和防治。包括：脂质与脂蛋白代谢调控途径以及与疾病关系的研究，脂质组学，性药物靶点和新药研发等。

（4）使用基因修饰果蝇、小鼠等 DNA 甲级化、组蛋白修饰的调控与生物学功能是表观遗传学研究的主要内容，DNA 甲级化、组蛋白修饰的调控与生物学功能研究、印迹基因等。

在生理学学方面：中国过去几年的热点主要在感觉神经系统研究，癫痫、脑瘤等脑重大疾病研究，心脏电生理、心脏相关离子通道，内分泌对心血管活动的调节等，内分泌生理方面的激素的作用机制、中枢神经内分泌网络，消化及物质转运，消化道运动调控等几个方面。主要使用大鼠、小鼠、猪等建立诱导模型结合临床进行生理研究，部分使用激素、激素受体、离子通道等基因敲除动物进行机制研究。

在毒理学方面：中国毒理学在过去几年的研究重点在描述毒理学和机制毒理学 . 实验动物学与毒理学的交叉主要包括 4 个方面：

（1）使用大鼠、兔、犬等对工业毒理学的研究及评估，主要内容是金属、有机化合物、农药和工业废弃物的毒性、环境污染程度、安全浓度等工业有机环境毒害因素的半数致死量测定和危险程度评估，毒性机制研究和中毒后治疗研究。

（2）使用动物模型结合细胞模型研究环境应答与基因多态性，神经分子毒理学机制、分子标志物及应用、毒理组学、环境化学物与机体反应等。

（3）使用实验动物或实验动物评估在饲料中霉菌毒素、微量元素毒性、新饲料资源毒性、饲料安全性等，以及霉菌、重金属、农药残留的毒性机制研究和新饲料资源的营养研究。

（4）主要结合细胞、昆虫、斑马鱼和啮齿类进行突变机制研究、遗传毒性测试体系、抗突变研究等。

在食品科学技术方面：过去几年，中国食品科学技术的研究重点主要包括生物大分子材料，营养基因组，天然多糖的活性，益生菌功能解析，功能多肽，多酚活性解析，食品安全检测技术等几个方面。食品科学与实验动物学的交叉主要包括 4 个方面。

（1）大分子材料、天然多糖、多酚等体内活性和机制研究主要采用大鼠进行。 也建立了一些新型食品，如转基因食品实验动物评价的技术规范。

（2）基因工程技术是过去几年的热点，包括在实验动物发展起来的基因组编辑技术在家畜品种改造，益生菌改造，作物品系改造等方面的应用。

（3）食品功能因子的生理效应等主要采用实验动物体内研究，食品功能因子的生理作用基础研究，功能食品安全性研究等是未来研究热点，将主要使用大鼠，心脑血管病、老年病等动物模型进行体内研究。

（4）基因组编辑技术在新品系培育方面的广泛应用和转基因食品在实验动物安全评价规范的建立和进一步完善。

三、国际现状

国际上实验物种资源十分丰富，从线虫、果蝇到黑猩猩，已经具备的实验动物物种有200多种。大小鼠品系最为丰富，包括常用品系、自发突变品系和基因工程品系在25000种以上，包括疾病动物模型6000种左右，涵盖100多种疾病。美国保有实验动物资源的70%。日本保有5000种以的实验动物和基因工程动物品系。最发达国家的生命科学研究、医药研究起到了巨大的推动作用。

在干细胞、组织胚胎与发育生物学方面：干细胞是近几年的研究热点，在过去3年，pubmed收录的干细胞研究论文5万元余篇，使用实验动物的研究占了50%以上，主要集中在干细胞的分布、来源、定向分化、归巢、重编程和干细胞治疗等。主要涉及的实验动物包括猴、小鼠、基因工程小鼠、大鼠等(图2)。在胚胎发育方面主要采用实验动物进行基因组的重编程、胚胎干细胞定向分化谱、器官形成、基因在发育方面的功能等研究。Pubmed收录的研究论文接近2万篇，其中使用实验动物的研究论文占50%以上，其中使用小鼠和基因修饰小鼠的研究分别占20%和12%。

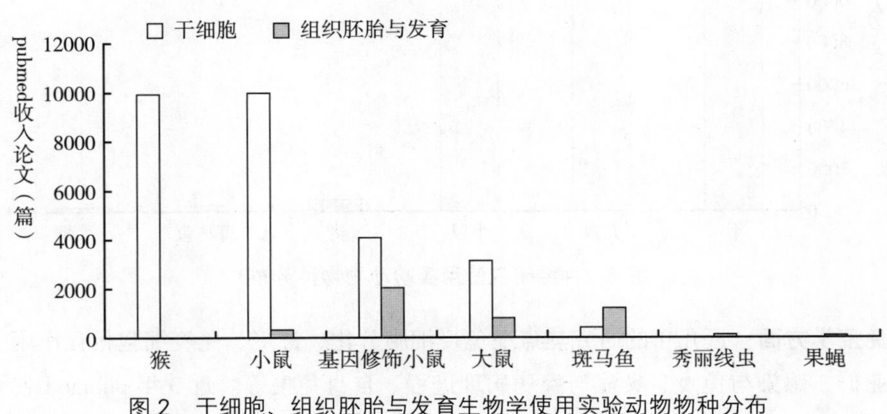

图2 干细胞、组织胚胎与发育生物学使用实验动物物种分布

在生理学方面：近几年的热点领域主要集中在脑和心脏电生理、内分泌、睡眠、生物节律、运动、摄食、代谢和生理现象分子机制等研究。生理学研究是使用实验动物模型最多的学科，主要使用的实验动物是小鼠、大鼠、猴子、猪等。根据近3年pubmed收录论文分析，由于近年生理现象与分子机制研究的结合，生理学使用基因修饰小鼠的研究越来

越多（图 3）。大鼠是生理研究主要使用的实验动物，随着基因修饰大鼠资源的积累，可能促进生理学与遗传学融合而产生“遗传生理学”等学科。

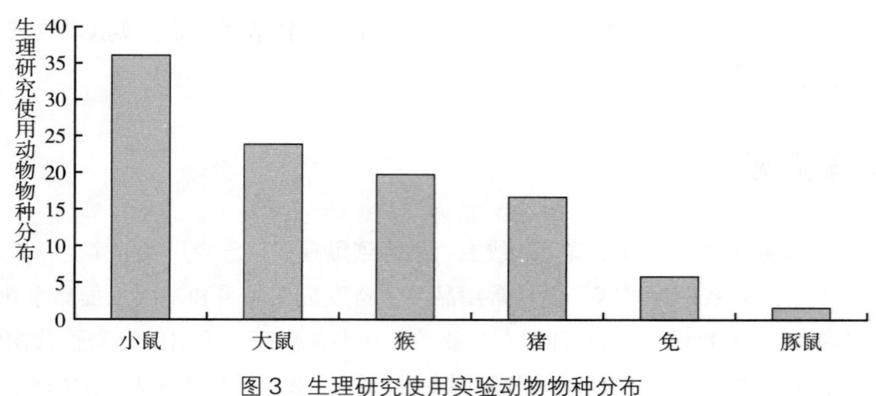

图 3　生理研究使用实验动物物种分布

神经研究方面：在过去 3 年，pubmed 收录的论文 5 万元余篇，包括神经系统发育、神经元特异标记大小鼠资源研制，神经元相互作用，记忆、行为的神经生物学基础，神经光学遗传学，神经退行性变的疾病机制等，使用实验动物的研究论文占了 70%。主要使用了猴、大鼠和小鼠等实验动物（图 4）。另外，美国 2014 年启动的“脑图计划”提出的研究对象，主要包括 4 类，依次是人、猴、小鼠和大鼠。

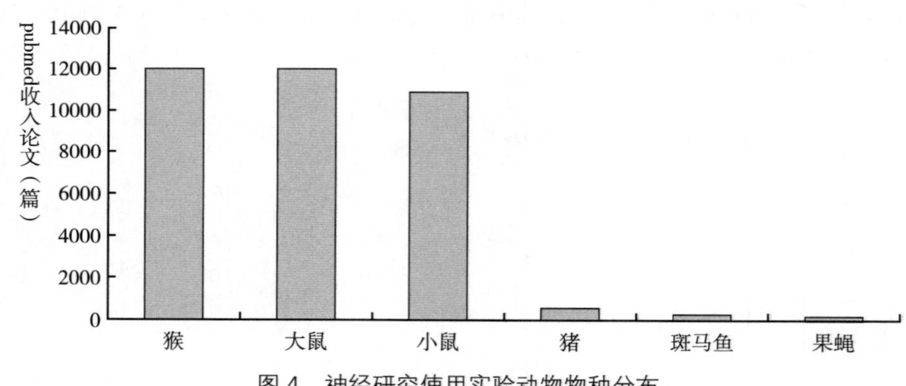

图 4　神经研究使用实验动物物种分布

在免疫学方面：近几年的研究热点在免疫细胞分化、记忆、免疫细胞相互作用、免疫细胞新亚群、感染与免疫、炎症与疾病病理进程、自身免疫等。近 3 年 pubmed 收录的免疫方面论文 3 万余篇，其中使用实验动物的研究占了 35% 以上，尤其是小鼠和基因修饰小鼠分别占了 17% 和 16%，是免疫研究使用最广泛的动物模型，大鼠占 4%，其他动物如豚鼠、犬等较少（图 5）。

肿瘤与心血管脏病方面：医药研究的多个领域，包括，艾滋病、结核、肝炎、流感等传染性疾病的感染机制、治疗药物研发，肿瘤、心血管病、肥胖、糖尿病、退行性神经变

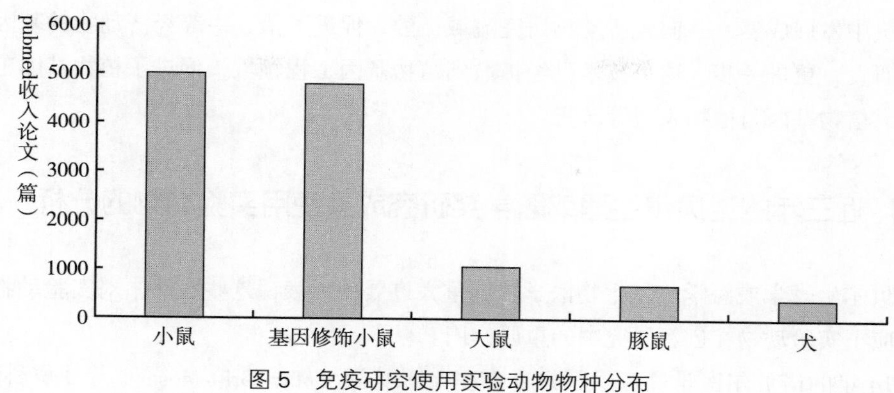

图 5　免疫研究使用实验动物物种分布

性等的致病机制、治疗和药物研发等需要实验动物和疾病动物模型的支持。肿瘤和心脏病是对人类健康危害最大的两种疾病，这两种疾病的发病机制、药物研发等也是医学研究的热点，所以选择了这 2 种疾病一点带面的分析实验动物医学研究的作用和医学研究对实验动物的需求。

肿瘤方面的研究在过去 3 年主要涉及移植瘤模型，肿瘤与宿主相互作用、肿瘤与免疫、肿瘤的转移、肿瘤与微环境，肿瘤的生长、凋亡机制，药物作用机制，原代肿瘤模型临床评价等。使用实验动物的论文占 20% 以上，使用最多的是基因修饰小鼠和自发突变小鼠（图 6）。

在过去 3 年，心血管病研究主要包括心肌肥厚、心肌扩张、心衰、心脏血栓、动脉粥样硬化，高血压引起的心脏病变、心脏重朔等机制研究、心导管等工程产品生物学问题等，pubmed 收录的论文 8 万元余篇，使用实验动物的论文为 20% 左右，心脏研究最常用的是大鼠、小鼠和猪等（图 6）。

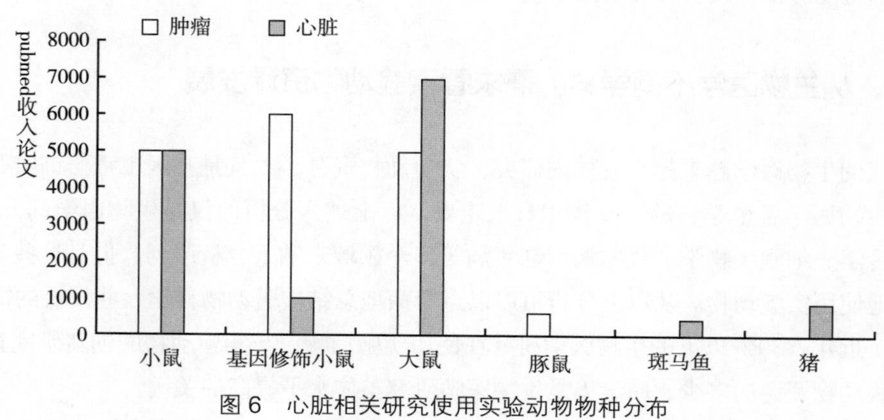

图 6　心脏相关研究使用实验动物物种分布

其他学科：实验动物发展成熟的技术也会快速向其他学科扩散，从而对其他学科起到带动作用，过去 3 年在实验动物斑马鱼中开发的 CRISPR/Cas9 基因组编辑技术，首先在小鼠和大鼠中发展成熟，并向经济动物研究流域扩散，促进了猪、牛等经济动物的基因工程品系的研发，更进一步，这一技术已经扩散到植物基因工程领域，促进了植物基因工程品系研发、植物基因与植物表型等研究。

四、近三年的诺贝尔生理或医学奖研究成果使用实验动物的分析

诺贝尔生理学或医学奖是生物医学领域重大进展的代表，这些成果中对实验动物的使用，反应了实验动物在创新研究中的重要作用。

2014 年的诺贝尔医学奖颁予了迈 - 布里特 · 莫泽（May-Britt Moser）等 3 位科学家，他们发现了大脑海马区的空间记忆相关的细胞（Space cell），他们的一系列研究论文中，80% 都是用大鼠作为研究对象取得成果。

2013 的医学诺贝尔医学奖颁予了兰迪 · 谢克曼（Sckekman R）等三位科学家在细胞囊泡传输机制方面的研究，他们的研究以细胞为主结合了实验动物，尤其是 Südhof TC 的研究是以果蝇和基因工程小鼠为主。在体内外解答了神经细胞指令下可精确控制荷尔蒙、生物酶、神经递质等分子传递的恰当时间与位置。例如，对控制血糖具有重要作用的胰岛素，正是借由囊泡进行精确传递并最终释放在血液中。若囊泡运输系统发生病变，细胞运输机制随即不能正常运转，可能导致神经系统病变、糖尿病以及免疫紊乱等严重后果。

2012 年的医学诺贝尔医学奖颁予了约翰 · 伯特兰 · 格登（John Bertrand Gurdon）和山中伸弥，他们在干细胞方面的主要研究成果使用的是青蛙和小鼠。约翰 · 伯特兰 · 格登通过实验把蝌蚪的分化细胞的细胞核移植进入卵母细胞质中，并培育出成体青蛙。这一实验首次证实分化了的细胞基因组是可以逆转变化的，具有划时代的意义。山中伸弥把 4 个关键基因通过逆转录病毒载体转入小鼠的成纤维细胞，使其变成多功能干细胞。这意味着未成熟的细胞能够发育成所有类型的细胞。

五、从生物医学不同学科的需求看实验动物资源发展

现代的生物医学越来越重视体内研究，实验动物资源、尤其是基因工程修饰实验动物资源对生物医学各个学科的支撑作用日渐重要，以上纳入分析的仅是生物医学部分领域，还有遗传学、细胞生物学、代谢病、老年病等多个领域未纳入分析序列，但是这些学科也在广泛地使用实验动物。从以上分析可以以点带面地总结实验动物科学一些发展的需求。

（1）近年，30% 以上的生物医学研究在使用实验动物，与实验动物的创新研究直接相关，实验动物资源的多少、质量等是生物医学研究整体水平提高的关键。

（2）生物医学研究实验动物主要是小鼠、大鼠、豚鼠、犬、猪、猴等，尤其是小鼠和大鼠仍然是“当家”的实验动物，这两类实验动物资源保存、供应应该是实验动物领域的首要问题。大动物或非人灵长类具有更接近人类的特点，需要在大动物资源供应和比较医

学研究方面有所加强。

（3）采用基因工程动物的生物医学研究占了很大的比例，基因工程资源的建设与原始创新相关联，基因工程资源研制、积累和共享是一个国家生物医学原始创新能力和后继发展的重要保证。尤其在基因功能研究和蛋白质组学方面，3 万个基因编码的 10 万个蛋白的体内修饰加工、功能，与疾病的关系研究，不同器官的蛋白表达谱与实验动物的比较等未来研究的重点将主要依靠基因敲除动物实现。在基因敲除模型方面需要投入更多的资源。

（4）基因组编辑技术的发展促进了基因修饰大鼠、猪、猴等遗传资源的积累，并促进了神经、免疫、发育等学科的发展。

（5）在非编码 RNA 方面，需要建立实验动物的非编码 RNA 敲除动物品系库。

（6）在疾病模型建设方面，需要建立多肽药物动物模型的安全评价和新型疾病动物模型的有效性研究；脂类代谢基因敲除模型、药物靶点和新的脂质代谢异常疾病模型；DNA 甲级化相关基因的敲除、诱导敲除等模型。包括甲基化酶、甲基化酶结合蛋白、组蛋白、小 RNA 等基因的修饰动物模型；配子发生的基因功能敲除模型、配子异常、不育等疾病模型；干细胞的分化、细胞相互作用、组织重建、组织工程产品评价需要一系列动物模型。

（7）神经生物学、神经系统疾病等生物医学研究热点，需要非人灵长类和大鼠等基因修饰动物模型先发研制和支持。同时需要研发一批更能反映临床特点的疼痛模型、药效动力学 (Pharmacodynamics，PD) 模型，这将带动相关领域的长期发展，并能缩短基础研究结果向临床应用的转化时间。

（8）在食品、环境等方面，需要开发一些鱼类、摇蚊幼虫、蚯蚓等实验动物，作为反应空气、水、土壤等不同层次生态毒性的模型动物，并建立相应的分析技术。

（9）光遗传学最早由斯坦福大学的研究人员用于研究小鼠大脑，他们将这项技术称之为 Optogenetics（optical stimulation plus genetic engineering，光刺激基因工程），使用这些光遗传学工具，能够激活清醒哺乳动物的单一神经元，并直接演示神经元激活表现出的行为结果。这一光遗传学方法使得研究人员能够获得关于脊髓回路的一些重要信息。这种新技术可以推广到所有类型的神经细胞，比如大脑的嗅觉，视觉，触觉，听觉细胞等。光遗传学开辟了一个新的让人激动的研究领域，可以挑选出一种类型的细胞然后发现其功能。中国“脑研究计划”即将启动，建立一些嗅觉，视觉，触觉，听觉细胞等脑区特异光遗传学大鼠或非人灵长类模型可为中国脑研究提供精确回路研究的工具。

参考文献

［1］Pubmed 数据库 .
［2］中国知网：中文核心期刊数据库（cnki.net）.

[3] 实验动物科学与技术调查报告，未出版资料.
[4] 中国科学技术协会主编. 2012–2013 生理学学科发展报告 [M]. 北京 : 中国科学技术出版社，2014.
[5] 中国科学技术协会主编. 2012–2013 人体解剖与组织胚胎学学科发展报告 [M]. 北京：中国科学技术出版社，2014.
[6] 中国科学技术协会主编. 2012–2013 食品科学与技术学科发展报告 [M]. 北京：中国科学技术出版社，2014.
[7] 中国科学技术协会主编. 2012–2013 生物化学和分子生物学学科发展报告 [M]. 北京：中国科学技术出版社，2014.
[8] 中国科学技术协会主编. 2012–2013 毒理学学科发展报告 [M]. 北京：中国科学技术出版社，2014.
[9] 中国科学技术协会主编. 2012–2013 全科医学学科发展报告 [M]. 北京：中国科学技术出版社，2014.
[10] 中国科学技术协会主编. 2012–2013 农业工程学科发展报告 [M]. 北京：中国科学技术出版社，2014.

撰稿人：张连峰　孔　琪　刘新民　谭　毅

实验动物学在中医药发展中的作用与展望

一、引言

中医药学作为中华民族的传统医学，有着独特的理论体系，但中医药学要向前发展，就必须不断吸收来自其他学科的先进理论、技术和方法，为自身服务。实验研究是实现中医药科技发展的重要途径之一，动物实验作为实验研究的主要内容，其水平的高低将在一定程度上影响着中医药的科技发展。在中医药研究中使用高质量的实验动物，并在标准化的动物实验设施下完成实验，是保证实验结果准确可靠、真实反映所设计实验目的和原理的基本条件，也是中国传统医学寻求新的发展，打破故步自封走向世界所必不可少的凭借手段，其重要性及必要性不可忽视。

实验动物是中药研究和开发的基础和重要支撑条件，在中药研究和开发中有着不可替代的作用，是中药临床前研究最重要的实验材料，用于评价中药有效性和安全性基础工作的对象。在科学技术迅速发展的今天，中药新药的研发再也不需要像“神农尝百草”一样亲身试验，而是采用人类的先驱——实验动物来完成。中医药动物实验研究是指根据中医病因病机理论，利用特定的因素，在动物身上研究中医药，然后用现代医学的方法来验证中医的疗效、研究中医的理论以及评价中药新药的有效性和安全性。中医药动物实验研究促进了中医药的发展，为中医药的振兴做出了很大贡献。

（一）实验动物在中医药发展中的作用

从中医药发展史看，中医药学几千年来的研究途径几乎全是通过临床观察来认识疾病的发生、发展、变化规律及采取有效的防治措施。医学发展史证明局限于临床观察是中医药学发展缓慢的原因之一。中医药只有通过大量实验研究，借用现代医学先进技术和方法，才能使中医药发扬光大，逐步走向世界，为人类健康事业做出更大贡献。动物实验是现代医学的常用方法和手段，利用动物实验方法，在一定范围内可以揭示更为具体的中医理论本质，达到一个新的认识水平。近十年来，实验动物在中药研究和开发、在中医药疗效和基础理论研究、在针灸医治疗效研究和疗效机制研究以及在中医药教学、医疗实践中发挥了很大的作用。

1. 在中药研究和开发中的作用

实验动物是在中药研究和开发中不可缺少的研究工具，在进行药效评价、毒副作用预测、药物代谢分析，以及药物作用机制的研究等方面发挥了重要作用。

（1）实验动物替代人体，预测中药毒副作用

古代中医动物实验比较少，对药物作用只能依靠人体进行有目的或无目的的尝试来了解，所以有“神农尝百草，一日而遇七十毒”的记载。古今中外关于中药的毒副作用的记载并不少，如细辛、苍耳子、乌头等的致死报道，还有众多“十八反”、“十九畏”的报道，及其中成药注射液引起的过敏性休克等。针对这些问题，中药中毒的剂量、相互作用、症状及其如何解救都缺乏精确的认识，要想解决这些问题，最好的方法就是进行动物实验，预测中药的毒副作用，为临床用药提供依据。而动物实验的发展，在一定程度上替代了人体，预测了中药的毒副作用。

（2）中药新药临床前的有效性和安全性评价

实验动物是中药研究和开发的基础和重要支撑条件，在中药研究和开发中有着不可替代的作用，是中药临床前研究最重要的实验材料，用于评价中药有效性和安全性基础工作的对象。中药新药通过安全有效性评价是获准上市的重要环节。利用不同实验动物与人体在某些结构、机能、代谢及疾病特征等方面相似的特性，制作与人类疾病相近的动物模型，是评价中药新药有效性的重要手段。实验动物在开展中药药动学—药效学结合模型（Pharmacokineic /pharmacodynamics modeling，PK–PD）研究方面，不仅能够为中药新药研制、质量评价及临床给药方案制订等提供科学依据，还有助于阐明中药的药效物质基础及其作用机制，越来越被重视。詹淑玉等人成功建立了生脉注射液在心肌缺血大鼠体内的 PK–PD 结合模型，可有效地用于预测生脉注射液的血药浓度和效应。研究结果发现生脉注射液诱导 NO 释放的药效明显滞后于人参皂苷 Rg1 和 Rb1 的血药浓度，效应与血药浓度之间并不相关。

（3）分析药物代谢，探讨药物作用机制

人源化小鼠模型被逐渐用于药物代谢研究，该模型是敲除小鼠自身的某些代谢酶基因，将人相应代谢酶基因转入到小鼠体内进行表达或是直接将人肝细胞移植到免疫缺陷并伴有肝损伤的小鼠体内，转基因小鼠可以用于研究某个药物代谢酶对药物的代谢，嵌合小鼠可以更系统和全面地反映药物在体内的处置，在新药开发中具有较大潜能。使用实验动物进行中药药动学实验，为临床药动学的进一步发展奠定了基础，对指导临床合理用药具有特殊意义。在实验动物药动学基础上，临床药动学直接研究中药有效成分在人体内的药动学规律，再结合中药本身具有丰富临床应用经验的特点，即可建立直接在临床阶段开发

新药的独特模式。

2. 在中医药疗效研究和中医药基础理论研究中的作用

（1）缩短中医药的研究周期，加快中医药的发展

中医药学的发展具有悠久的历史，其源远流长，可是也必须承认有些问题单凭临床经验需要花费很长时间才能得到解决，甚至有些问题无法解决。例如："十八反""十九畏"，在临床上用药长期存在异议，出现了绝对化和恪守化的分裂。可是在后来的动物实验研究中，在较短的时间内就证明了药物用量不同产生的毒性大小也不一样及其产生毒性的物质基础。另外，通过动物实验对药物疗效进行验证和筛选方药，也加快了中医药的发展。

（2）促进中医药的疗效和作用机制研究

近5年PubMed数据库检索显示，在中医理论和中医药疗效研究涉及实验动物的研究论文有9787篇，其中中医药疗效研究论文高达5215篇，显然实验动物在中医药疗效研究和中医药基础理论研究中起到了重要作用。如通过小鼠悬尾、小鼠强迫游泳及慢性温和不可预知性应激抑郁模型等药效学实验，证实逍遥散具有明确的抗抑郁作用，且行为学结果与代谢组学结果具有一致性。通过酒精诱导骨质疏松症大鼠模型实验，证实补肾益气健脾能明显改善骨质疏松症大鼠的骨密度、骨矿物质含量以及骨生物学特性，并证实补肾健脾益气方对酒精诱导骨质疏松症大鼠模型的作用与维生素D受体信号通路有关。近年来淀粉样前体蛋白（Amyloid Precursor Protein，APP）转基因鼠的研制尤其是具有SP和NFP病理并伴有认知损伤的双转基因鼠，这些小鼠在研究阿尔茨海默病（Alzheimer disease，AD）病理生理学和神经生物学是极其重要的，有力地支持了AD中药的研究与开发，且验证了大量悬而未决的AD治疗药物，足以使其成为中药新药开发的有力工具，其模型特点符合中医药多系统、多途径、多环节调节疾病的特点，利用APP转基因小鼠可同时验证中药对老年痴呆发病各个环节的疗效，为药物的作用机制研究提供有力证据。自APP转基因鼠用于抗老年痴呆中药的研究以来，无论是药效评价、活性筛选还是作用机制研究均取得了巨大进步，有很多成功的应用，为这些药物进入临床试验奠定了基础，也为治疗老年痴呆中药的临床前研究提供指导。

（3）可以验证和发展中医理论，为中医理论提供实验科学依据

实验动物不仅在中医药疗效上有作用，对中医基础理论也具有重要影响。为了验证中医药理论而设计的动物实验，其实验结果和数据成了支持中医药理论和临床有效性的有力证据，是提炼中医药理论的基本途径。通过动物实验来研究中药的药性（四气、五味归经、升降浮沉），从药理学的角度揭示中药药性的本质，中医药药性的验证或反证可在动物实验中得到体现。如研究发现红参和西洋参对不同体质小鼠的温度趋向行为呈显著相反的影响。红参可下调体虚小鼠的高温趋向性，缓解动物的虚寒证，体现红参性温热的特性，而西洋参可上调体盛小鼠的高温趋向性，缓解动物的热证，体现出西洋参性寒凉的特性。此结果与传统中医药理论对红参和西洋参寒热药性的认识一致，也与中医"寒者热

之，热者寒之”的治则相吻合。

中医药理论在其形成和发展过程中由于缺乏科学实验和其他技术手段，难以深入地揭示更为具体的规律，出现一些笼统、抽象、模糊的概念，动物实验可以使人深刻地认识到难以直接观察到的物质内部更深的层次，提示一些更为具体、确切的规律，尤其是当从组织形成学角度来观察时，就更需要借助动物实验。通过动物实验不仅可以为验证中医理论提供科学的实验依据，而且可以为进一步发展中医理论提供科学的实验依据，可以深入探索研究中医理论科学内涵，提高临床诊断和治疗效果。如通过动物实验发现肾虚质大鼠脾脏淋巴细胞既表达免疫相关的正向调节基因，也表达负向调节基因，补肾中药桂附地黄丸可以通过调控某些基因的表达而发挥改善肾虚质的作用，此研究为肾藏象理论的研究提供分子生物学基础。又如通过饥饱失常动物模型研究“肺与大肠相表里”理论，探讨肺组织和肠组织及血清中指标含量的变化，揭示了饮食失常状态下神经内分泌相关变化，揭示中医“肺与大肠相表里”理论神经内分泌学调节的内涵，深化了对中医理论本质的认知。动物实验不仅为中医药治疗的可靠性增加了有效说服力，同时也促进了中医药理论的发展。

3. 在针灸医治疗效研究和疗效机制研究中作用

中医针灸学源远流长，具有独特的思维方法和丰富的经验，是中国医学科学的最大特色和优势，但临床和基础研究均缺乏强有力的实验证据和对比性资料，这无疑对医务工作者在获取其知识精华及运用新的技能、提高诊疗水平上有所限制，也阻碍了针灸疗法和技术的发展与传播。通过实验动物的不断实践和研究，针灸学理论、经络、脏腑、腧穴等相关知识及作用效应、机理和本质不断被揭示，针灸治疗范围进一步扩大，疗效进一步提高。如 Zhang HF 等前期发现电针能缓解社会障碍儿童自闭症患者的外周血催产素（OXT）和精氨酸加压素（AVP）水平，并在大鼠模型中证实电针能明显改善大鼠的社会互动行为，且与激活 OXT/AVP 系统有关。Liang Y 等采用脊神经（SNL）结扎建立大鼠神经性疼痛模型，发现电针刺激能减轻 SNL 诱导的神经性疼痛，其部分作用是抑制脊髓胶质细胞的活化。此外，抑制脊髓小胶质细胞和星形胶质细胞的激活可有助于电针镇痛作用的即时效应和维持。通过动物实验证实针灸刺激对神经细胞有潜在的保护作用，对血管性痴呆有治疗作用，且其抗痴呆作用的机制与能量代谢有关，用慢性阻塞性肺病大鼠模型实验验证电针刺激足三里（ST36）能减少肺损伤，其作用可能与下调炎症细胞因子有关。

实验动物是在针灸医治疗效研究和疗效机制研究中重要的研究对象，在研究经络腧穴疗效机制及理论，阐明生物学基础和作用机制等方面发挥了重要作用。2013 年 11 月，国家自然科学基金委员会召开了“疾病动物模型学术及战略研讨会”，对针灸经络研究的模式生物的选取问题也提到重要位置。基于 Pubmed 数据库检索显示，近 5 年来涉及实验动物的针灸经络疗效和作用机制研究论文达 1236 篇，其涉及的实验动物有大鼠、小鼠、兔、犬、小型猪等。针灸实验研究多选择以电针作为主要针灸方法来干预动物疾病模型，从而探讨针灸治疗疾病的作用机制，针刺的主要靶点为具有多系统调节作用的穴位或相关疾病的特效穴，如足三里、内关、百会、关元等。针灸实验所研究的疾病种类繁多，如神经系统疾病、心脑血管疾病及代谢性疾病等，试验中多选用针灸临床疗效较好的疾病建立动物模型展开研究，从而为针灸的临床诊疗提供更为坚实可靠的理论依据，使得中医理论指导下的针灸治疗效果有了更加科学性的解释。

4. 在中医药教学、医疗实践中的作用

实验动物被用于中医药院校的专业课教学及科学研究，是中医院校中教学体系重要组成部分，是最精确的仪器、最纯粹的化学试剂所无法替代的。实验动物作为开展中医药院校专业学习和科学研究基本的支撑平台，对人类解释生命现象的产生、发展、衰老及死亡及探讨疾病的发生、发展、治疗及预防等起着不可替代的作用。传统中医药的发展过程，实际上是一个从实验到临床、从临床到实践循序渐进的过程。通过观察药物对动物的作用，可以获取药物知识，从而促进了中医药的发展。实验动物作为人类的替代，承担着安全评价和效果实验的责任，其结果也是学术交流以及成果认定的科学标准之一。无论是中医学理论的发展和创新，还是中医临床疗效的肯定和展示都离不开科学实验。开展动物实验研究是以思辨和经验积累为特征的中医学与以实验为基础的现代医学相结合所不可或缺的条件。中医药院校是培养高素质中医药人才的地方，而作为未来的医药科技工作者，必然是实验动物的使用者，也必须具备实验动物解剖学、实验动物分类学、实验动物病理学、比较医学、动物实验方法学等多方面的知识。中医药院校的学生在校期间接受正规的动物实验方法的训练，掌握一定基础理论的同时，熟悉了必要的实验知识和基本技能，培养了动手能力和创新意识。

通过动物实验传授中医药知识是中医学教学的基本手段，动物实验在中医药教学中的重要环节，通过动物实验了解中医药的毒性和疗效，如中药药理实验课程中，通过附子炮制前后致小鼠中毒死亡的情况比较的实验教学指导学生，生附子产生毒性的原理，附子的有毒成分主要是乌头碱。它的性质不稳定，经长时间用水浸泡和加热煎煮炮制，都可使乌头碱水解成毒性较小的苯甲酰乌头胺和乌头胺。生附子中乌头碱含量高，经过炮制后乌头碱含量减少，毒性也降低，引起动物中毒死亡的剂量就比生附子大得多。通过中医证的动物病理模型和一些中医治则的实验方法，诸如血瘀证，阴、阳、气、血等各种虚证，热毒证的病理模型以及相关的药理研究方法，以及汗、吐、下等治则的药理实验方法，指导中药药理学的理论知识。同时，也通过动物实验教学指导学生一些经典的中医理论，如温病相关的实验：阳明热盛证病理造模实验、营分证病理造模实验、血分证病理造模实验、清营汤疗效实验等，这些都是经典中医理论相关实验教学指导。动物实验是中医药基础理论现代实验方法的重要部分；通过动物实验使传统中医药理论与现代医学的实验方法有机的结合。同时，大部分中医药研究院校在本科生和研究生中开设了实验动物学课，学习实验动物的基本生物学知识和基本实验操作技能，为今后中医药理论研究工作奠定基础，提高了学生的实践的能力和综合素质。

中医药动物实验研究的目的在于提高临床疗效，促进中医药的发展，中医动物模型是中医临床理论形成、发展、诊疗水平提高的内在动力。众所周知，在研究中医模型的过程中，肾虚模型是建立最早的中医动物模型，脾虚模型和血瘀证模型是造模方法最多的证候模型。脾虚模型的造模方法及检测的多项客观指标，以及由脾虚导致的动物模型功能代谢的变化和胃肠的病理损伤，为临床脾气虚、脾不统血证候理论的深化提供了条件；现今社会，工作压力、药物滥用、环境污染、噪音以及老龄化等所导致的各种慢性疾病和死亡率较高的心脑血管病、恶性肿瘤等，严重的考验着医学的发展，特别是中医所面临的挑战，中医必须对这些疾病进行研究，建立新的临床理论指导临床实践。而中医对肾虚模型的建立，在这方面已经做了大量的工作，多种肾虚模型的建立方法把压力、噪音、污染与中医的证结合起来，丰富了中医病因学，使中医治疗现代新生的疾病有了理论基础，同时也为中医药新的学说提供了依据。

（二）中医药实验动物工作进展概述

近 5 年来，中医药行业中实验动物和动物实验设施建设的投入大大增加，标准化的动物实验设施和先进的动物实验仪器设备为中医药研究提供了良好科研条件。近 5 年中，中医药行业在动物实验设施建设中投入 17000 多万元，现有设施面积各超过 3.5 万平方米，动物设施基本设备空调系统与净化通风设备、高压消毒锅、环境监控系统、动物饮用水净化或灭菌装置、自动洗笼机等 5000 万元以上，饲养笼具等 3000 万元以上；而且天津中医药大学、江西中医药大学、河南中医学院等 6 所中医药院校共投入 20915 万元，正在建设动物设施 2.4 万多平方米。已列入计划建设的广西中医学院、甘肃中医学院、南京中医药大学等单位 6 家将共投入超过 2.5 亿元，建设 3.5 万平方米的动物实验设施。许多中医药院校具有先进的动物实验仪器设备，近 5 年动物实验设备总经费达到 9000 万元以上。如 DSI 小动物心电血压遥测系统、EMKA 大动物无创心电血压遥测系统、小动物清醒状态肺功能仪、小动物高频超声成像技术、小动物活体光学成像系统等先进设备在中医药研究中的应用越来越普遍。

中医药实验动物行业尤其是中医药院校中实验动物和动物实验机构设置和管理体系越来越完善，各单位从设施运行、饲养管理到动物实验操作，建立了较完美的动物实验设施的运行、维护，实验动物供应、动物实验的管理、实验动物饲养、动物实验基本操作技术等一系列的管理制度和操作规程。在设施的运行机制和内容管理上面有很大的进步，管理网络化和信息化程度水平大大提高，尤其动物实验的管理信息化系统的应用为中医药动物实验的管理更加规范和高效，管理体系更加健全。

随着中医药科技的发展，尤其是中药新药的研发，中医的疗效研究和中医基础理论研究等方面，实验动物的使用量越来越多。据不完全统计，2014 年，中医药实验动物行业每年使用小鼠在 35 万只以上，大鼠 15 万只以上，豚鼠 2 万只以上，兔 3 万只以上，Beagle 犬和小型猪在 1000 只以上。其中，23 家动物实验设施单位，2014 年中医药实验动物行业全年为本单位提供动物实验代饲养服务 2657 项，为社会提供代饲养服务 718 项。

实验动物设施既是中医药教学、科研活动的公共的基础平台，也是中医药动物实验的技术服务平台。通过学科、平台和实验室建设，提高中医药实验动物的科技水平，现有国家中医药管理局的中医药实验动物学重点学科的单位 2 个、中医药实验动物学三级实验室的单位 3 个，有省级的实验动物重点学科、重点实验室能以及实验动物公共服务平台或实验基地等 7 个，有力地促进了中医药实验动物科技的发展。通过中医药实验动物学的学科、实验室、平台建设，中医药实验动物行业的技术队伍有了迅速的发展，从业人员的学历层次明显提高，技术队伍呈年轻化趋势，技术结构合理，目前中医药实验动物从业人员已超过 300 人，具有上岗证人数占 75%；高级职称人员占从业人员接近 20%，大专以上学历人员占 75%，其中具有博士硕士学位的人员占 35%。同时，在中医药实验和模型研究、思路探索、方法探索、评价方法、模型标准研究等等方面也取得了一定的成果。据不完全统计，近 5 年中医药实验动物单位获各类课题 268 项，其中国家级项目 18 项，省部级项目 58 项。发表 *SCI* 收录的论文 38 篇，核心期刊 178 篇。获省部级成果奖 6 项，厅局级成果奖励 15 项，申请专利 45 项，授权专利 34 项。

二、中医药实验动物事业发展的政策环境

（一）中医药科技政策上的支持和引导

国家中医药管理局对中医药实验动物工作的支持和引导，带动了各省中医药科技管理部门对实验动物工作的重视，给中医药实验动物的发展带了很好的政策环境。尤其，科技部“973”计划在“十二五”期间对中医理论基础研究的支持。通过中医证和病证结合动物模型达到提炼中医理论的根本目的。实验动物与动物实验在中医基础理论研究中成为不可或缺的实验材料和重要途径，真正确立了实验动物在中医理论基础研究中的地位。

1. 在中医药科研项目的立项和成果评价中，把实验动物作为基本条件

国家中医药管理局一方面要求中医药科研动物实验中，合理使用标准化的实验动物和动物实验设施条件，在中医药科研项目的立项和成果评价中，把实验动物作为基本条件。另一方面在中医药科技工作中强调实验动物的设施条件设施的重要性。促使各省中医药科技部门对中医药实验动物工作的重视。

2. 在中医药基础学科建设和三级实验室评估中，把实验动物作为必要条件

国家中医药管理局三级实验室、重点学科、重点研究室的申报把动物实验设施许可证作为必备条件等，使各省市的中医药科技部门把实验动物设施条件作为重点学、重点实验室、研究室、重点专科等申报的必备条件，大大提升了中医药实验动物行业的地位，引导了各中医药研究单位对中医药实验动物工作的重视，推动了各地的中医药实验动物条件建设工作。

3. 支持和鼓励使用中医证和病证结合动物模型进行中医药理论基础的研究

2005 年，科技部设立“973”中医理论基础研究专项，以提出中医基础理论的假说，通过临床和实验研究，支持临床有效，使中医基础理论得到提升。但研究者在研究过程中

往往侧重临床研究观察，对动物实验及选择动物模型重视不够。为此，国家中医药管理局在“973”计划中医理论基础研究专项评审过程中，专门邀请实验动物学专家参加，对项目申报或总结材料中对动物实验条件、动物等级、动物福利、选择的动物模型等的描述等内容进行评审。强调中医理论基础研究中要注重实验动物的质量和实验动物条件，也引起中医药研究者对实验动物工作的高度重视，有力促进了中医药实验动物学科的发展。

（二）对中医药实验动物学科的支持

1. 对中医药实验动物条件体系上的支持

2013 年国家中医药管理局专项设立“中医药实验动物条件体系建设”专项，专门研究讨论中医药行业实验动物工作现状，讨论如何促进中医药行业的实验动物设施建设，如何进行中医药动物实验的管理体系、技术体系、人才培养体系的建设，讨论“十三五”期间中医药实验动物工作的主要任务和主要目标，探讨如何进行中医证候和中医病证结合动物模型公共服务平台建设，实验动物工作如何为中医药研究提供服务。

2. 对中医药实验动物学科、实验室建设上的支持

国家中医药管理局积极鼓励中医药实验动物学进行学科和实验室建设，对中医药实验动物单位申报重点学科和三级实验室给予大力的支持，2009 年来列入国家中医药管理局的中医药实验动物学重点学科的单位 2 个、中医药实验动物三级实验室的单位 3 个。通过中医药实验动物学的学科、实验室建设，实验动物设施明显改善，技术队伍迅速发展，从业人员的学历层次和技术能力明显提高，有力地促进了中医药实验动物科技的发展。

3. 对中医证候动物模型和病证结合动物模型研究的支持

在 2005 年开始实施“973”计划中医理论基础研究专项中，使用中医证候动物模型研究开展研究的甚少，原因在于中医证候动物模型研究存在着实验动物的选择和造模方法不规范，重复率低等问题，严重制约了中医证候动物模型的应用。2009 年以来，国家中医药管理局对实验动物的设施条件建设和中医证与病证结合动物模型研究工作高度的重视，并鼓励中医理论基础研究专项使用高质量的实验动物进行中医证候动物模型和病证结合动物模型的研究，使近年来中医证和病证结合动物模型的建立和评价体系的研究有了较大的发展。

三、中医药实验动物事业主要成就

（一）中医药实验动物条件体系建设

1. 中医药实验动物专业委员建立和发展

中国实验动物学会中医药实验动物专业委员会（以下简称为专委会）由广州中医药大学实验动物中心主任邹移海教授在 2002 年发起筹备。经国家民政部批准，自 2008 年 4 月 26 日在北京正式成立以来，发展迅速，现有会员已达 200 多人。2011 年 6 月 11 日，专委会在广州举行全体委员会议。会议的主要议题是：①关于中医药行业的《医学实验动物学》教材主编和《实验动物学》主编邹移海的编写、出版汇报；②关于中医药实验动物工作“十二五”发展计划，包括“十二五”时期中医药实验动物发展面临的形势、指导思想、发展目标、重点任务以及政策与措施；③关于中国实验动物学会中医药实验动物专业委员会换届工作的设想。2012 年 11 月 12 日，专委会在广州举行常委会碰头会议。会议的主要议题是：①讨论决定结合广州中医药大学大学承办科技部“973”计划中医理论专题 2012 年度交流会议”开设中医药实验动物专委会的学术年会分会场，举行专委会换届选举；②讨论决定新一届专委会主任委员、副主任委员、秘书长、副秘书长、常委、委员名单，调整了部分单位的委员人数，并讨论了授予一些中医实验动物领域老专家荣誉称号；③讨论学术年会分会场的学术报告内容。2012 年 12 月 27 日，科技部在广州白云国际会议中心举行“973”计划中医理论专题 2012 年年度交流会暨专委会换届选举及学术年会，会议的主要议题是专委会举行了换届会议和进行专题学术交流。2013 年 7 月 26 日，第二届中医药专委会在杭州举行第一次常委会议，会议主要介绍了 2013—2014 年的工作计划、2013 年第六届中医药专委会科技交流会筹备情况讨论 2013—2015 年中医药实验动物条件体系建设的重点内容、启动制定“十三五”中医药实验动物工作规划的起草和前期准备工作、启动“中医证候动物模型公共服务平台建设”前期准备工作等方面。2015 年 5 月 8 日，《中医药实验动物条件体系建设》项目咨询会在杭州召开。会议的主要议题是：征询“十三五”期间中医药实验动物工作的主要任务和主要目标的建议，为制定中医药实验动物工作“十三五”规划提供依据和参考。征询参加“中医证候和中医病证结合动物模型公共服务平台建设”单位的基础条件要求，以及平台建设的主要内容、任务和目标要求；为申报科技部重大专项做前期准备工作。

2. 中医药实验动物和动物实验设施条件建设与发展

中医药实验动物和动物实验设施条件建设得到迅速发展，已形成了一定的规模；至 2009 年实验动物设施面积超过 2000 平方米的不到 5 家，而经过近年的发展，现有一定规模的 2000 平方米以上的动物实验设施已有 10 多家。中医药行业的动物实验动物设施主要是动物实验设施占极大部分，80% 以上的中医药院校和研究院所具有实验动物使用许可证，也有部分院校转基因小鼠生产设施，90% 以上的研究单位使用实验动物在持有许可证的单位进行。中医药行业的实验动物机构是以服务于中医药教学科研为主体，动物实验饲养设施设备条件大大提高，部分单位具有独立通风系统（ICV）饲养笼具，安装了先进的自动洗笼机、自动饮水系统、垃圾倾倒台和灭菌消毒设施，已达到国内外先进水平。近 5 年中，据不完全统计，中医药行业在动物实验设施建设中增加投入 17000 多万元，现有设施面积各超过 3.5 万平方米，动物设施基本设备空调系统与净化通风设备、高压消毒锅、环境监控系统、动物饮用水净化或灭菌装置、自动洗笼机等 5000 万元以上，饲养笼具等设备 3000 万元以上；而且天津中医药大学、江西中医药大学、河南中医学院等 6 所中医药院校共投入 20915 万元，正在建设动物设施 2.4 万多平方米。已列入计划建设的广西中医学院、甘肃中医学院、南京中医药大学等单位 6 家将投入超过 2.5 亿元，建设 3.5 万多平方米的动物实验设施。

各省市的中医药院校和研究院所的动物实验设施的功能特点有所不同，大多以本单位的中医药教学科研为需求，结合当地的社会环境条件进行定位，各具特色。有的以动物实验研究和动物实验技术服务为主体，动物实验仪器设备相对健全，管理体系较为灵活、实用；有的在动物实验设施运行中引入 GLP 的管理方法并采用信息化管理系统，动物实验服务的管理规范和效率大大提高；也有的以实验动物生产和动物实验并重，发挥自身的特长，使得中医药实验动物的设施条件得到快速发展。

在动物实验设施条件得到发展的同时，许多中医药院校和中医药研究院所对动物实验仪器设备也进行了大量的投入，不仅趋向于功能化，而且越来越重视动物福利，减少应激，提高中医药动物实验数据的可靠性等。在许多中医药院校和中医药研究院所的动物实验仪器设备也越来越先进，如 DSI 小动物心电血压遥测系统、EMKA 大动物无创心电血压遥测系统、Moor-DTR4 激光多普勒、BIO-Rad-Bioplex 液相悬浮芯片系统、Smart-MASS 小动物行为记录分析系统、小动物清醒状态肺功能仪、Odyssey 双色红外激光成像系统、小动物高频超声成像技术、小动物活体光学成像系统等在中医药研究中的应用越来越普遍。近 5 年动物实验设备总经费达到 9000 万元以上。

3. 中医药实验动物和动物实验机构的管理和运行

中医药实验动物机构的管理的规范性和运行的有效性明显提高，表现在一方面实验动物机构设置和管理体系越来越完善，在动物实验设施的运行机制上有一定的创新，另一方面管理的网络化和信息化，使中医药实验动物管理水平大大提高。现大部分的中医大专院校和研究院所的实验动物机构由单位主管领导或主管科研的领导负责，大部分中医药实验动物单位的动物实验机构有处级和科级设置（图 1），部分无级别的机构均属实验中心或校级研究院下属单位，对动物实验工作的开展和管理仍十分有利。大部分实验动物机构成了实验动物管理委员会或实验动物福利伦理委员会，大部分单位的管委会主任由单位主要领导或主管科研的单位领导担任（图 2）。

（1）中医药动物实验机构运行机制的探索取得较好的效果

中医药院校中动物实验机构运行机制进行了大胆的改革和探索，大部分中医药科研单位以动物实验委托饲养为主导，逐渐走向了集中管理、规范服务；并在运行机制上，进行成本的核算、合理收费、独立运行，避免无为的浪费，达到使用规范、管理规范、服务规范。中医药实验动物行业从要求各单位动物实验的集中统一饲养、规范管理，避免小而全的重复建设为出发点开始，已逐渐走上了中医药研究动物实验饲养和动物实验服务的规范化和社会化服务。并有部分中医药实验动物单位以社会需求为导向，积极开展产学研工作提高服务技术，以技术促进服务水平的提高，以服务反哺科研工作，提高科技能力，通过科研工作提高技术服务水平，提高服务质量，促进中医药实验动物科技工作的发展。

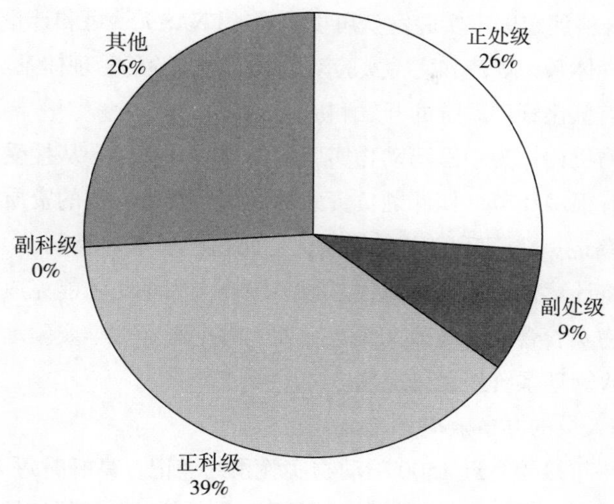

图 1　实验动物机构设置情况

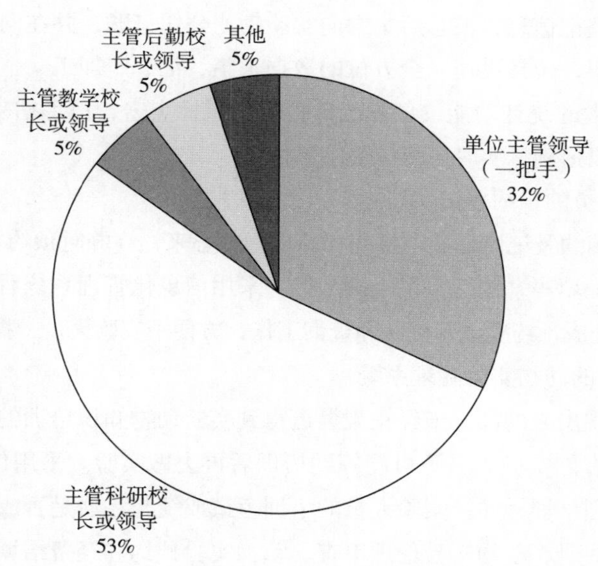

图 2　实验动物管委会主任担任情况

（2）中医药实验动物机构内部管理的规范性

大部分中医药实验动物单位在设施运行、饲养管理和动物实验操作等方面，建立了较完善的动物实验设施的运行维护，实验动物供应、动物实验的管理、实验动物饲养、动物实验基本操作技术等一系列的管理制度和操作规程，实现规范管理、规范服务。中医药实验动物机构管理体系越来越完善、制度越来越健全，越来越规范，管理流程越来越清楚、规定内容越来越具体，操作规程越来越详细、越来具有可操作性。有的动物实验机构的实验动物与动物实验的物品、饲养、项目、仪器设备、运行与维护等管理制度和 SOP 达到 310

份。也有通过中国合格评定国家实验室认可委员会（CNAS）认可和计量认证（CMA）等工作或引入 GLP 的管理体系，规范和完善实验动物和动物实验的管理体系。

（3）动物实验信息化管理系统的开发和应用

中医药实验动物机构作为中医药动物实验的公共服务平台，从接受课题登记到课题结束经费结算，中间有很多环节，如课题负责人的确认、实验人员的资质审查及注册、动物实验的申请、预约登记、登记后的修改及确认、课题伦理审查及批准、实验经费结算等。信息化技术的采用将计算机网络技术替代了很多传统上用手工才能完成的工作，实现了高度的智能化，使动物实验管理既高效又规范。如上海中医药大学实验动物中心率先在动物实验中实施动物实验管理系统信息化应用。

1）提高了管理人员的办事效率

实验动物中心每年接受有近 1500 项动物实验预约登记，高峰时每天来登记的达 30 余项，管理人员忙于应付各种咨询，解答各种问题，通知实验人员预定是否成功等，办事效率低下。有了动物实验管理信息化系统，实验人员可以远程登录，不必来接待室。管理人员可随时查询预约登记信息，汇总后集中向实验动物公司订购，并在网上通知订购是否成功，实现了高效办事，包括迅速、全方位的数据采集、汇总、加工、整合等，特别是信息化管理系统具有强大的统计功能，各种统计报表用鼠标点击，信手拈来，节省大量人力。工作的每一步都可以追溯，实时了解统计结果。

2）方便实验人员的预约登记

过去实验人员预约登记课题必须要到实验动物中心来，高峰时预约登记需要排队等候，预约登记表需要手工填写，接待室里人满为患。采用信息化管理系统后，实验人员可在自己办公室内就可以完成预约登记、确认和查询工作，方便了实验人员，提高了工作效率。

3）形成了完整的动物实验管理系统

过去对不断涌现出来的部分未经正规渠道得到实验动物知识培训的实验人员缺乏有效的及时培训手段，有的实验人员不可能等到培训后再去做实验。采用信息化管理系统后，实验人员能即时得到培训，并将实验人员的培训考试成绩与注册是否成功挂钩，形成课题负责人和实验人员注册、动物实验伦理审查、动物实验预约和经费结算等整合一起的完整动物实验管理系统，基本覆盖了作为动物实验服务平台的各个管理环节。确定以课题负责人作为注册对象进行管理，可有效防止动物实验后无人付费的现象。

4）实现动物实验管理的标准化，保证动物实验管理数据的真实可靠

在以往的动物实验管理的操作过程中，由于不同管理工作流程是由不同的人员负责，在操作过程中不能及时地将大量信息数据进行有效的采集、汇总、加工、整合等，因此容易造成工作的遗漏和差错，相关数据分散，难以查询和统计，更不利于加工、分析和处理等。

实现动物实验管理网络化管理后，首先能够将几套动物实验管理操作流程整合起来，形成了一个统一的数据库。通过产生每个合格的实验人员到产生每一个动物实验产生一张

电子订单的同时，完成了人员的培训和动物实验所需要的采购信息、实验特点、经费来源、经费结算等一系列重要信息的采集，避免重复性工作的同时减少了管理工作的遗漏率和差错率。其次由于系统自动培训、自动采集、统计、分析、处理等功能，可以很大程度上提高工作效率，从而减少了人力消耗。最后，通过信息化管理后，动物实验管理能够通过统一的模式和管理制度，按照标准化的模式运行，并且使采集到的数据更准确、更完整和更具有参考价值。

4. 中医药实验动物的学术交流和人才培养

（1）学术合作与交流

中医药实验动物专委会在筹备期间分别于 2002 年 12 月在广州、2004 年 6 月在兰州、2005 年 7 月在长春和 2006 年 8 月在杭州举办了四届中医药实验动物科技交流会。第一届专委会期间举办了一届，第二届专委会成立迄今，自 2013 年起，每年举办一届（表 1）。同时，中医药实验动物从业人员和动物实验技术人员也参加了中国实验动物学会和省地区举办的实验动物学术交流会，并参加了日本、欧洲等国际实验动物学术年会 10 多人次。这些学术交流会对促进中医药实验动物的发展起着重要作用。

表 1　2009—2015 年历届中医药实验动物科技交流会

届数	日 期	地点	承办单位	参加人数	论文征集数
第五届	2009.8.23—26	上海	上海中医药大学	160	94
第六届	2013.10.15—17	安徽黄山	安徽中医药大学	140	66
第七届	2014.8.16—19	吉林长春	长春中医药大学	148	65
第八届	2015.10.16—18	河南郑州	河南中医学院	85	45

（2）人才培养

许多中医药实验动物单位通过引进和培养，实验动物技术人学历层次、专业能力和技术水平均有很大的提高，已形成一个良好的人员梯队。在本科和研究生中设立实验动物学课同时，有条件的中医药院校已开展实验动物学方向的研究生培养，如浙江中医药大学设立“实验动物与比较药理”硕士点，设立了“比较医学创新团队”。各中医药实验动物单位注重实验动物从业人员的继续教育工作，参加各省举办的实验动物技术培训班，目前中医药实验动物从业人员已超过 300 人，具有上岗培训证人数占 75%。许多中医药单位的实验动物中心定期组织内部培训工作，并通过国内外的进修学习，提高技术队伍的素质。同时，通过中医药实验动物学的学科、实验室、平台建设，在中医药实验动物行业的技术队伍有了迅速的发展，从业人员的学历层次明显提高，技术队伍呈年轻化趋势，技术结构合理。现年龄 35 岁及以下点 45%，36 ~ 50 岁为 25%，而 50 岁以上 20%；其中高级职称人员占从业人员接近 20%，大专以上学历人员占 75%，其中具有博士硕士学位的人员占

35%。并且从近期调查的信息获得，绝大多数中医药实验动物机构有明确的人才引进和发展计划，其中 23 家中医药院校的实验动物机构在今后 3 ~ 5 年的人才引进和培养技术人员上，计划引进博士 20 人，硕士 56 ~ 59 人，本科 37 ~ 39 人，大专 29 ~ 30 人，大专以下 52 ~ 53 人，总数为 194 ~ 201 人，并培养正高职称 31 ~ 32 人，副高 61 ~ 63 人，中级 94 ~ 96 人，初级 55 ~ 56 人，其他 76 人。总体看在今后 5 年中医药实验动物技术队伍将大幅提高。

5. 实验动物学的教学和培训

（1）教学情况

教学时数不断增加，教学层次、授课学生数不断扩大。各机构对本科生开设实验动物学的专业主要有中药、中医、骨伤、针灸和临床医学专业。每年总授课人数为 6900 人，其中本科生 4462 人，研究生 2438 人。据调查，目前，全国 24 所中医药院校已经全部开设了《实验动物学》课程，多数学校的教学由高级职称领衔，教师编制得到了保证；教学对象为研究生和一些专业的本科生，课程学时数在 24 ~ 72 学时，各院校实验动物学教学的师资水平大幅提高（图 3）。

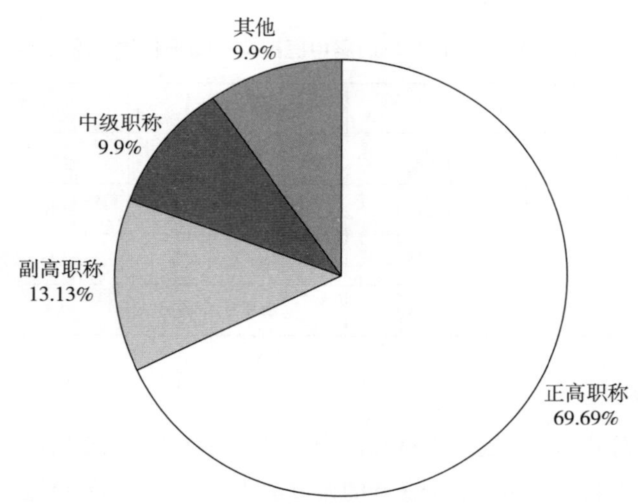

图 3　各院校实验动物学教员的职称情况

（2）培训情况

各省的中医药实验动物单位为提高中医药实验动物从业人员的专业素质，十分注重实验动物从业人员的培训，除参加各省举办的实验动物技术培训班和定期组织机构内部培训外，各单位发挥特长，对外开展实验动物饲养管理、动物实验技术等相关的培训工作，培训人次达 1200 人次。2012 年 5 月 10 日，为配合《医学实验动物学》教材的使用，在上海中医药大学召开《医学实验动物学》编委会第 2 次会议暨师资培训班，培训班参加人数 23 人。培训班主要内容：新国标和法规与实验动物学教学、大小鼠辨证论治方法介绍、转基因技术研究进展及遗传工程小鼠品系的建立，参观上海市南方模式动物中心、观摩小鼠胚胎操作。2013 年 5 月 23 日，在上海中医药大学举办第 2 期师资培训班《医学实验动物学 · 大小鼠辨证论治方法学》。培训班参加人数 19 人。培训班主要内容：理解和掌握大小鼠辨证论治方法学，大鼠 / 小鼠四诊信息采集示范及操作实训，大鼠 / 小鼠四诊信息计算机数据处理、辨证及疗效评价。2009—2014 年浙江中医药大学动物实验研究中心每年定期举办医学动物实验技术培训 2 ~ 3 期，每期参加 70 ~ 100 人次，培训人员达 1000 多人次，且在 2013 年 7 月 15—18 日举办的"动物实验与动物福利新技术"培训班，培训班参加人数 35 人。培训班主要内容：①动物实验影响因素分析：动物实验影响因素概论、存在问题、解决方法。②动物实验与动物福利技术：实验动物福利意义、现状、发展趋势；动物福利中的相关技术对实验结果的影响；常规动物福利操作技术。③动物生理学等测试技术：大小动物无创遥测技术、清醒状态下动物肺功能测试技术、呼吸麻醉技术、基于悬液芯片系统的检测技术等。 2014 年 9 月 18 日，广州中医药大学举办了"中医药实验动物管理培训班"。培训班参加人数 120 人。培训班主要内容：实验动物及动物实验的相关法律法规；动物实验室的管理规范；实验动物设施的节能设计；实验动物的福利及伦理审查表设计；实验动物生产过程中质量的控制；⑥实验动物基本设施、设备介绍，并参观香港中文大学实验动物设施。

（二）中医证和病证结合动物模型的研究和应用

1. 中医证候动物模型建立和研究

中医证候动物模型是在中医整体观念及辨证论治思想的指导下，运用藏象学说和中医病因、病机理论，把人类疾病原型的某些特征在动物身上加以模拟复制而成，且具有与人体疾病症状和病理改变相同或相似证候的动物。中医肾虚、脾虚、血瘀动物模型体系的建立，奠定了中医证候动物模型的基础，同时对中医药基础理论的阐明和更新，新药的开发和研究，产生了重要的影响。纵观中医动物模型的研究方法，一般根据中医病因病机、西医病因病理和病证结合研制动物模型。"血瘀证"动物模型的成功就在于大量的临床医学研究阐明了瘀血证的血流变和血流动力学的特点和实质，即血瘀证表现的"浓、黏、凝、聚"。通过观察动物行为学表现及舌质变化并进行量化分析，发现模型动物部分病理改变与中医理论认识有相似之处；以腺嘌呤和盐酸乙胺丁醇制备高尿酸血症大鼠模型，得出"瘀血"是腺嘌呤和盐酸乙胺丁醇制备高尿酸血症大鼠模型主要的中医证型特点。CNKI 数据库文献检索，1977—2015 年 8 月涉及"中医证"与"动物模型"研究文献 2017 篇。并发现从 1986 年之前每年报道数量均少于 10 篇，1986 年起急剧上升；并在 2005 年以后出现新的飞跃，且 2017 篇文献分布主要以中医学、基础医学、中药学等 32 个学科（图 4）。可见，中医证候动物模型研究已被广泛关注和应用到研究使用之中。

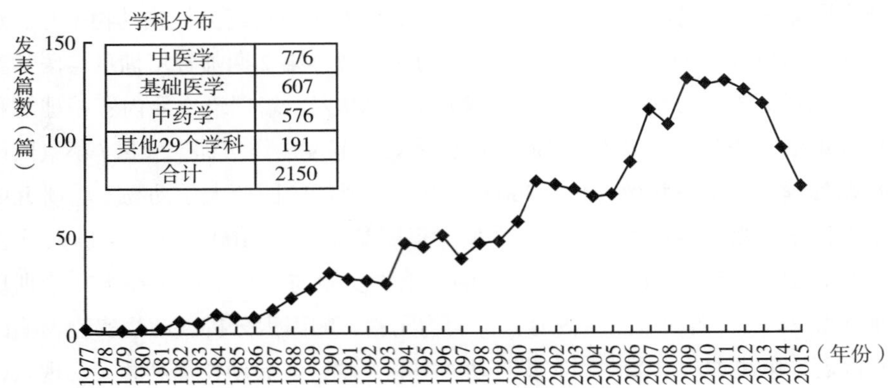

学科分布	
中医学	776
基础医学	607
中药学	576
其他29个学科	191
合计	2150

图 4　中医证候动物模型文献年发表量曲线图

另回溯 2000 年前中医证候动物模型以单证或两证为主，如“阴虚证”、“阳虚证”、“脾虚证”、“湿热证”、“湿阻证”、“血瘀证”、“厥脱证”、“血虚证”、“肝郁证”、“寒证”、“温病证”、“水停证”、“痰证”、“热毒血瘀证”、“寒凝血瘀证”、“肝阳上亢证”、“里实证”等，其造模思路和方法基本上分为两类，一类是以中医病因病机学说为指导，选择符合中医致病因素的造模方法。如热性中药致阴虚模型、苦寒泻下致脾虚模型、房劳过度致肾虚模型、睡眠剥夺致心虚模型等，另一类是利用西药的某些作用为诱发因素，如氢化可的松、地塞米松致阳虚模型，甲状腺素、利血平致阴虚模型、CCl_4 致干预脾虚模型等。此后随着中医临床研究深入和临床病证形成原因的非特异性，如一种病因可致多种病证，也有多种病因可致同一种证，由此形成的新型中医特色理论和各种复合因素的模型也相继出现，如：痰瘀互结证、消渴证、阴虚火旺证、气虚血瘀证、脾胃虚寒证、气虚痰浊证、燥证、肝郁脾虚证、心血瘀阻证、气虚痰毒证、痰热互结证、风寒湿痹阻证、湿困脾胃证等，这些中医证候动物模型的建立不仅加快了中医理论辩证关系探讨和药物疗效评价步伐，同时也大大推动了中医药实验动物学科的发展。

2. 病证结合动物模型的研究和应用

病证结合动物模型主要是指在模型动物身上同时具有疾病和证候的特征，可供观察。其特征是通过临床调查研究，选择有密切联系的疾病和证候，即找出两者在临床上的结合点，分别或同时复制疾病与证候动物模型。病证结合动物模型研制成功与否，归根结底要看造模动物与临床辨证的吻合程度。

现代医学对疾病的认识较为客观、全面，能够从总体上把握疾病的特点和规律；而中医的疾病名称很多情况下与现代医学的症状名称相同，难以从整体上掌握疾病的特征。证是病变的瞬间病理特征，其本质就是与之相关的病理过程所包含的机能、代谢和形态结构的异常变化。因此，绝大多数学者较为认同现代医学的“病”结合中医的“证”。为适应中医临床辨病辨证相结合的实际，建立病证结合动物模型受到关注并成为中医药实验动物模型发展的新方向。基于 CNKI 数据库，用“病证结合”合并“动物模型”或“病证结合”合并“模型”

作为主题，检索时间从1977年至2015年8月，共检索到392篇文献。发现2000年前仅出现零星的报道，2000年起开始上升；并在2009年以后出现明显的跨越，且392篇文献分布在基础医学、中医学、中药学等17个学科（图5）。自2009年以来，已建立类风湿性关节炎脾虚证病证结合动物模型、肾虚痹证类风湿性关节炎病证结合动物模型、骨质疏松症脾肾两虚型病证结合动物模型、中风病证结合动物模型、糖尿病病证结合动物模型、肝纤维化病证结合动物模型、血瘀证病证结合动物模型、妇科病证结合动物模型、肺癌病证结合动物模型、胃溃疡病证结合动物模型、非酒精性脂肪性肝病病证结合动物模型、风性关节炎湿热证病证结合动物模型、老年性痴呆病证结合动物模型、银屑病脾虚证豚鼠模型、脾肾阳虚慢性咳嗽大鼠模型、痰瘀互结型卵巢囊肿动物模型等等各种病证结合动物模型80多种。

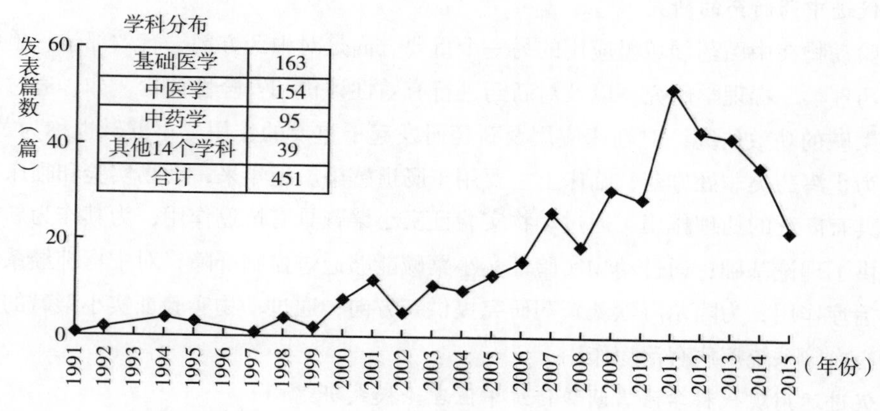

图5　病证结合动物模型文献年发表量曲线图

中医病证结合动物模型的建立已成为中医基础研究的热点，已被视为实现中医药规范化，客观化乃至科学化的重要环节。中医动物模型研究不仅有利于深化对证候生理、病理的认识，发展中医的病因、发病以及病机理论，而且成功的证候动物模型必将推动中医药实验科学的全面发展，大大加快中医药药理学、治疗学等多学科的进步和中医药国际化进程。2015年刘建勋主持的"源于中医临床的中药药效学评价体系的构建与应用"获国家科技进步奖二等奖，该项目制备了与中医临床接近的动物模型11种，创建了动物模型中医证候评价的3种新方法。其中首次建立小型猪高脂饮食加介入冠脉内皮损伤"痰凝血瘀证冠心病"病证结合模型及慢性心肌缺血模型，冠脉介入自体血栓法制备小型猪和犬心肌缺血模型、电刺激猪和犬冠脉血栓形成诱发心梗模型等，提出了"疾病动物模型拟临床研究"的概念，建立了完整的研究思路与方法，使中药药效学研究更接近临床。刘建勋撰写的"病症结合动物模型拟临床研究思路与方法"论述的中医"拟临床"病证结合动物模型的研究思路和方法结合了现代医学对疾病病理生理过程的认识，采用多因素、多靶点的方法干预模型动物的生理过程，达到疾病与对应证候统一的目的，引领了目前病证结合动物模型研究发展新的方向。

（三）使用动物实验研究手段，促进中医药科技创新的发展

动物实验可以通过技术手段向人们展示客观、详实的数据，进而揭示事物的本质，极具科学性。如果中医药能够科学合理地运用现代实验方法，利用动物和人所具有的生理、病理共性，模拟中医病因病机理论，建立动物模型，则可以从现代组织学、细胞学、分子学等各个层次揭示中医理论的实质，为中医理论实践提供科学依据，使之被现代医学界认同，加速实现中医药现代化，进一步促进中医药科技创新的发展。动物实验促进中医药科技创新发展主要体现在促进中药新药的研究，促进运用现代科学语言阐释传统中医理论模型研究，促进中医药治疗、疗效机理的研究和中西医结合治疗研究等三方面。

1. 促进中药新药的研究

实验动物在中医药领域里应用的另一个重要方面是对中药方剂、有效部位、单体等进行现代药理学、毒理学研究，以及对新药进行有效性评价和安全性评价。如，通过动物实验对小檗碱的功效研究，对临床应用及新药研发起了重要的作用。小檗碱也称为黄连素，小檗碱为止泻药类非处方药，临床上主要用于肠道感染。近年来，动物实验和临床研究发现，其具有广泛的药理作用，通过动物实验证实小檗碱具有抗癌作用，为其作为新的抗癌药物提供了理论基础；通过动物实验证实小檗碱能够通过血脑屏障，对中枢神经系统性疾病起到治疗作用，为阿尔海默茨新药研究提供新方向；通过动物实验证实小檗碱的降脂作用，对心血管系统疾病有治疗作用 。

2. 促进运用现代科学语言阐释传统中医理论模式研究

中医理论是祖国医学的精髓，覆盖广泛的内容，它把古代的哲学观、道德观、自然常识观应用于人体，并通过长期的观察总结，而形成的系统化、条理化，可重复的理论。阴阳学说、五行学说、脏腑经络学说、整体观念、辨证论治等是传统中医理论的基本构成条件。由于中医的长期发展是以小生产方式的形式向前缓慢递进的，使得中医理论的发展出现了不同的分支，如“六经辨证”、“金元四大家”、“卫气营血辨证”、“三焦辨证”，但这些不同的分支理论体系，都是源于《黄帝内经》这一中医理论模型。动物实验、动物模型作为中医学研究的现代研究方法之一，其意义不仅仅是作为研究的手段，更重要的是为中医学带来理性的生物观，使中医学的“人”回归生物界，中医学成为建立的现代生物学基础上的中医学。

（1）从动物实验研究阐述中医脏腑理论

脏腑兼病症动物模型目前主要有肝郁脾虚证、脾肾阳虚证、少阴病心肾阳虚水停证、“肺与大肠相表里”理论等动物模型的研究。这类研究为脏腑兼病学说的发展开辟了一条新路。例如，湖南医学院第一附属医院中医基础理论研究室科研人员建立肝郁脾虚证动物模型：肝郁脾虚证是指肝失疏泄、脾失健运所表现的证候，临床上又称肝脾不和证。另，张永华等建立肾阳虚证动物模型：脾肾阳虚证是指脾肾阳气亏虚，温化失权，表现以泄泻或水肿为主症的虚寒证候；龙新生等建立阴病心肾阳虚水停证动物模型：心肾阳虚证是指

由于心肾阳气虚衰，温运无力致血行瘀滞，水湿内停所表现的虚寒证候；韩国栋等建立“肺与大肠相表里”理论动物模型：肺与大肠是通过经脉的络属而构成表里关系，肺气的肃降，有助于大肠传导功能的发挥，大肠传导功能正常，则有助于肺的肃降，此理论对指导临床实践有重要价值。

（2）动物实验研究探讨“肺与大肠相表里”理论

“肺与大肠相表里”是脏腑表里相合理论代表性内容，肺与大肠的相互关系，不仅通过经脉的络属得以体现，同时在生理、病理上形成了一种密不可分的依赖关系，而且在长期的临床实践中得到充分证实。程静等建立肠燥伤肺模型大鼠模型，以检测“肺系”、“肠系”生理功能为主要切入点，选择反映津亏对肺、大肠生理功能影响的相关指标，并运用增液承气汤对该大鼠模型进行干预。动物实验研究结果提示肺和大肠在津液的生成、输布和排泄中起了重要作用，津液是维持“肺与大肠相表里”力的重要物质之一，津液亏虚是导致病变由肠及肺的主要原因，其病理过程是肠燥津亏、腑气不通，进而加重肺生理功能失常；水通道蛋白-1，3（AQP-1，3）在肺和大肠津液代谢中起重要作用，在津液亏虚状态下，肺与大肠组织中的水通道蛋白含量降低，可能是肺与大肠相关性的生物学基础之一；P物质、VIP可能是肠病及肺这一病理过程的启动因子之一。通过动物实验不仅证实了“肺与大肠相表里”理论，还提供了实验依据。

（3）动物实验研究探讨“外寒伤肺”理论

寒邪是六淫之中常见的致病因素。寒邪由外而入者，称之为外寒。外寒易伤肺致病，《黄帝内经》中有“形寒寒饮则伤肺”、“肺恶寒”等经典理论。陈会敏等在中医学病因病机理论的指导下，在对寒邪进行理论回顾基础上，模拟温度、时间等作用因素，制作外寒伤肺的动物模型，以肺脏作为研究的靶器官，观察六淫寒邪对小鼠肺脏通调水道、卫外等机能的影响，并通过检测肺部AQP-1、BAFF、NF-κB表达的改变，探讨寒邪伤肺的可能分子机制，为六淫寒邪病因病机理论提供客观的科学实验数据。结果发现外寒破坏小鼠肺脏的卫外功能，侵入机体，损伤肺脏，触发机体的获得性免疫，使抗体的分泌增加，其作用机制是通过上调BAFF的表达激活NF-κB信号通路。采用甘草干姜汤加麻黄治疗后，4℃ 7天药物治疗组和0℃ 7天药物治疗组小鼠肺部病理改变明显减轻，AQP-1表达增加。这项研究结果为“外寒伤肺”理论提供了实验依据。

3. 促进中医药治疗、疗效机理的研究和中西医结合治疗研究

中医药动物实验研究的目的在于提高临床疗效，促进中医药的发展，中医动物模型是中医临床理论形成、发展、诊疗水平提高的内在动力。众所周知，在研究中医模的过程中，肾虚模型是建立最早的中医动物模型，“脾虚”模型和“血瘀证”模型是造模方法最多的证候模型。“脾虚”模型的造模方法及检测的多项客观指标，以及由脾虚导致的动物模型功能代谢的变化和胃肠的病理损伤，为临床脾气虚、脾不统血证候理论的深化提供了条件；现今社会，工作压力、药物滥用、环境污染、噪音以及老龄化等所导致的各种慢性疾病和死亡率较高的心脑血管病、恶性肿瘤等，严重的考验着医学的发展，特别是中医所面临的挑战，中医必须对这些疾病进行研究，建立新的临床理论指导临床实践。而中医对肾虚模型的建立，在这方面已经做了大量的工作，多种肾虚模型的建立方法把压力、噪音、污染与中医的证结合起来，丰富了中医病因学，使中医治疗现代新生的疾病有了理论基础，同时也为中医药新的学说提供了依据。

以动物实验研究手段，还能促进中医药治疗、疗效机理的研究和中西医结合治疗研究。如类风湿关节炎（RA）是一种由自身免疫障碍引起免疫系统攻击关节炎的长期慢性炎症，此炎症会导致关节畸形，甚者致残。随着有关类风湿关节炎发病机制研究逐渐深入，颇多学者试图通过实验研究以探寻中医药治疗 RA 的可能机制。董文娟等观察穿山龙总皂苷对胶原诱导关节炎大鼠滑膜血管内皮生长因子、血管生成素 2 及其受体 Tie-2 的影响，发现穿山龙总皂苷可能通过降低滑膜血管内皮生长因子 mRNA、血管生成素 2 及其受体 Tie-2 的表达，抑制滑膜血管新生，从而对类风湿关节炎发挥治疗作用。邹君等观察赤雹根总皂苷（TSTR）可使佐剂性关节炎（AA）模型大鼠血清骨保护素（OPG）水平明显下降，核因子 -κB 受体活化因子配体（RANKL）水平明显升高，OPG/RANKL 比值明显下降，结果证明 TSTR 可能通过影响 OPG/RANKL 系统而对破骨细胞功能产生影响，从而防治骨破坏。孙响波等观察到马钱子配伍苏木能显著降低 AA 大鼠滑膜中 IL-1β、IL-6 的含量，且能升高 AA 大鼠滑膜中 IL-10 的含量，结果显示马苏配伍对 AA 具有明显的抗炎作用。慢性阻塞性肺疾病（COPD），是一种具有气流受限特征的慢性气道阻塞性疾病，近来中医药治疗 COPD 取得了较好的疗效，对其作用机制实验研究也延伸到了细胞、分子水平。Yang L 等观察发现补肺益肾方能明显改善 COPD 大鼠肺功能和组织形态，并进一步用 HPLC QTOF/MS 代谢组学分析补肺益肾方对 COPD 大鼠的作用机制，显示补肺益肾方通过三种代谢途径起到治疗作用。在此基础上，Tian Y 等研究发现补肺益肾颗粒和穴位贴敷均对改善稳定型 COPD 大鼠的肺功能和病理形态有效，但两者联合使用的作用效果明显优于单独使用效果。另外，Dong Y 等观察发现补肺健脾颗粒能改善 COPD 大鼠骨骼肌和线粒体功能紊乱，降低细胞凋亡。如 Bnip3 和 Cyto C 同时其作用优于氨茶碱组。在中西医结合治疗方面，如研究慢性肾功能衰竭的治疗中有研究表明黄芪注射液还可以通过恢复肾组织 BMP-7 表达，降低肾组织 CTGF 过度表达等机制保护糖尿病肾脏。王成章在现有西医常规治疗及注射 E1 前列腺素基础上，加用黄芪注射液，疗效有所提高。

（四）使用动物实验研究手段，促进中医药基础理论和中医药基础学科的研究

1. 实验动物用于中药配伍及方剂的研究，通过动物实验，研究中药与复方的疗效、生物效应，以及中药的配伍和方剂的作用原理

中药复方配伍规律是中医复方的关键，多数中药复方配伍都是关于配伍、化学成分变化、药效三者之间的关系展开。中医药理论对配伍规律具有指导作用，其中理论研究占据绝大部分，而关于复方配伍的研究，在药理学、药物效应学、药代动力学等方面的研究也有增长，正交设计、均匀设计、关联分析、聚类分析等数据挖掘技术的文献报道开始增

多。如今，大部分实验是对药物配伍以及不同剂量配伍的研究，查找药效增强或减弱，以确定最适宜的药物配伍和剂量配伍关系。在一定范围内，药味剂量的变化可能不会导致药效的改变；但在更多的情况下，不同的剂量配伍将会导致其理化性质的改变，从而导致复方功效强弱、性质方面发生变化，甚至产生新的化学成分。

（1）实验动物在中药复方配伍规律中的研究应用

动物实验进行药物配伍以及不同剂量配伍的研究，查找药效增强或减弱，以确定最适宜的药物配伍和剂量配伍关系。利用实验动物模型，将君臣佐使的中药配伍原则进行研究，能揭示全方给药的科学性与配伍给药的合理性。例如，根据组方的疗效进行研究，甘贤兵等使用戊四唑(PTZ)点燃大鼠模型，采用行为学方法，观察草果知母汤加减方及其拆方对PTZ点燃大鼠的影响，结果显示调理脾胃气机组、清肝敛肝和清心开窍组效果显著，但仍以全方效果更佳。根据药对进行研究，如黄芪当归两药均能抑制博来霉素诱导的肺纤维化，而作为药对配伍给药时，抑制肺纤维化的作用增强。

（2）利用实验动物研究中药复方多靶点、整体性作用机制

借鉴现代医学的动物模型，可根据中药自身的特点，结合病因病机，建立能体现中医辨证论治的特点和体现现代医学疾病理论相结合的病证结合动物实验模型，进行中药复方的各单味药化学和药理学研究，结合中药的药性与功效，可揭示中药复方与病症相关的多向性、多样性、多靶点的药效作用谱、作用特点、作用机制。以中医和现代医学理论相结合为指导，通过病证系统建模和功效评价，运用传统和现代研究手段，可构建中药复方新药药效评价的综合研究模式和评价体系。Zhao Y等利用自然衰老小鼠，通过尿液代谢组学分析，研究二至丸对内源性代谢产物的影响，结果二至丸组与空白对照组相比，小鼠尿液代谢物共有36种发生改变，二至丸长期给药对自然衰老小鼠的内源性物质有影响，能从提高机体免疫、调节神经功能、调整内分泌、促进物质代谢、抗氧化作用、清除自由基等多层次、多途径、多靶点的延缓衰老。王广基等利用自发性高血压大鼠模型(SHR)，针对人参总皂苷的调节血压作用及对抗高血压所致心血管病变的整体药效作用与潜在作用机制进行了代谢组学与经典药效学的结合性研究。结果表明经典的化学降压药对SHR大鼠的降压幅度明显强于人参总皂苷，人参总皂苷降血压作用平缓、停药后血压上升缓慢，呈现持久的后续降血压效果，还能起到一定保护心脏、肾脏的作用；通过分析人参总皂苷和四种化学药调节SHR内源性小分子化合物的数据，发现西药对整体代谢组学及内源性小分子的调节作用均比人参皂苷弱，研究结果反映出血压指标与代谢组学指标之间存在不一致的现象，血压是个体所表现出的外在指标，而代谢组学所测定的对象是内源性物质，反映了机体内在指标，是疾病内在本质问题的直接表现，因此可能更准确地反映了疾病的本质状态；代谢组学研究还发现多个与高血压疾病有关的生物标志物，这些化合物不仅是疾病发生发展的内在表现，也可能是整体药效评价的关键，说明代谢组学能从整体和单个化合物两个方面动态地反映疾病发展引起的内源性物质变化；研究采用与多个靶点明确化学药物的代谢组学比较，通过不同靶点干预后相应的生物标记物群谱的比较分析，初步揭示

了人参总皂苷多靶点作用机制及相比于经典化学降压药物的整体药效作用优势。

（3）实验动物用于中药的“十八反”、“十九畏”等配伍禁忌的机制研究

通过大量的动物实验研究证实中药的“十八反”“十九畏”等配伍禁忌及其产生毒性的机制，如王艳丽等以动物死亡数为观测指标，采用均匀设计结合动物急性毒性的实验方法，结果显示藜芦和细辛配伍后产生毒性。随着藜芦剂量增加，细辛的毒性随之增加，提示毒性的增加不是由于混煎过程中的理化性质的变化，而可能是药物进入动物机体后产生相互作用的结果。进而在 mRNA 水平、蛋白表达、酶活性水平上验证了藜芦和细辛可能存在基于药物代谢酶机制的药物间相互作用。又如，曹琰利用动物模型研究了海藻 - 甘草合用的毒性机制，发现海藻 - 甘草合用可导致大鼠血中乳酸脱氢酶和羟丁酸脱氢酶含量升高，病理组织检查显示心肌炎性病变，谷草转氨酶升高，肝脏点状坏死；肌酐含量升高，病理组织检查显示肾脏间质性炎；氯离子与正常组相比显著降低；综上，海藻 - 甘草反药组合会导致体内电解质平衡失调，海藻 - 甘草反药组合在大鼠体内的毒性靶器官为心脏、肝脏和肾脏。海藻 - 甘草组使得大鼠体内钠离子、氯离子和镁离子含量显著升高。提示两药合用会导致体内电解质代谢平衡失调，这可能是海藻与甘草相反的可能机制之一。

2. 实验动物用于脏腑理论的研究，以实验动物为对象，研究传统中医理论，脏腑核心理论的科学内涵

中医基础理论的发展必须在充分依靠临床实践、全面传承中国传统医学精髓的前提下，应用动物实验等现代科技研究手段推动中医药的现代化。中国自 2005 年在“973”计划中设立中医理论基础研究专项以来，在重大中医理论基础研究方面大大加强了支持力度。从既往申报的项目看，涉及动物实验的内容比较多，且呈现上升趋势。

“脏腑经络阴阳表里”是中医经典的脏腑理论，张晓钢利用雌性 SD 大鼠作为实验动物，使用代谢笼式可变氧饲养箱控制大鼠呼吸环境的氧浓度，使用代谢笼控制和测量大鼠食水代谢（尤其是进食量与进水量），并设立正常对照组、高氧组、低氧组、饥饿组、饥渴组等 5 组动物模型。使用苏木精 - 伊红（HE）染色大鼠肺肠组织切片，使用动物肺功能监测分析系统测量大鼠肺功能（FVC），使用碳末阿拉伯胶注入回盲部的方法测量大鼠肠推进功能，使用酶联免疫吸附法（ELISA）检测大鼠各种组织（肺、空肠、回肠、结肠、直肠、肾、膀胱等）内细胞膜通道蛋白（AQPl、AQP3、Cav1、Cav3 等）的含量。发现肺主要与回肠、结肠存在一定的联系；此外，还证明了“肺与大肠相表里”主要体现在肺与回肠在各种生理病理变化时的相关性；尤其是饥饿、低氧状态下，关系更为密切。倪新强通过将 SD 大鼠体外直肠不全结扎建立肠源性肺损伤模型，并使用泻肺平喘灵灌胃。结果发现泻肺平喘灵通过降低模型动物血清中 ET、TNF-α，降低肺组织中 MDA，降低肺泡灌洗液中总蛋白，增加肺泡灌洗液中磷脂含量，从而保护受损的肺组织。这些动物实验对传统理论“肺与大肠相表里”在临床中的应用具有重要指导意义。

同样，通过动物实验，可以帮助人们用现代的科学手段去验证中医经典理论。金凤等利用肩关节离断术、抬高食物和水的方法诱导大鼠直立，制备大鼠直立模型。9 周后以 X

线片、血糖浓度、体重、肾组织形态为指标，观察腰椎变化对肾脏的影响。结果大鼠直立后出现下腰椎间隙变窄，椎体前缘出现唇缘样增生。大鼠直立后腰椎的变化可引发肾组织病理改变，恢复体位后有所改善，因此腰与肾关系密切，用现代实验方法验证了"腰为肾之府"中医理论。

3. 以实验动物为对象，进行针灸理论基础研究

针灸作为中医药学的重要组成部分，以其独具的特色和优势成为弘扬中医药文化的代表，五千年来，为中华民族的繁衍健康做出了卓越贡献。但我们也清楚地看到，针灸基础研究与临床应用之间存在脱节，基础研究成果转化到临床应用的成果很少，也很难转化成防病、治病手段，越来越引起学者的关注。实验动物研究在促进针灸普及方面发挥了巨大作用。目前研究发现针灸具有镇痛、促进伤口愈合、增强机体免疫力、促进生殖健康等作用。Takeishi K 等发现针灸能改善失眠，采用针灸针刺微型猪头部的大风门穴（类似人类百会穴）和背部的百会穴，结果表明深刺微型猪的大风门穴能显著改善失眠和尿液中儿茶酚胺含量。另有通过鼠、兔等高血压动物模型进行研究发现针刺可以通过调节延髓腹外侧心血管副交感神经的神经元活性，影响下丘脑降钙素基因相关肽及脑内谷氨酸、乙酰胆碱、阿片样物质、八肽胆囊收缩素、γ-氨基丁酸、孤啡肽、5-羟色胺、一氧化氮（NO）和内源性大麻素等表达水平来实现降压。Li J 等报道电针能明显降低胶原诱导类风湿性关节炎大鼠模型的关节炎指数、IL-1β、IL-6、IL-8、TNF-α 和 NF-κB 表达水平，表明电针减轻胶原诱导关节炎疾病是通过抗炎 NF-κB 途径介导的。Liang Y 等采用脊神经（SNL）结扎建立大鼠神经性疼痛模型，研究发现电针刺激能减轻 SNL 诱导的神经性疼痛，其部分作用是抑制脊髓胶质细胞的活化。此外，抑制脊髓小胶质细胞和星形胶质细胞的激活可有助于电针镇痛作用的即时效应和维持。Zhao Lan 等通过针灸对血管性痴呆大鼠的实验研究表明针灸能改善认知障碍，增加己糖激酶、丙酮酸激酶、磷酸葡萄糖脱氢酶的活性，针灸的抗痴呆作用也许是参与上调了这些酶的活性，影响能量代谢系统，从而克服 MID 的认知功能障碍。方剑乔等研究团队借助 Beagle 犬研究经皮穴位电刺激（TEAS）复合药物全麻行控制性降压处理，结果发现 TEAS 复合药物全麻控制性降压能明显缩短犬血压回升时间和苏醒时间，并对犬脑、心、肝、肾、胃等有保护作用，该研究成果已被广泛推广到临床应用中，且获得 2014 年中国针灸学会科学技术奖一等奖。穆祥等也在小型猪上进行了循经低阻线的观察和循经皮肤微血管分布等实验。这些成果均表明实验动物对针灸经络疗效作用和病理机制研究中起着重要的支撑作用。

（五）中医药实验动物学科的建设和发展，促进中医药科技事业的发展

1. 中医药实验动物学科的发展，为中医药研究提供了技术支持

随着中医药院校和研究院所的教学科研工作的发展，中医药实验动物学从零开始逐渐发展成为一门应用性的基础学科。即：以中医药理论为基础，将实验动物学的理论和方法应用于中医药研究的基础学科。2013 年浙江、河南等两个单位申报了中医药实验动物学

重点学科，并已列入国家中医药管理局“十二五”中医药重点学科的建设单位。通过对实验动物的体质特征、中医药动物实验模型、比较中药药理学以及中医药动物实验的方法学研究，建立适合中医药研究的动物实验新技术和规范，为中医药科技研究提供技术支持。

随着中医药实验动物科学的发展，一方面，实验动物质量的提高和动物实验的规范化管理对提高中医药动物实验结果的可靠性和重复性起到重要作用，实验动物资源的品种多样性也为中医药研究提供丰富的实验材料；另一方面，新型的动物实验技术和方法在中医药科研中的应用，促进了中医药科研的发展。

2. 中医药科研活动的公共的基础平台

中医药实验动物学是发展中医药科技的重要基础和条件。随着中医药科技的发展，中医药的研究对实验动物和动物实验技术的依赖和需求越来越大，对规范化程度要求越来越高。动物实验设施是中医药科研活动的公共的基础平台。近 5 年，中医药实验动物和动物实验设施条件建设得到迅速发展，动物实验饲养设施设备条件大大提高，部分单位达到国内外先进水平，在动物实验设施条件得到发展的同时，许多中医药院校和中医药研究院所对动物实验仪器设备也进行了大量的投入，不仅趋向于功能化，而且越来越重视动物实验过程中的福利问题和应激问题，配置新型的先进的动物实验仪器，为中医药研究提供良好的实验条件。据统计 23 家中医药实验动物机构在 2014 年提供动物实验代饲养服务 2657 项。

3. 现代化中医药人才培养的基础平台

无论是中医学理论的发展和创新，还是中医临床疗效的肯定和展示都离不开科学实验。动物实验是中医药基础理论现代实验方法的重要部分；通过动物实验使传统中医药理论与现代医学的实验方法有机的结合，实验动物和动物实验设施条件也是现代化中医药人才培养的基础平台。通过动物实验传授中医药知识是中医学教学的基本手段，动物实验在中医药教学中的重要环节，现全国 24 所中医药院校已经全部开设了《实验动物学》课程，各机构对本科生开设实验动物学的专业主要有中药、中医、骨伤、针灸和临床医学专业。每年总授课人数为 6900 人。同时还开展中医药科技人员的动物实验的培训工作，包括实验动物生物学基础知识和实验技能。现中医药的研究生毕业论文课题涉及动物实验的占 60% 以上，研究工作需在动物实验设施中完成。

四、中医药实验动物事业发展的机遇和挑战

中医药科技的发展和实验动物在中医药领域中的应用取得的成就，为中医药实验动物的科技发展带来了发展机遇。通过动物实验研究手段，不仅加快了中药新药的研发进程，也促进中医药基础理论和中医药基础学科的研究，尤其以实验动物为对象，研究中药与复方的疗效、生物效应、中药的配伍和方剂的作用原理，研究传统中医理论，脏腑核心理论的科学内涵，研究针灸疗效、生物学基础和作用机制等。而中医病证结合动物模型的应用

促进了中医药研究的客观化、规范化和科学化。越来越多的中医药科技术工作都认识到实验动物在中药药效评价、毒副作用预测、药物代谢分析，以及药物作用机制的研究、在中医药疗效研究和中医药基础理论研究、针灸医治疗效研究和疗效机制研究等方面发挥了不可或缺的作用。这些成就确立了实验动物在中医药研究中的重要地位。

国家对中医药事业发展的高度重视和对科技事业的投入，给中医药实验动物工作带来了良好的发展机会。但随着中医药科技的发展，中药新药研究发开对实验动物的质量要求和动物实验管理的规范化要求越来越高，中医药疗效和中医理论研究对实验动物的需求量也越来越大，对中医药实验动物工作提出了更高要求，动物实验设施的功能化要求符合中医药的研究特色，而由于中医药实验动物工作刚刚起步，仍中医药实验动物行业在领导意识、设施条件、技术队伍等方面，同时存在着许可问题，面临着重大的挑战。

（一）领导层对中医药实验动物工作的认识问题

大部分中医药院校和研究院所的主管科研领导对实验动物在中医药发展中的作用和重要性有一定的认识，尤其是通过近几年对中医基础理论研究（“973”中医专项）和国家基金委等对中医、中药基础研究的支持，对开展动物实验的必要性和意义已有共识，但仍偏重中医、中药基础研究相关实验仪器设备的投入，而对中医基础研究的动物实验条件建设与规范要求缺乏足够的重视，而部分领导对这项事业的发展仍心存疑惑。表现在：①部分领导对实验动物在中医药发展中的重要性认识不足，加上一些中医临床专家对中医药进行动物实验研究持有怀疑态度，造成对中医药实验动物事业的发展仍心存疑惑。②也有一些领导很重视能获得课题和发表论文能出成果的实验室建设，而忽视对实验动物的基础条件建设。在讨论单位的实验条件建设上，实验动物的设施条件建设得不到优先考虑，而往往把其他的科学、实验室建设作为重点。当单位建设经费紧张时，更有一些领导产生犹豫，认为是否有必要把有限的经费投入到实验动物的条件建设上，导致中医药实验动物建设计划实施困难。③有些领导对实验动物在中医药发展中的作用和重要性很清楚，但由于实验动物工作是一项投入高、消耗在和产出低的工程，对实验动物和动物实验的设施建设后的如何管理和运行，是否能达到预期的效果，心中无底，对动物设施能否有效使用产生过虑。目前实验动物技术高层次人员尤其是管理技术人员匮乏，对新建实验动物设施的单位面临的第一大问题是管理问题，设施建设后让谁来管理？管理技术人员在哪里？而第二大问题是设施运行的维护成本问题，这两问题使领导层对设施建设后能否正常有效运行信心不足，导致对动物实验设施的建设是否投入犹豫不决，一拖再拖。因此，如何让领导层看到实验动物在中医药科技发展所起到的作用，如何激发领导层对中医药实验动物工作的热情，是中医药实验动物行业面临的一大问题。

（二）改善中医药实验动物设施，提高中医药动物实验研究中的动物福利问题

随着现代科技的迅速发展，许多为减少动物应激、避免人为的干扰，提高动物实验

精确性、可靠性的新实验技术和方法应运而生。生理遥测技术和小动物活体成像技术在动物实验中的应用越来越广泛，不仅是提高动物实验观察结果的精确度，排除各种干扰，提高动物的福利程度。但相比之下，中医药实验动物行业中具有这些先进的动物实验仪器设备的单位较少，如具备生理遥测系统和小动物活体成像系统的单位不到 10 家，许多单位的小鼠、大鼠饲养笼具仍以开放式笼具饲养，使用独立通风系统（IVC）笼具饲养的单位还不到 50%。实验动物饲养设施条件和动物实验仪器设备有待于进一步改善。居住环境对动物的生理行为有一定的影响。如在不能处在良好生活状态的动物会表现出抑郁和不满的情绪，影响动物实验的操作和实验结果；不能处在良好生活状态的动物，由于其体内激素分泌的不正常，影响动物的生理、干扰疾病动物模型的病理过程；不能处在良好生活状态的实验动物，无法给科学实验带来正确的实验结果，等等。人类对于动物的利用和动物福利是相互对立、相互联系的两个方面，不能顾此失彼。在实验动物的应用中，没有动物福利的利用会带来许多的问题。而中医药实验动物行业和中医药科研人员对动物福利意识相对薄弱，反映在中医药科研项目的申报或总结忽视对动物实验条件、动物福利等方面的描述，在动物实验过程中对动物福利重视不够，动物实验前的伦理福利审查不严，甚至未建立动物实验立项前的伦理福利审查制度。近期的调查显示有一半以上的中医药实验动物机构未成立实验动物伦理和福利委员会。因此，改善实验动物的生活条件，规范动物实验的技术操作，成立动物伦理委员会及专家组，实行“3R”（减量、优化、替代）原则，提高中医药动物实验研究中的动物福利程度，这是提高中医药动物实验结果的正确性和可靠性问题，也是中医药实验动物行业是否能与世界接轨的问题。

（三）解决中医药实验动物技术人员与高层次复合式的管理人紧缺才问题

近 5 年，尽管中医药实验动物技术队伍有了迅速的发展，高层次和高学历技术人员增加，现中医药实验动物从业人员已超过 300 人，高级职称技术人员达 20%，博士硕士学历层次的技术人员达 35%。但与目前中医药实验动物工作发展趋势来看，中医药实验动物技术人员远远不足不能满足各单位实验动物工作的建设和发展需要，尤其是高层次复合型技术人员匮乏。就目前在建设施的 6 家单位，各单位的实验动物设施建设面积在 3400 ~ 5800 平方米，而在计划建设的 6 家单位各单位的实验动物设施建设面积在 2000 ~ 9000 平方米，这些设施的建设后，需要大量的基础技术人员，更需要有高层次复合型技术人员来管理和运行。据调查目前 23 家中医药实验动物机构拟引进博士 20 人，硕士 56 ~ 59 人，本科 37 ~ 39 人，大专 29 ~ 30 人，大专以下 52 ~ 53 人，总数达 194 ~ 201 人，需求的人数已超过目前中医药实验动物从业人员的 60% 以上。现各中医院校中实验动物学教学仅是 41% 由实验动物技术人员担任，而 59% 的中医药院校的实验动物学教学由其他学科教师兼任，说明中医药实验动物从业人员已达到十分紧缺的程度，一些单位的领导层对实验动物在中医药发展中的作用和重要性很清楚，也很想投入建设，但发现缺少实验技术人员，缺少高层次的复合式管理技术人员，对实验动物设施建设和管理过虑重重。实验动物技术的紧缺。这不仅是中医药实验动物行业面临的问题，也是整个实验动物行业面临的问题。因此，如何建立良好的中医药实验动人才引进和培养的体制，如何吸引优秀人才进入中医药实验动物行业，这是中医药实验动物行业面临的一大挑战。

（四）中医药实验动物工作既能体现出中医药特色，又能走向国际化的问题

中医药的实验动物工作不仅要符合国家实验动物有关标准，而且还要考虑是否符合中医药研究特色的需要，尤其是配置的动物实验的仪器设备是否能满足中医证候动物模型和病证结合动物模型研究的需求，实验模型的研究是否符合中医证候动物模型和病证结合动物模型研究的特色。动物实验如何才能贴切地反映中医理论，如何更好地为中医药事业服务，同时，中医药实验动物如何与国际接轨、走向国际化，这是中医药实验动物行业需要解决的问题。

（五）规范中医病证结合动物模型的评价标准问题

病证结合动物模型是指在中医基础理论指导下，结合现代医学理论与实验动物学的知识，分别或同时采用传统中医学病因、现代医学病因复制证候动物模型、疾病动物模型，使动物模型同时具有中医证候特征与西医疾病症状。中医病证结合动物模型是指既能体现中医辨证论治的思想，又能在器官上得到明确的病理变化和诊断评价，也就是在动物模型身上同时具备证候和疾病的特征，这种模型在探讨疾病病理、生理变化与中医证候之间的关系起着不可或缺的作用。从发展趋势来看，病证结合动物模型是中西医结合实验研究的方向，促进了中医药研究的客观化、规范化和科学化，有利于中医基础理论的普及。若造模方法和评价标准不规范，就出现实验结果的重复率低、可靠性差等问题，因此，规范病证结合动物模型的评价标准问题，是关系病证结合动物模型的应用问题。

五、未来发展

（一）加强中医药实验动物条件体系建设

通过中医药实验动物条件体系建设，促使中医药实验动物学科在科学管理、学科建设、人才培养、公共服务等方面得到较大的提升，提高中医药行业开展实验动物和动物实验的科技水平，促进中医药实验动物的规范使用和可持续发展，发挥中医药实验动物学科在中医药实验研究中的条件支撑作用，促进中医药科技事业的进步。

（二）建立中医证候和病症结合动物模型公共服务平台

在中医药实验动物行业中选择有特色或功能特点不同的并有一定规模和工作基础的实验动物单位为核心成员，进行中医证候和病症结合动物模型公共服务平台建设，设立进入

“中医证候和病症结合动物模型公共服务平台建设”单位的基础和条件要求，根据中医证候和病症结合动物模型研究的特色或特点，部署主要的建设内容和目标，包括建设中医药动物实验设施的管理体系、技术体系、人才培养体系，以及平台的运行体系。通过平台建设，提高中医证候和病症结合动物模型研究的动物实验条件，体现中医药研究的特色，为中医证候和病症结合动物模型研究和应用提供服务平台。

（三）建立中医药实验动物技术人员培训基地

在中医药实验动物行业中，建立若干个实验动物培训基础，包括理论培训和实践培训基地，其特色中医药实验动物技术人员能了解中医药基础知识或掌握基本的中医药科学术语，培养懂得中医药基本知识的中医药实验动物技术人员，以利于与中医药科研人员的沟通与交流，更好为中医药科研服务。

（四）开展病证结合动物模型建立与评价方法以及标准化研究

中医证候动物模型的研究以中医基础理论为基础，应用物理、化学和生物的方法在实验动物身上复制病证，并通过方药对模型进行验证。经历了 50 多年的发展，已经建立起百余种证候动物模型，涉及脏腑辨证、八纲辨证等，形成了独特的研究方法，如独特的理论体系：“辨证论治”；独特的评价标准：证、病、症；独特的处置措施：中药、针灸、养生措施；独特的观察指标：舌、脉、汗、神、色；独特的认识特色；审证求因等。但是，中医证候动物模型存在不足，如动物与人差异较大，难以通过望、闻、问、切进行辩证；模型难以评价；证候的生物学基础尚未完全揭示；通过化学或物理刺激方法得到的动物模型往往不是单一证候，难以体现中医证候的特征等。

病证结合动物模型是指在中医基础理论指导下，结合现代医学理论与实验动物学的知识，分别或同时采用传统中医学病因、现代医学病因复制证候动物模型、疾病动物模型，使动物模型同时具有中医证候特征与西医疾病症状。中医病证结合动物模型是指既能体现中医辨证论治的思想，又能在器官上得到明确的病理变化和诊断评价，也就是在动物模型身上同时具备证候和疾病的特征，这种模型在探讨疾病病理、生理变化与中医证候之间的关系起着不可或缺的作用。从发展趋势来看，病证结合动物模型是中西医结合实验研究的方向，促进了中医药研究的客观化、规范化和科学化，有利于中医基础理论的普及。开展病证结合动物模型建立与评价方法以及标准化研究，将有利于病证结合动物模型的应用，促进中医药基础理论的研究。

（五）开展体现中医药特色和创新研究，探讨中医药实验动物行业走向国际化

动物实验如何反映中医理论，是中医药行业实验动物工作者面临的重要课题之一。不仅仅是进行中医证候动物模型和病证结合动物模型的建立和评价研究，还必须对中医研究中动物实验的操作方法学和检测技术进行研究，尤其是一些特殊或体现中医特色的观察指

标的检测方法和技术，研究适合中医药特色研究的动物实验方法和指标检测技术，更好为中医药科技服务。同时，进行动物福利技术和方法学的研究，提高中医药动物实验的福利程度，促进中医药实验动物工作与国际接轨。

参考文献

[1] 郭晓擎 . 复方柴归方抗抑郁有效组分筛选及其药效学评价研究［D］. 山西大学，2013.

[2] 龚盟 . 肺与大肠相表里”理论文献整理与实验研究［D］. 北京中医药大学，2010.

[3] 王长福，肖阳，武立华 . APP 转基因小鼠及其在抗老年痴呆中药研究中的应用［J］. 哈尔滨医药，2012，32（3）：234.

[4] 武之涛，任进，潘国宇 . 人源化小鼠模型在药物代谢和毒性研究中的应用［J］. 中国药学杂志，2013，48（14）：1137-1140.

[5] 孙理军，党照丽，王震. 肾虚质大鼠差异表达的免疫相关基因与肾藏象理论相关性研究［J］. 时珍国医国药，2014，25（1）：255-256.

[6] 程静 . 从津液代谢角度探讨肺与大肠相表里的理论和实验研究［D］. 湖北中医药大学，2010.

[7] 殷惠军，荒烨. 病症结合动物模型的研究进展［J］. 中国中西医结合杂志，2013，33（1）：8-10.

[8] 张晓琳 . 脑梗死早期应用黄连素对缺血性脑组织的保护作用及对 pAKT，pGSK 和 NF-B 调节作用的实验研究［D］. 河北医科大学，2012.

[9] 李春利，王雅倩 . 小檗碱治疗高脂血症研究进展［J］. 中国药物评价，2014，31（1）：19-22.

[10] 陈会敏 . 外寒伤肺的理论和实验研究［D］. 湖北中医药大学，2012.

[11] 姜素丽，李亚，李建生 . 调补肺肾三法对 COPD 大鼠 T 淋巴细胞亚群及 CD4+、CD25+ 的影响及远后效应［J］. 中国中西医结合杂志，2013，33（11）：1538-1544.

[12] 张晓钢 . 水、钙离子通道与脏腑功能的相关性研究［D］. 北京中医药大学，2011.

[13] 倪新强 ."肺与大肠相表里”理论的实验研究—泻肺平喘灵及拆方对肠源性肺损伤模型动物的机理研究［D］. 南京中医药大学，2010.

[14] 金凤，黄猛，吴彩琴，等 ."腰为肾之府”中医理论的实验研究［J］. 中医杂志，2011，52（6）：511-514.

[15] 王广基，郝海平，阿基业，等. 代谢组学在中药方剂整体药效作用及机制研究中的应用与展望［J］. 中国天然药物，2009，7（2）：82-9.

[16] Liang Y，Qiu Y，Du J，Liu J，Fang J，Zhu J，Fang J. Inhibition of spinal microglia and astrocytes contributes to the anti-allodynic effect of electroacupuncture in neuropathic pain induced by spinal nerve ligation［J］. Acupunct Med，2015 Jul 15.

[17] Yang L，Li J，Li Y，Tian Y，Li S，Jiang S，Wang Y，Song X.Identification of Metabolites and Metabolic Pathways Related to Treatment with Bufei Yishen Formula in a RatCOPD Model Using HPLC Q-TOF/MS［J］. Evid Based Complement Alternat Med，2015，2015：956750.

[18] Tian Y，Li Y，Li J，et al. Bufei Yishen granule combined with acupoint sticking improves pulmonaryfunction and morphormetry in chronic obstructive pulmonary disease rats［J］. BMC Complement Altern Med，2015，15：266.

[19] Dong Y，Li Y，Sun Y6，et al. Bufei Jianpi granules improve skeletal muscle and mitochondrial dysfunction in rats with chronic obstructive pulmonary disease［J］. BMC Complement Altern Med，2015 Mar 10;15：51.

[20] Ka-ichiro Takeishi，Masahisa Horiuchi，Hiroaki Kawaguchi，et al. Acupuncture Improves Sleep Conditions of Minipigs Representing Diurnal Animals through an Anatomically Similar Point to the Acupoint（GV20）Effective for Humans［J］. Evid Based Complement Alternat Med，2012; 2012：472982.

[21] Li J, Li J, Chen R, et al. Targeting NF- κ B and TNF- α Activation by Electroacupuncture to Suppress Collagen-induced Rheumatoid Arthritis in Model Rats [J]. Altern Ther Health Med, 2015 Jul;21 (4): 26-34.

[22] Jia L, Liu J, Song Z, et al. Berberine suppresses amyloid-beta-induced inflammatory response in microglia by inhibiting nuclear factor-kappaB and mitogen-activated protein kinase signalling pathways [J]. J Pharm Pharmacol, 2012, 64 (10): 1510-1512.

[23] Choi Samjin, Li Gi-ja, Chae Su-Jin, et.al. Potential neuroprotective effects of acupuncture stimulation on diabetes mellitus in a global ischemic rat model [J].Physiological Measurement, 2010, 31 (5), 633-647.

[24] Zhao Lan, Shen Peng, Han Yingying, et.al. Effects of acupuncture on glycometabolic enzymes in multi-infarct dementia rats [J]. Neurochemical Research, 2011, 36 (5), 693-700.

[25] Wen Si-Lan, Liu Yu-Jie, Yin Hai-Lin, et.al. Effect of acupuncture on rats with acute gouty arthritis inflammation: a metabonomic method for profiling of both urine and plasma metabolic perturbation [J]. The American Journal of Chinese Medicine, 2011, 39 (2), 287-300.

[26] Qi Qiu, Chun Li, Yong Wang, Cheng Xiao, Yu Li, Yang Lin, and Wei Wang. Plasma metabonomics study on Chinese medicine syndrome evolution of heart failure rats caused by LAD ligation [J].BMC Complement Altern Med, 2014; 14: 232.

[27] Juhua Pan, Xiaoming Lei, Jialong Wang, et al.Effects of Kaixinjieyu, a Chinese herbal medicine preparation, on neurovascular unit dysfunction in rats with vascular depression [J]. BMC Complement Altern Med, 2015, 15: 291.

[28] Zhang HF, Li HX, Dai YC, et al. Electro-acupuncture improves the social interaction behavior of rats [J]. Physiol Behav, 2015 Aug 8.

[29] Ren SJ, Xing GL, Hu NW, et al. Bu-Shen-Jian-Pi-Yi-Qi Therapy Prevent Alcohol-Induced Osteoporosis in Rats [J]. Am J Ther, 2015 Aug 18.

[30] Jingfeng Wang, Jingmin Zhou, Xuefeng Ding, et al. *Qiliqiangxin* improves cardiac function and attenuates cardiac remodeling in rats with experimental myocardial infarction [J]. Int J Clin Exp Pathol, 2015; 8 (6): 6596 - 6606.

撰稿人：王省良　王　键　王思成　汤家铭　苗明三
陈小野　邱　岳　王　萧　陈民利

ABSTRACTS IN ENGLISH

Comprehensive Report

Report on Advances in Laboratory Animal Science

Laboratory animal science is a supportive subject and providing resources, technical and information for the development of Life science, Medicine, Drug and other disciplines, so it is crucial strategic support for health, research, food security and Bio-safety. To realize the status of Laboratory Animal Science as well as industries in China and provide suggestions on the development of this subject, Chinese Association for Laboratory Animal Science (CALAS) reviewed the main progress of Laboratory Animal Science in recent 5 years, demands originated from other subjects in future, the resources and technologies of international frontier through on-the -spot investigation, meeting discussions, seminar reports, questionnaire survey and data query, and summarized the present report for Advances of Laboratory Animal Science in China. The central subjects of Laboratory animal science includes establishment, breeding and quality control of laboratory animal resources, such as laboratory animal species, and animal models; Analysis technologies of laboratory animals, laws and regulations on laboratory animals use and care as well as construction of relevant management system. In this report, we reviewed the key role of laboratory animal science in life science, medical science and other research areas. We also analyzed the current situation of laboratory animal science and technology in China and abroad as well as the future need in China. Based on the above data, we write the Report Advances in Laboratory Animal Science in China.

Laboratory animal science is a interdiscipline subject related with many areas, includes development, production and quality control of laboratory animal resources, such as laboratory animal species, model animal and disease animal model; supply, analysis technology of laboratory animals, laws and regulations on laboratory animals as well as construction of relevant management system. Laboratory animal science, which served as important component of life science and medicine innovation research, is crucial support for sustainable development as well as one of strategic resources of "innovative country". Laboratory animal science also has a strategic significance in ensuring human health, food security and bio-safety in China.

At present, medicine, food safety has become the focus of public concern, affecting the public satisfaction with the government. The international recognition of the scientific achievements of China is relatively low, which affected the construction of innovation oriented country in China, and the enhancement of scientific and technological capability, the reason of that was laboratory animal science and technology and industry development level is one of the main bottlenecks. In addition, laboratory animal science, technology and industry has a direct impact on the scientific and technological progress of biological medicine, population health, animal seed industry and industrial development, as well as on the food security, biological security, bioterrorism, disease prevention and treatment, prevention and control ability. This is also the main reason why the developed countries designated to laboratory animals resources as their national strategic resources.

In Laboratory Animal Sciences, China has established the administration system, including the laws and regulations, standards, and has initially established a scientific research, production and supply, quality assurance and personnel training system. Now, China has developed own technology in establish and analysis on animal models, and has developed more than ten technology platform for laboratory animal with international level. China have five institutes possess over 1 million laboratory animals, and some drug safety evaluation institutions and laboratory animal research institutions have reached a great scale, the laboratory animal related products and animal experiments and clinical evaluation has been industrialized. The laboratory animal science of China have employing up to 300000 people, with more than 30 kinds of laboratory animals, 2000 mice strains, and more than 20 millions laboratory animals are used each year, so China has become one of the largest laboratory animal breediny and use countrie in world.

China is a world leader in the field of large scale laboratory animal genome targeting modification and disease animal model research. The new technology, includes ZFNs, TALENs, CRISPR/Cas has greatly changed the way of research on gene function of the laboratory animals. Chinese scientists have developed the EGFP transgenic Rhesus monkeys, transgenic cloned pigs, the world's first gene targeting modification of Cynomolgus monkey and gene knockout model dogs, as well as using talens technology in Rhesus and Cynomolgus monkeys for gene targeting modification. The results of research on the targeted gene modification of the Cynomolgus monkey were published in the Cell Journal, and quickly attracted the attention of the scientific community and the global media. Nature magazine considered the result of this research to be a milestone in the development of animal model of human disease research. China has created the first genetically modified fish and established a genetic TALEN and CRISPR/Cas9 gene knockout technology platform for zebrafish. Many domestic universities and research institutions have mastered the genetic engineering technology, which were widely used in the field of laboratory animals.

Gene engineering animals helped functional genomics research to develop rapidly, so that the biological reactor and artificial transformation of animals become possible, and give an important route to reveal the nature of life science and to understand the mechanism of the pathological mechanism of human diseases. The application of genome editing technology in the improvement of animal and plant varieties will promote the progress of breeding industry, and promote the innovation and development of food and animal husbandry. Based on the model organism (from the nematode, Drosophila to mouse, rat) genomics and the development of a variety of research and development of a variety of research to make important progress. Disease animal model plays an important role in the prevention and treatment of infectious diseases, and providing preclinical evaluation service on development of new drugs.

The animal models of human disease are indispensable resources for the study of the mechanism of human disease and the evaluation of drugs. At the beginning of the outbreak of SARS in 2003, due to the lack of animal models, the establishment of SARS prevention and control system has been severely delayed, which caused a great loss to people's health. In order to solve the problem of the lack of animal models of major infectious diseases, the scientists in China have established the animal models of the major infectious diseases and the reserve resources of the new infectious diseases. The standardization of animal model was completed at first time, and the system of pre-clinical evaluation of infectious disease vaccine and drug was also established. And the scientists proposed to expend the new function of clinical available medicine by the rapid drug screening method based on the animal model. During the outbreak of H1N1, H7N9, and MERS, this strategy play a critical role of to solve the problem of drug deficiency upon emergency, which supported the establishment of national infectious disease drug repertory, shortening the time of clinical treatment.

The United States, Japan and other developed countries have developed related laboratory animal standards, guidelines and regulations for the production and application of laboratory animals, which promote the development of the laboratory animal industry, and the laboratory animal production and supply of goods, quality management standardization, testing reagent products. Systematic analysis of the laboratory animals has been performed in the center of the professional, integrated, commercial, and formed a complete technical analysis center. Service range extended to model production, feeding and management, animal foster care, testing technology, gene services, diagnostic reagents and other related services. The developed countries such as Europe and America have reached more than 200 kinds of animal species, more than 26,000 strains, the industry has completed the scale of the process and is occupying the market of developing countries, and a small number of enterprises occupy nearly 80% of the world's laboratory animal market share.

The science and technology of China has developed nearly 30 years, but it is also facing severe and awkward situation. More than 95% of the laboratory animals were controlled by European and American countries. The species of laboratory animal in China is less than 1/10 to that of developed countries. On the whole, the resources of laboratory animal in China have lagged behind to the United States for 30 years, and the capability of laboratory animal science and technology has lagged behind to the United States for 50 years. Due to the restriction of intellectual property, competition of science and technology, and market monopoly, European and American countries have banned the export of important animal species, strains and specific animal products. At the same time, foreign enterprises have poured into China market. Therefore, it is possible that the species of laboratory with national property will be endangered , and the supply of laboratory animal will be totally monopolized by international resources, which will bring crisis for the research safety caused by resources of national laboratory animals. The next 10-20 years is an important strategic transition period of China's laboratory animal science and technology and industry, in the great pressure from rigid growth of demands, international resource constraints, quality requirements, we must rely on scientific and technological progress to accelerate the development of this subject.

The Charles-River company (International company registered in the United States) have merged the China's largest laboratory animal company, also acquired the Jiangsu Wuxi provides the animal experimental technology service contracts (CRO) of Wuxi PharmaTech. European and American laboratory animal companies on the laboratory animal market in China have begun the merger of mergers and acquisitions. Continuously for a long time, industry of China will be no independent laboratory animal resources, backward technology, market share was diverted, and become a vassal of Europe and the United States. Therefore, at any time, the laboratory animals may have a crisis of safety in the litigation and the laboratory animals. The next 10-20 years is the important strategic transition period of China's laboratory animal science and technology and industry, in the great pressure of rigid growth, intellectual property restriction and quality, we must rely on scientific and technological progress, accelerate the transformation of development mode, and take the road of independent and sustainable development.

The development of science and technology in China has a big gap with the developed countries such as Europe and the United States, which is mainly reflected in four aspects: the management of laboratory animals, the quality of resources, the technologies of resources establishment and model analysis, and the talents, and the talents. China pays more attention to government management, while the developed countries to the industry self-regulation. In China, the lack of laboratory animal resources is mainly reflected in three aspects, such as species resources, genetic engineering experiment animal resources and animal models of disease. China is relatively backward in the quality control of the laboratory animals, although the establishment of a national network, but the detection reagent is not uniform, the industry and the laboratory animal feed is not high. China's laboratory animal production is behind the United States, also in the resources, animal quality and technical service level and so on. Because of lock long-term development plan, stable funding and resource maintenance system, genetic engineering animal resources has become the bottleneck of China's innovation research in the laboratory animal industry. Practitioners in the vocational training of professional education level is low, small, continuing education opportunities, skills training is not perfect, the lack of high level talent education, quality certification system is not perfect. The development of science and technology of China is far behind the developed countries, which has restricted China in the field of life sciences, medicine and agriculture.

There are some problems in the development of animal science, including the lack of laboratory animal resources, the lack of standardization, and the lack of scientific development, the lack of scientific development, the lack of professional education, the lack of professional education, the lack of scientific research, the lack of national layout, and the scientific need to establish a large database.

Laboratory animal science and technology is an important basic condition for building an innovative country. It is an important part of the national knowledge innovation project. As the laboratory animal science and technology is an indispensable condition for the sustainable development of a number of disciplines, it should be included in the priority areas of development. Change the development of laboratory animal resource controlled by others situation, the implementation of "give priority to with me, based on domestic and scientific and technological support, moderate imports, intensive sharing" development strategy. "To me" is the laboratory animal resources construction should be China with independent intellectual property rights of laboratory animal resources. "Based on China" refers to the United States, the European Union's development model, based on our national conditions, the establishment of the development model with Chinese characteristics. "Science and technology support" is to refer to the laboratory animal science and technology and industrial development should be to build innovative countries and other major objectives to provide scientific and technological support for the target. "Moderate import" is a moderate import of species and products of the laboratory animals for a unique purpose. "Intensive sharing" is to establish the mechanism of intensive sharing of laboratory animal resources, to avoid the low level of duplication and resource idle situation.

On the one hand, the development of animal science and life science, medicine and other disciplines wiu promote the continuous accumulation of laboratory animals and animal models of disease resources, on the one hand, due to the development of laboratory animal models and animal models analysis technologies and promote the development of life sciences, medicine, and so on. In the laboratory animal industry, due to the high technology of the laboratory animal analysis, many kinds of laboratory animal analysis techniques have emerged, and the laboratory animal production also to high quality, variety, technology has a comprehensive development. In the next 5-10 years, the key areas of laboratory animal science include: laboratory animal resources, animal models of disease, standardization and laboratory animal clinical hospital construction, laboratory animal technology platform construction, comparative medicine innovation research, massive laboratory animal data storage and sharing, genetic engineering, animal model analysis, model animals and various groups of research, etc.. Large fragment transgenic technology, ZFN technology, TALEN technology, and the technology of the Cas9 gene knockout technology are applied in mammalian animals, human cells, non-human primates, economic animals, zebrafish, etc., which can be used to modify gene engineering technology, which greatly promoted the innovation of life science.

In order to understand the occurrence and development of human diseases, it is a comprehensive science to study the occurrence and development of human diseases. Based on the expansion of animal models of human disease, the animal models of human disease will be established from the whole to the molecular level, and a large number of comparative medical results are produced, including digital experimental pathology, animal behavior analysis, research of infectious diseases, and the comparison of metabolic studies. It needs a platform for the research of the results of these studies, sorting and sharing, so as to make efficient use of animal models of human disease research results.

The important areas of Animal Science in China is to strengthen the construction of resources, management and quality assurance system, international resources sharing system, independent resources development and innovation ability, seed base, high quality laboratory animal supply chain and other aspects of the construction, in order to achieve innovation driven development strategy to provide scientific and technological support, which Mainly includes the following several aspects: the formation of perfect laboratory animal resources, technology and facilities sharing system; the establishment of evaluation criteria system and laboratory animal hospital clinical disease animal model; the integration of talent and resources, focus on improving the innovation ability of science and technology; improve the laboratory animal quality assurance system, improve the quality of laboratory animal; perfecting the laboratory animal legal system construction, establish perfect standard system of laboratory animal; the positive transformation of government functions, strengthen the laboratory animal industry management functions; the establishment of a unified national education and training system, to speed up the identification of the qualifications of employees; and promote the industrialization of animal experiment and related products, and the scale of the process; to actively study and animal welfare alternative technologies, promote the application.

In order to solve the major strategic issues affecting the national economy and the public health, and ensure the realization of a well-off society in China, we should take the laboratory animal science and technology as a major strategic resource for system deployment, and give priority to the development of national economy and science and technology development planning and the construction of key disciplines. Strive after 10-20 years of efforts to achieve the overall level of Europe and the United States developed countries. In the laboratory animal resource construction, subject construction, standardization, scale and other aspects to achieve the United States current level, in the field of genetically modified animals to reach the international advanced level, the occupation of the future war, economic development, technology power of the "commanding heights", provide international level of support conditions.

China laboratory animal society to become the first national standard pilot units, in the next two years will develop 50 groups of standards, the implementation of group standards will effectively promote the development of laboratory animal industry. In the future, we should strengthen the construction of six aspects, such as personnel, management and quality assurance system, international resource sharing system, independent resources development and innovation ability, seed base, high quality laboratory animal supply chain and other 2 aspects of the future 10-20 years of laboratory animal resources, and the formation of the international level leading enterprises. To rationalize the existing laboratory animal management system, establish the basic management system and other strategic objectives. For the next 20 years of life science, medicine, pharmacy, agriculture and other fields of independent innovation, focusing on spanning, supporting development, to lead the future to provide the appropriate conditions for support.

Written by Xia Xianzhu, Jia Jingdun, He Wei, Qin Chuan, Sun Yansong, Kong Qi, Yue Bingfei, Sun Deming, Tan Yi, Zheng Zhihong, Yang Zhiwei, Zhang Lianfeng, Chen Minli

Reports on Special Topics

Report on Advances in Laboratory Animal Resources

Occupancy volume of laboratory animal resources is closely related to the level of science development of a country. At first, this article summarizes the present status of laboratory animal resources. In China, the commonly used laboratory animal (including experimental animal) has more than 30 varieties and 300 strains with annual supply of more than 21 million. The non-human primate laboratory animal breeding scale has been ranked among the top of the world, including 250 thousand Macaca fascicularis and 40 thousand Macaca mulatta. After years of resources construction in China, seven national centers for laboratory animal seeds and an information data center has been providing breeding animals for public organizations, regulating the quality of laboratory animals from the source, improving the capability of sharing. Secondly, this article elaborates the focus of research in recent years, especially the introduction of current research status of Meriones unguiculatus, Heterocephalus glaber, Nonhuman primates, Tupaia, Mini pig, SPF chicken, Hemigrammus hyanuary, genetically modified animals, aquatic animals and Ferret, Marmota etc. These studies not only reflect the research hotspot in the field of resources in China, but also show the latest achievements in the construction of resources. Moreover, it analyzes the existing problems in the development of resources, which mainly are the shortage of resource amount, big gap with the developed countries, weak R&D capability of laboratory animal resources, low degree of informatization and sharing, low level of animal production scale and socialization.

Finally, it makes suggestion on resources development strategy, which should focus on increasing the amount of animal resources, improving the standardization of animal and applied research, strengthening the research and development of genetically modified animals and phenotypic analysis, promoting the rapid development of laboratory animal science, so as to provide strong support to promote the development of the bio-pharmaceutical industry and life science.

Written by Yue Bingfei, Dai Jiejie, Gu Weiwang, Ji Weizhi, Qu Liandong, Gao Caixia, Cui Shufang, Chang Zai, Gao Fei, Liu Enqi, Li Kaibin, Liu Yunbo, Chen Zhenwen, Tang Xiaojiang, Liu Qiyong, Li Guichang, Chen Hang, Song Mingjing, Kong Qi, Zhu Desheng

Report on Advances in Laboratory Animal Standardization and Management

In the past few years, the quality of laboratory animals and the relevant national standards system, policy regulations and foundational construction have had prodigious achievement. The national and local government have input emphasis lean to the fields of science and technology for laboratory animals in our country.

Since the year of 1988, the Laboratory Animal Regulation issued, whole industry of Laboratory Animal has been put into unified practice in legislation, standardization system. After more than 20 years of standard development, Chinese comparatively impeccable organization structure system, quality guarantee system has been built by the supporting of central government. The competent departments of science and technology are to lead and by the hierarchical structure management working mechanism, revolving around the central task to improve quality of laboratory animal. To implement administration by law and standard system, all level management institution of laboratory animal with technical quality inspection institutions, provenance base, the large-scale socialization of production have dynamic integration to promoting and gradually formed a more completed quality guarantee system. The government-leading impellent mechanism have had showed very effectively promoting the laboratory animals profession fields to rapid increasing by healthy development way. Compared with the laboratory animals in developed countries, to put laboratory animal into unified practice in legislation, standardization system in the whole Country is distinguishing feature and superiority.

Meanwhile the Laboratory Animals—Codes of welfare and ethics, GB (Standardization Administration of the People's Republic of China, 2014 program of second national standard plan, No. 20142026-T-469;1/537) is finished by end of year 2015. The standard specifies the basic requirements on facilities, administration and operation in the aspects of quality, safety, animal welfare, occupational health institutions involving in production and utilization of laboratory animals should achieve. In specifications on therapy and nursing against animal diseases, normal requirements are proposed for anesthesia and analgesia, euthanasia and humane endpoints by GB in China. It is proposed in the appendix the relevant duty of IACUC, and regulations on 3Rs principles on animal care and use. The current national standard, Guidelines of Laboratory Animal Welfare and Ethics, is drafted by Laboratory Animal Welfare and Ethics Committee (LWEC). This is the first national standard for inspection and administration of laboratory animal welfare and ethics. After modified professionally by the First and the Second International Forum on Laboratory Animal Welfare and ethics between China and British and many experts in China and other countries, currently the opinion soliciting draft is gradually improving. In December 2014, this standard has been listed into the development and release plan of national standards in 2015 by Standardization Administration of the People's Republic of China.

However, national regulations and standards for laboratory animal welfare and ethics are weak. It is on a starting stage and obvious backward comparing with developed country.

It is a important task in the next National Five-year Plan of China. We have more problems to face in this field and being badly in need of solution. To developing of policy and academic subject on laboratory animal welfare and ethics is also the development tendency for China in the next five years.

Written by Sun Deming, Yue Bingfei, Li Genping, Gao Cheng, Sun Rongze, Liu Yunbo, Wei Qiang, Gong Wei, Xiang Zhiguang, Hu Jianhua

Report on Advances in Comparative Medicine

As a distinct discipline of experimental medicine that uses animal models of human and animal disease in biomedical research, the goal of Comparative Medicine is to build a bridge between animal and human medicines. The contents of Comparative Medicine combine the knowledge of Human Medicine, Animal Medicine, Zoology, Pharmacy, Chinese Traditional Medicine, and other related fields. Comparative Medicine is closely related to Laboratory Animal Sciences and it is currently defined as one of the branches. The system of Comparative Medicine has been established so far only in some developed countries especially in USA, while it emerged only in the recent decade in China. China is short of professional talents in the Comparative Medicine field, that poor innovation and less initiative of this subject have been contributed to life science. In recent years, Translational Medicine is rapidly developed all over the world and more than 100 centers or institutions of Translational Medicine were founded in China till 2015. Pre-clinic evaluation on any potential drugs with various animal models is indispensable before they are to be tested on volunteers or patients. Following the advance of life science research and translational research in China, Comparative Medicine will be developing rapidly.

Written by Qin Chuan, Tan Yi, Shi Changhong, Yong Weidong

Report on the Development of Laboratory Animal Science Education

The 21st century represents a new era of life science and research. As an integral part of biomedical sciences, laboratory animal science plays a critical role and thus, the development of laboratory animal science education is of particular importance. To adapt to the rapid progress in laboratory animal science, it is essential to train high-level professionals of quality and talents. The development of laboratory animal science professional education and technical training is an effective means to improve the overall quality of the lab animal personnel. First, in this chapter, we reviewed the roles of professional education and technical training of laboratory animal science in China. Three major stages of our laboratory animal science education include pre-service training, technical training (continued education) and professional education (curricular education). The pre-service training provides the technical staff and managerial personnel with basic knowledge relevant to laboratory animal science. According to the regulations at their institutions, the technical training aims to improve the quality of professional and technical personnel. Continued education helps the employees widen the knowledge and skills, develop the capability of creative thinking skills and increase the level of professional and technical competence. Professional education serves not only as an effective way to strengthen Professionalism, but also as the foundation and condition to promote the development of laboratory animal science. We then reviewed the development and the current situation of laboratory animal science professional education, and made a comparative analysis on professional education between agricultural and medical universities. We explored the education of laboratory animal science in the course setting of laboratory animal science, pre-service training and technical training. Meanwhile, the current situation of laboratory animal subject construction, laboratory animal science as an important component of modern science and technology were reviewed. The development of life science depends on the development of laboratory animal science. So it is necessary to enhance the education of laboratory animal science. We also reviewed the contents and the effectiveness of the core curriculum of laboratory animal science which were covered under the following subtitles: core curriculum construction of laboratory animal science, resource development and technical platform construction, legislation, quality control and science research. In this chapter, we also pointed out the remaining problems in laboratory animal science education, such as shortage of professional educators, insufficient technical training, outdated curriculum, limited training courses, lack of funding for course building and teaching management, etc. Finally, we put forward the educational and training strategies for laboratory animal science in the future in China. Unified standard national education and training system should be established, and the certification process for laboratory animal science professionals needs to be accelerated. We also propose to further the development of laboratory animal science and laid a good foundation for developing high levels of specialists in laboratory animal science by enhancing curricular education and technical training.

Written by Zheng Zhihong, Chen Zhenwen, Zhao Deming,

Xiao Hang, Xue Zhengfeng, Chang Zai

Report on Advances in Laboratory Animal Industry

Laboratory animals are being widely used and providing basic support in many fields including biological research, medical and pharmaceutical study, agriculture, military, aerospace, and so on. With the development of bio-medical industry and life science research in China, Chinese government is paying more attention to the laboratory animal science and industry, which have been quickly developed in recent years in China. Laboratory animal industry includes the laboratory animals breeding and supply, related products, equipment and facilities for animal breeding (for example, cages, diet, bedding, and so on), equipments for animal experiment, and experimental technological service.

The quantity and quality of laboratory animals supply, facility, cages/equipments, diets, bedding materials basically meet the requirements in China. The large-scale animal breeding model is being established. So far, there are five companies with well-established quality control system that can produce more than one million rodents per year in China. Some cages/equipments for animal breeding have been sold to some developing or developed countries. Most facilities for laboratory animal breeding have been up to international standard. More and more domestic equipments for animal experiments are being developed. Some Contract Research Organizations (CROs) for animal experiments technology service have been carrying on some international programs. The achievements not only promote the development of laboratory animal science, but also facilitate the development of life science research and bio-medical industry in China.

However, there are several problems for laboratory animal industry remaining to be resolved. The quality of laboratory animals and related products for animal breeding, including diets, bedding materials, cages, should be improved further so as to provide to more and more countries in the world. There are still some small public or private units that are producing laboratory animals and related products without any quality control system or marketing service system, which can not make sure the quality of the products, and also causes high cost sometimes. The stability and accuracy of some domestic equipments for animal experiments need to be improved. As for the laboratory animal technology service, the service capability of most organizations is still insufficient due to the shortage of well trained professionals, and incomplete quality control system in China.

Therefore, we suggest that standardized and large-scale production model with high quality control system for the production of laboratory animals and related products should be advocated by government and society. Chinese government should provide more financial and policy support for the industry, including reducing or remitting taxes, setting up special fund, and so on. The social scientific associations and industrial alliances should be fully used to plan and perform more training programs for professionals and to establish a complete marketing system with good service and supervision. The national standards of laboratory animal breeding and supply, equipments development and supply, and all related products or services should be formulated or updated. The well developed laboratory animal industry will not only provide support for the development of laboratory animal science, but also for the improvement of social-economy in China.

Written by Yang Zhiwei, Wang Yi, Liu Xinmin, Tang Xiaojiang, Zuo Conglin, Liu Jiangning

Report on Laboratory Animal Science—Multidisciplinary Support for Life Science, Medicine and Other Sciences

Laboratory animal science is an interdiscipline including the development of laboratory animal resource, development of animal quality control system and the animal experiments. The laboratory animal science is multidisciplinary support for life science and medicine, while the original power promoting the development of the laboratory animal science is from the requirements of the life science and medicine. In this section, the laboratory animal usage, requirements for laboratory animal resource, and the association with the advances of a few hot disciplines were analyzed. The information was summarized from the'pub med database', a Chinese core journal database 'cnki.net'and the report on advances in disciples of physiology, embryology, toxicology general practice, agricultural engineering, food science, which was renewed in the last 4 years. The shortage of this report was that we could not be able to cover all of the disciplines of life science and medicine and the information was limited. From the limited information, a few points on the laboratory animal science were suggested:

1. The laboratory animals were used in more than 30% published papers included in pub med database in last 3 years and the main animal strains appeared in those papers were mouse, rat, guinea pig, dog, pig and monkey. The mutant animal lines like knockout mice were commonly used in the high impact factor papers.

2. The mutant animal resource of new genes, LncRNA, MicroRNA is need to be developed for the research on life science and disease mechanism. New disease animal models on Alzheimer disease, Hypertension, Diabetes are still need to be developed for Medicine and Pharmacy.

3. Genome editing, a method to target any desired sequence in the genome, is accelerating accumulation the genetic resources of mutant rat, mutant pig, and mutant monkey. The new genetic resources is promoting the innovation research of life sciences.

Written by Zhang Lianfeng, Kong Qi, Liu Xinmin, Tan Yi

Report on Role and Prospect of Laboratory Animal Science in the Development of Traditional Chinese Medicine

From the development history and modern research of traditional Chinese medicine(TCM), this topic describes the important roles of laboratory animals in various aspects such as Chinese medicine research and development, TCM clinical efficacy and fundamental research, acupuncture treatment efficacy and mechanisms, as well as its significance in teaching and personnel training, which clarifies the value and status of laboratory animals science in TCM technology development. Meanwhile, through the PubMed database and CNKI database retrieval, this paper expounds the achievements of using laboratory animals for TCM theory and curative effect research, acupuncture meridians curative effect and mechanism research. These achievements include studying TCM medicinal properties through animal experiments to reveal the biological effects and expression patterns of TCM medicinal properties; studying TCM theory pattern characteristics through animal experiments to reveal the scientific connotation of the viscera core theories; studying meridians and acupoints curative effect mechanism and theory through animal experiments to clarify its biological basis and mechanisms and so on. Based on the investigation of laboratory animals work in TCM pharmaceutical industry, this topic also summarizes the development of laboratory animals specialized committee, the development of TCM laboratory animal facilities condition and management system, the quality improvement and the increasing number of laboratory animal using in TCM research, the quality enhancement of laboratory animal medicine practitioners and the expanding of technical teams, the construction and development of TCM laboratory animal subject and platform, as well as the progress made in the TCM laboratory animal industry scientific research and personnel training in the past five years. At the same time, the paper expounds on the development of TCM laboratory animal science promoted by the support and guidance of TCM technology policy, especially when the Ministry of Science and Technology established a TCM basic research projects in the 973 plan supporting and encouraging the use of TCM syndrome animal models for theoretical basis of TCM researches, which played an important role in promoting the development of laboratory animal subjects of Chinese medicine. Using animal experimental study means to promoting the development of science and technology innovation of Chinese medicine, promoting the TCM basic theory and basic subject research, has become a consensus. Laboratory animal facilities conditions have become a public foundation platform for TCM scientific research activities and talent training. However, with the development of medical technology and the internationalization process of TCM, higher requirements of laboratory animal work are put forward, the TCM laboratory animal work also faces severe challenges in the meantime. TCM laboratory animal facilities and animal welfare needs further improvement, the evaluation criteria of TCM syndrome binding animal models need to be standardized, and so on. In the future, the construction of laboratory animal condition system needs to be strengthen, public service platform of TCM syndrome binding animal models, Chinese medicine laboratory animal technician training bases shall be established, the researches of syndrome binding animal models establishment and evaluation methods and standardization, innovative researches reflect Chinese medicine features should be carried, thus, leading TCM laboratory animal industry towards internationalization, and contributing to the development of Chinese medicine.

Written by Wang Xingliang, Wang Jian, Wang Sicheng, Tang Jiaming, Miao Mingsan, Chen Xiaoye, Qiu Yue, Wang Xiao, Chen Minli

学科发展大事记

2010年，中国科学家们成功运用猴源慢病毒载体（Simian Immunodeficiency Virus，SIV）携带绿色荧光蛋白（GFP）基因，培育出国内首例转基因猕猴，标志着国内灵长类动物转基因平台的建立。

2011年9月18日，由国家卫生计生委科研所主持完成的“实验用鱼标准化科技项目”被中国实验动物学会推荐并被中国科协选中，向习近平、刘云山、刘延东等中央领导同志做现场汇报。

2011年10月18—20日，中国工程院举办了中国科技论坛——“实验动物与生命科学研究”。论坛由中国实验动物学会承办。

2012年，云南省颁布了《实验树鼩》的5项地方标准（DB53/T 328.6–328.10—2012），“树鼩饲养繁殖种群建立及其在HCV动物模型中的应用”获得2012年云南省科技进步一等奖。

2012年，中国实验动物学会科学技术奖经过严格、公正的组织和评选，授予“小型猪在医学研究领域应用的关键技术研究”等3个项目为一等奖，授予“前列腺疾病生物学模型的建立和应用”等5个项目为二等奖，授予“仓鼠高胆固醇血症研究模型与大鼠的比较及其应用”等5个项目为三等奖，同时，扬州大学兽医学院陈兵等3人获优秀青年人才奖。在第十届中国实验动物科学年会上举行了颁奖大会。

2012年5月11日，中国实验动物学会媒介实验动物专业委员会成立大会在北京召开。该专业委员会于2011年7月获得民政部和中国科协批准成立，是中国实验动物学会的分支机构之一。

2012年9月25—28日，由中国实验动物学会主办的“第十届中国实验动物科学年会”在江苏省扬州市扬州会议中心召开。国内外五百余名实验动物及相关领域科技工作者参加了会议。

2012 年 10 月 10 日，斑马鱼资源中心（China Zebrafish Resource Center）揭牌。

2012 年 12 月 27 日，科技部在广州白云国际会议中心举行“973”计划中医理论专题，同时召开 2012 年中医药实验动物工作年度交流会暨中医药实验动物专业委员会换届选举及学术年会。

2012 年 12 月 27 日，河南中医学院和浙江中医药大学的中医药实验动物学列入国家中医药管局重点建设学科，促进了中医药实验动物学科的发展。

2013 年 2 月 28 日，中国实验动物学会第六次全国会员代表大会在北京召开。会议选举产生了中国实验动物学会第六届理事会。

2013 年 2 月 29 日，国家斑马鱼资源中心成立“斑马鱼 1 号染色体全基因敲除联盟（ZAKOC：Zebrafish All Genes KO Consortium for Chromosome 1）”。

2013 年 7 月 2 日，中国实验动物学会实验动物福利伦理专业委员会成立大会在北京召开。该专业委员会于 2012 年获得民政部和中国科协正式批准成立。是中国实验动物学会分支机构之一。该委员会的成立，结束了中国一直没有实验动物福利伦理国家级学术机构的历史，受到国内外同行的关注。

2013 年 7 月 3 日，由中国实验动物学会实验动物福利伦理专业委员会举办的“首届中国实验动物福利伦理高峰论坛”在北京举行。

2013 年 7 月 18 日，裸鼹鼠成为 *Nature* 封面故事的主角，该文介绍了裸鼹鼠超级长寿，并且天生抗癌的机制。

2013 年 7 月 25 日，国家中医药管理局科技司在杭州召开中医药实验动物条件体系建设方案讨论会。会议讨论“中医药实验动物条件体系”实施方案，拟定 2013–2015 年中医药实验动物条件体系建设的重点内容，讨论“十三五”期间中医药实验动物科技管理工作重点。

2014 年初，中国学者运用 TALENs 技术获得了 MECP2（甲基 CpG 结合蛋白 2）基因突变的猕猴和食蟹猴。同时，中国学者成功运用 CRISPR/Cas9 系统培育出了基因定点编辑的灵长类动物，获得了一对实现了多位点基因敲除的双胞胎食蟹猴。首次证明了由 CRISPR 技术介导的基因突变可以实现生殖系传递。

2014 年，湖南发布小型猪、DPF 猪、东方田鼠的地方标准。

2014 年，中国实验动物学会科学技术奖经过严格、公正的组织和评选，授予“树鼩实验动物化种群建立及应用”项目为一等奖，授予“长爪沙鼠微卫星 DNA 和生化位点遗传标记的筛选及遗传控制体系的建立”等 6 个项目为二等奖，授予“肿瘤模型的构建及在 PET/SPECT 评价新药中的应用”等 7 个项目为三等奖，同时，西安交通大学赵四海等 4 人获优秀青年人才奖。在第十一届中国实验动物科学年会上举行了颁奖大会。

2014 年 3 月 25—27 日，由中国实验动物学会实验动物福利伦理专业委员会举办的国内首次大规模的实验动物福利伦理国际合作项目“首届中英实验动物学会福利伦理国际论坛”在北京举行。与会代表参加了英国驻华大使馆公使在大使馆官邸举行的招待会。

2014 年 4 月 18—21 日，“实验动物质量检测技术标准与数据信息规范研讨会”在广东广州召开，21 个省市共 100 多名的实验动物专家及检测机构负责人员参加了会议。

2014 年 6 月 25—28 日，由中国实验动物学会主办的“第十一届中国实验动物科学年会”在重庆市隆重召开。五百余人参加了会议，交流论文 157 篇。

2014 年 10 月 21 日，广东省实验动物标准化技术委员会成立大会在广州召开。

2015 年 3 月 17—19 日，“第二届中英实验动物学会福利伦理国际论坛”在北京举行。英国驻华大使在大使馆官邸招待与会代表。该论坛在国际学术界上的影响越来越大。

2015 年 5 月 31 日，在国际实验动物科学理事会（ICLAS）召开的会员大会上，中国实验动物学会秦川理事长在激烈的竞争中荣当 ICLAS 理事，成为仅有六席的科学家理事成员之一，为中国实验动物领域在国际上享有话语权奠定了基础。

2015 年 6 月，《中国实验动物学报》获得 2015—2017 年“中国科协精品科技期刊工程－学术质量提升项目”资助，这是本刊继 2013—2014 年“中国科协精品科技期刊工程”之后第 2 次获得该项目资助。

2015 年 6 月 16—18 日，全国实验动物标准化技术委员会在北京召开了 2015 年度实验动物标准化工作会议。

2015 年 7 月 24 日，中国工程院重大咨询项目《人畜共患病防控战略研究》的子课题《实验动物源人畜共患病防控战略研究》第二次专家会议在北京京瑞大厦召开。该报告阐明了国内外实验动物源人畜共患病防控发展现状和发展趋势，提出了未来发展规划。在此基础上，形成了中国实验动物源人畜共患病防控的战略构想，提出了重大建议。

2015 年 8 月，《中国实验动物学报》入编《中文核心期刊要目总览》2014 年版（即第七版）之生物科学类的核心期刊；《中国比较医学杂志》入编《中文核心期刊要目总览》2014 年版（即第七版）之综合性医药卫生的核心期刊。

2015 年 10 月 21 日，科技部农村中心组织有关专家在北京召开了《实验动物管理条例》（以下简称条例）修订专家研讨会。《条例》的修订将对中国实验动物管理的法规体系完善、推动实验动物工作的法制化管理、规范实验动物管理、提升实验动物质量，发挥实验动物对科技创新与发展的支撑能力和服务水平具有重要意义。

索引

W

X

Y

Z